普通高等教育计算机系列教材

U0140688

人工智能与计算机应用
（微课版）

韦修喜　贺忠华　**主　编**
李永胜　黄海英　**副主编**

电子工业出版社
Publishing House of Electronics Industry
北京·BEIJING

内容简介

本书根据教育部高等学校大学计算机课程教学指导委员会对计算机基础教学的基本要求编写，探索将"线上"+"线下"混合式教学的最新教学改革思想融入教材的方法，使学生逐步掌握利用计算思维、计算工具分析和解决问题的方法。本书以 Microsoft Office 2016 和 Python 为主要教学平台，适应日新月异的计算机技术发展。

全书共 7 章，内容包括计算机概述、计算机系统、Windows 10 操作系统、办公软件应用、网络与信息安全、Python 程序设计基础、人工智能基础。本书主要作为线上教学的教材，本书配套的线下教学指导书是《人工智能与计算机应用实践教程》。

本书按照线上教学模式的特点归纳知识点，设计的教学案例内容丰富、层次清晰、图文并茂、通俗易懂，既可作为本科院校非计算机专业的公共计算机基础课程的线上教学教材，又可作为高职高专或成人院校的计算机基础课程的线上教学教材，还可作为自学教材。

图书在版编目（CIP）数据

人工智能与计算机应用：微课版 / 韦修喜，贺忠华主编. —北京：电子工业出版社，2023.8

普通高等教育计算机系列教材

ISBN 978-7-121-46145-3

Ⅰ.①人… Ⅱ.①韦…②贺… Ⅲ.①人工智能－高等学校－教材②计算机应用－高等学校－教材 Ⅳ.①TP18②TP39

中国国家版本馆 CIP 数据核字（2023）第 153432 号

责任编辑：杨永毅

印　　刷：三河市良远印务有限公司

装　　订：三河市良远印务有限公司

出版发行：电子工业出版社

　　　　　北京市海淀区万寿路 173 信箱　　　邮编：100036

开　　本：787×1092　1/16　印张：16.5　字数：433 千字

版　　次：2023 年 8 月第 1 版

印　　次：2023 年 8 月第 1 次印刷

印　　数：6 000 册　　定价：59.80 元

前　　言

本书深入学习贯彻党的二十大精神，深入实施科教兴国战略、人才强国战略、创新驱动发展战略。本书中的很多案例围绕信息技术领域的新技术新产业，内容积极向上，学生在学习过程中，可以充分认识到我国发展独立性、自主性和安全性的重要性，激发爱国情怀。

随着经济社会的发展，各行各业的信息化进程加速，社会进入"互联网＋"时代，我国高等学校的计算机基础教育进入新的发展阶段。高等学校各专业对学生的人工智能基础知识和计算机应用能力提出了更高的要求，计算机基础教育更加注重满足不同知识层次、不同知识背景的学生的学习需求，以互联网技术为支撑的大规模线上教育（MOOC 等）在国内外兴起并对传统的教育模式带来巨大的冲击。为了适应这种飞速发展变化的要求，许多高等学校重新探讨新条件下的教学模式和教学方法，课程内容不断推陈出新，各种优质的教学课程和资源也源源不断地以 MOOC、SPOC 等形式被推向互联网这个大平台来服务学生。构建线上以学习理论为主，线下以培养实践能力为重点，线上与线下相互融合的计算机基础教学体系已成为许多高等学校计算机基础课程教学改革的重要方向。

本书的编写基于大部分学生在中学时已学习过信息技术知识，使用过文字处理等办公应用软件，能够浏览网页，对计算机应用有一定的感性认识。

参加本书编写工作的都是多年从事计算机基础教学、有着丰富一线教学经验的教师。本书由韦修喜、贺忠华担任主编，由李永胜、黄海英担任副主编。参与本书编写和审校工作的还有谢晴、黄银娟等。本书在编写的过程中，得到了廖海红、吴淑青、王捷、李航和李昆霖等的大力支持和帮助，在此表示衷心感谢！此外，本书在编写的过程中还参阅了大量的教材和文献，在此向这些教材和文献的作者一并表示感谢！

为了方便教师教学，本书配有电子教学课件及相关资源，请有此需要的教师登录华信教育资源网（www.hxedu.com.cn）注册后免费进行下载，如有问题可在网站留言板留言或与电子工业出版社联系（E-mail：hxedu@phei.com.cn）。

由于编者水平有限，加之编写时间仓促，书中难免存在不足之处，恳请各位同行专家和广大读者给予批评和指正。

编　者

目 录

计算机概述

教学目标:

通过学习本章内容，了解计算机的发展，理解计算机的工作原理、特点和分类，了解计算机在信息社会中的应用，理解数制与编码，掌握二进制数与十进制数之间的转换。

教学重点和难点:

- 计算机的工作原理、特点和分类。
- 计算机在信息社会中的应用。
- 二进制数与十进制数之间的转换。

目前，人类社会已进入信息时代，计算机已广泛应用于社会的各行各业，并极大地推动了社会的进步与发展。

1.1 计算机的发展

1.1.1 计算机的产生

计算机的发展

在远古时代，人类的祖先用石子和绳结来计数。随着社会的发展，需要计算的问题越来越多，石子和绳结已不能适应社会的需要，于是人类发明了计算工具。世界上最早的计算工具是算筹。随着科学的发展，人类在研究中遇到了大量繁重的计算任务，促使科学家对计算工具进行了改进。17 世纪初，计算工具在西方国家呈现出较快的发展趋势。

第二次世界大战期间，为了解决大量军用数据需要计算的难题，由 John W. Mauchly 和 J. Presper Eckert 领导的科研小组于 1946 年 2 月成功研制了世界上第一台电子数字积分计算机（Electronic Numerical Integrator And Computer，ENIAC）。它由 17 000 多根电子管、70 000 个电阻器、10 000 个电容器、1500 个继电器及 6000 多个开关等组成，占地面积约 170 平方米，每秒可以进行 5000 次加法运算或 400 次乘法运算。尽管 ENIAC 有许多不足之处，但它毕竟是计算机的始祖，拉开了计算机时代的序幕。

1.1.2　计算机的发展阶段

从第一台计算机诞生至今已过去多年，在此期间，计算机以惊人的速度发展着，计算机的体积越来越小、功能越来越强、价格越来越低、应用范围越来越广。按照计算机使用的物理元器件来划分，可以将计算机的发展划分为四代。四代计算机的特点如表 1-1 所示。

表 1-1　四代计算机的特点

特　　点	年　　代			
	第一代 1946—1958 年	第二代 1959—1964 年	第三代 1965—1970 年	第四代 1971 年至今
逻辑元件	电子管	晶体管	中小规模集成电路	大规模和超大规模集成电路
内存储器	延迟线	磁心	半导体存储器	集成度很高的半导体存储器
外存储器	磁鼓、磁带	磁带、磁盘	磁盘	磁盘、光盘、闪存盘、移动硬盘等
运算速度	每秒几千次至每秒几万次	每秒几万次至每秒几十万次	每秒几十万次至每秒几百万次	每秒几百万次至每秒几亿次
软件	机器语言和汇编语言	汇编语言和高级语言	高级语言不断发展，出现了操作系统	操作系统不断完善，开发了应用软件
应用领域	军事和科学计算	扩大到数据处理和过程控制	扩大到企业管理和辅助设计等领域	各行各业

近年来，业内有部分人士提出第五代计算机的概念，其采用超大规模集成电路和其他新型物理元件作为电子元器件，具有推论、联想、智能会话等功能，是一种更接近人脑的计算机，又被称为人工智能计算机。

1.1.3　计算机的发展趋势

1. 巨型化

巨型化是指计算机向高运算速度、大容量、高精度和多功能的方向发展，其运算速度一般在每秒几百亿次以上。

2. 微型化

微型化是指利用微电子技术和超大规模集成电路技术，把计算机的体积进一步缩小，把计算机的价格进一步降低，目前计算机的微型化已成为计算机发展的重要方向。

3. 网络化

计算机联网可以实现计算机之间的通信和资源共享。网络化能够充分利用计算机的宝贵资源，为用户提供可靠、及时、广泛和灵活的信息服务。

4. 智能化

智能化是指使计算机具有模拟人的感觉和思维过程的能力。目前，已研制出多种具有人的部分智能的"机器人"，可以代替人在一些危险环境中工作。

1.1.4 新型计算机

1. 光子计算机

光子计算机是一种由光信号进行数字运算、逻辑操作、信息存储和处理的新型计算机。光子计算机的基本组成元件是集成光路，用光束代替电子进行数据运算、传输和存储。

2. 生物计算机

科学家发现有些有机物中的蛋白质分子像开关一样，具有"开"与"关"的功能，人们可以利用遗传工程技术仿制出这种蛋白质分子，用来作为元件制成计算机，科学家把这种计算机叫作生物计算机。

3. 超导计算机

超导现象是指某些物质在低温条件下呈现出电阻趋于零和排斥磁力线的现象，这些物质被称为超导体。超导计算机是利用超导技术生产的计算机。

4. 量子计算机

量子计算机与传统计算机的原理不同，量子计算机建立在量子力学的基础上，用量子位存储数据。

1.2 计算机的工作原理

计算机的工作原理

计算机的工作原理是存储程序与程序控制。这一原理最初由冯·诺依曼（见图1-1）提出，冯·诺依曼成功将其运用于计算机的设计中。根据这一原理制造的计算机被称为冯·诺依曼体系结构计算机。

存储程序是指人们事先把计算机的指令序列（程序）及运行中所需的数据通过一定的方式输入计算机并存储到计算机的存储器中。

程序控制是指计算机运行时能自动逐一取出程序中的指令，并对这些指令加以分析，执行规定的操作。计算机具有内部存储能力，可以将指令

图1-1 冯·诺依曼

事先输入计算机存储起来，在计算机开始工作以后，从存储单元中依次选取指令，用来控制计算机的工作，从而使人们不必干预计算机的工作，实现自动化。

时至今日，尽管计算机已经出现了四代，并且软件和硬件技术得到了飞速发展，但计算机本身的体系结构并没有得到明显突破，仍属于冯·诺依曼体系结构。

1.3 计算机的特点

计算机的特点与分类

1. 自动运行程序，实现操作自动化

计算机在程序控制下自动连续地进行高速运算。因为计算机采用程序控制的方式，所以一旦输入编写好的程序代码，就能自动执行下去直至任务完成，实现操作自动化，这是计算机的突出特点。

2. 运算速度快

计算机的运算速度通常用每秒执行定点加法的次数或每秒执行指令的条数来衡量。计算机中承担运算的元件是由一些数字逻辑电路构成的，其运算速度远不是其他计算工具所能比拟的。计算机的运算速度快，使得许多过去无法处理的问题都得以解决。

3. 精度高

计算机可以满足计算结果的任意精度要求。例如，圆周率人工计算 π 值的最高纪录是小数点后 808 位，但现在电子计算机已把 π 值计算到 10 亿位以上。

4. 具有记忆（存储）能力

计算机的记忆（存储）能力是计算机区别于其他计算工具的重要特征。计算机的存储器可以把原始数据、程序、中间结果和运算指令等存储起来，以备随时调用。

5. 具有逻辑判断能力

计算机不仅能进行算术运算和逻辑运算，而且能对文字和符号进行判断，以及进行逻辑推理和定理证明，借助逻辑运算进行逻辑判断，分析命题是否成立，根据命题成立与否采取相应的对策。

1.4 计算机的分类

计算机从诞生发展到今天，种类繁多，可以从不同的角度对计算机进行分类。

1. 按照信息表示形式和处理方式进行分类

1）数字计算机

数字计算机中的信息用数字 0 和 1 来表示。数字计算机精度高，存储量大，通用性强，能胜任科学计算、信息处理、实时控制和智能模拟等方面的工作。人们通常所说的计算机就是指数字计算机。

2）模拟计算机

模拟计算机是用连续变化的模拟量来表示信息的。模拟计算机的解题速度极快，但计算精度较低，应用范围较窄，目前已很少生产。

3）数字模拟混合计算机

数字模拟混合计算机是综合了上述两种计算机的优点设计出来的。这种计算机结构复杂，设计困难，造价昂贵，目前已很少生产。

2. 按照计算机的用途进行分类

1）通用计算机

通用计算机是为了解决各种问题而设计的计算机，具有通用性。一般的数字计算机多属于此类。

2）专用计算机

专用计算机是为了解决一个或一类特定问题而设计的计算机。它的软件和硬件的配置依据解决特定问题的需要而定，并不求全。专用计算机功能单一，配有解决特定问题的固定程序，能高速、可靠地解决特定问题。

3. 按照计算机的规模与性能进行分类

计算机按照运算速度的快慢、存储数据量的大小、功能的强弱及软件和硬件的配套规模等不同，分为巨型计算机、大中型计算机、小型计算机、微型计算机、工作站与服务器。

1.5　计算机在信息社会中的应用

计算机在信息社会中的应用

目前，计算机的应用已渗透到社会的各行各业，改变着人类传统的工作、学习和生活方式，推动着社会的发展。计算机的主要应用领域如下。

1. 科学计算

科学计算是指利用计算机来完成科学研究和工程技术中提出的数学问题的计算。例如，天气预报数据的分析和计算、人造卫星飞行轨迹的计算、火箭和宇宙飞船的研究设计等都离不开计算机。利用计算机的快速计算、大容量存储和连续运算的能力，可以实现人工无法解决的各种科学计算问题。

2. 数据处理

数据处理，又称信息处理，是对各种数据进行收集、排序、分类、存储、整理、统计和加工等一系列活动的统称。目前，数据处理已广泛应用于人口统计、办公自动化、邮政业务、机票订购、医疗诊断、企业管理、情报检索、图书管理等领域。

3. 计算机辅助技术

计算机辅助技术包括计算机辅助设计、计算机辅助制造和计算机辅助教学等。

1）计算机辅助设计

计算机辅助设计（Computer Aided Design，CAD）是指利用计算机系统辅助设计人员进行工程或产品设计，以实现最佳设计效果。目前，CAD 已广泛应用于飞机、船舶、建筑、机械和大规模集成电路设计等领域。

2）计算机辅助制造

计算机辅助制造（Computer Aided Manufacturing，CAM）是指利用计算机通过各种数值控制生产设备，完成产品的加工、装配、检测和包装等生产过程。使用CAM可以提高产品质量，降低生产成本和劳动强度，缩短生产周期，提高生产效率，改善劳动条件。

目前，有些国家已把 CAD、CAM、CAT（Computer Aided Testing，计算机辅助测试）及 CAE（Computer Aided Engineering，计算机辅助工程）组成一个集成系统，使设计、制造、测试和管理有机地组合起来，形成高度自动化系统，实现了自动化生产线和"无人工厂"或"无人车间"。

3）计算机辅助教学

计算机辅助教学（Computer Aided Instruction，CAI）是指将教学内容、教学方法及学生的学习情况等存储到计算机中，用计算机来辅助完成教学或模拟某个实验过程，以帮助学生轻松地学习知识。

4. 过程控制

过程控制，又称实时控制，是指利用计算机及时采集检测数据，按最佳值迅速对控制对象进行自动调节或自动控制。目前，过程控制已在机械、冶金、石油、化工、纺织、水电和航天等领域得到广泛应用。

此外，过程控制还在国防和航空航天领域中起着决定性的作用。例如，对人造卫星、无人驾驶飞机和宇宙飞船等的控制都是通过计算机来实现的。计算机是现代国防和航空航天领域的"神经中枢"。

5. 多媒体技术

多媒体技术借助普及的高速信息网实现信息资源共享。目前，多媒体技术已应用在医疗、教育、商业、银行、保险、行政管理、工业、咨询服务、广播和出版等领域。随着计算机技术和通信技术的发展，多媒体技术已成为现代计算机技术的重要应用之一。

6. 人工智能

人工智能，又称智能模拟，是指用计算机模拟人类的智能活动，如判断、理解、学习、图像识别和问题求解等。它涉及计算机科学、信息论、神经学、仿生学和心理学等诸多学科，在医疗诊断、定理证明、语言翻译和机器人等方面已经有了显著成效。例如，我国已开发成功一些中医专家诊断系统，用于模拟名医给患者诊病、开处方。

7. 计算机网络

计算机技术与现代通信技术共同构成了计算机网络。硬件资源的共享可以提高设备的利用率，避免设备重复投资，如利用计算机网络建立网络打印机等。软件资源和数据资源的共享可以充分利用已有的信息资源，减少软件开发过程中的劳动量，避免大型数据库的重复设置。此外，用户还可以通过计算机网络传送电子邮件、发布新闻消息和进行电子商务活动。目前，计算机网络已在交通运输、邮电通信、文化教育、国防和科学研究等各个领域获得了广泛的应用。

1.6　数制与编码

数制与编码

本节主要介绍计算机为什么采用二进制编码、数制的概念、二进制数与十进制数之间的转换，以及字符数据的编码。

1.6.1　计算机为什么采用二进制编码

虽然二进制数并不符合人们的习惯，但是计算机中仍采用二进制数表示信息。其主要原因有以下 4 个方面。

1. 电路简单，容易实现

计算机是由逻辑电路组成的，逻辑电路通常只有两种状态。例如，开关的接通与断开、电压的高与低等。这两种状态正好用来表示二进制数的两个数码，即 0 和 1。

2. 可靠性高

由于两种状态代表的两个数码在数字传输和处理中不容易出错，分工明确，因此电路更加可靠。

3. 简化运算

二进制数运算法则简单，使得其运算速度大大提高。例如，二进制数的求积运算法则只有 3 条，而十进制数的求积运算法则（九九乘法表）共有 45 条。

4. 逻辑性强

计算机的工作是建立在逻辑运算基础上的，逻辑代数是逻辑运算的理论依据。计算机中有两个数码，正好代表逻辑代数中的"真"与"假"。

1.6.2　数制的概念

人们在生产实践和日常生活中创造了各种表示数的方法，这些表示数的方法被称为数制。凡是按照进位方式进行计数的数制均被称为进位计数制，简称进制。例如，十进制数、二进制数和十六进制数等。R 进制数用 R 个数码（$0,1,2,\cdots,R\text{-}1$）表示数值，R 被称为基数。表 1-2 所示为计算机中常用的几种进制数。

表 1-2　计算机中常用的几种进制数

进　制　数	数　码	进 位 规 则	基　数
十进制数	0, 1, 2, $\cdots$, 9	逢十进一	10
二进制数	0, 1	逢二进一	2
八进制数	0, 1, 2, $\cdots$, 7	逢八进一	8
十六进制数	0, 1, 2, $\cdots$, 9, A, B, $\cdots$, F	逢十六进一	16

任意一个 R 进制数 N 均可以表示为

$$(N)_R = a_{n-1}a_{n-2}\ldots a_1 a_0 a_{-1}\ldots a_{-m}$$
$$= a_{n-1}\times R^{n-1} + a_{n-2}\times R^{n-2} + \cdots + a_1 \times R^1 + a_0 \times R^0 + a_{-1}\times R^{-1} + \cdots + a_{-m}\times R^{-m}$$
$$= \sum_{i=-m}^{n-1} a_i \times R^i$$

其中，a_i 是数码，R 是基数，R^i 是权。不同的基数表示不同的进制数。

例如，在十进制数中，546 可以表示为

$$546 = 5\times 10^2 + 4\times 10^1 + 6\times 10^0$$

10^2、10^1、10^0 分别被称为百位、十位、个位的权。

【实战 1-1】将下列各进制数写成按位权展开的多项式之和。

$$(11101.101)_2 = 1\times 2^4 + 1\times 2^3 + 1\times 2^2 + 0\times 2^1 + 1\times 2^0 + 1\times 2^{-1} + 0\times 2^{-2} + 1\times 2^{-3}$$
$$(375)_8 = 3\times 8^2 + 7\times 8^1 + 5\times 8^0$$
$$(ED)_{16} = 14\times 16^1 + 13\times 16^0$$

1.6.3　二进制数与十进制数之间的转换

在计算机中只能识别二进制编码的信息，而在计算机中输入 / 输出的数据一般来说不是二进制数，这就要研究不同数制之间的转换规则。

1. 二进制数转换成十进制数

方法：将一个二进制数按位权展开成一个多项式，并按十进制数的运算规则求和，即可得到与该二进制数等值的十进制数。

【实战 1-2】将下列二进制数转换成十进制数。

$$(1101)_2 = 1\times 2^3 + 1\times 2^2 + 0\times 2^1 + 1\times 2^0 = 8+4+0+1 = (13)_{10}$$

2. 十进制数转换成二进制数

方法：先将十进制数除以基数 2，取余数，再把得到的商除以基数 2，取余数，照此类推，这个过程一直继续进行，直到商为 0，将所得余数以相反的次序排列，得到对应的二进制数。

【实战 1-3】将 $(30)_{10}$ 转换成二进制数。

$$
\begin{array}{r}
\text{取余数} \\
2\,|\,30 \\
2\,|\,15\ \cdots\quad 0 \\
2\,|\,7\ \cdots\quad 1 \\
2\,|\,3\ \cdots\quad 1 \\
2\,|\,1\ \cdots\quad 1 \\
0\ \cdots\quad 1
\end{array}
$$

因此 $(30)_{10}=(11110)_2$。

1.6.4　字符数据的编码

计算机除了能处理数值数据，还能处理非数值数据。英文字母、汉字和特殊符号等非数值数据在计算机中也要转换为二进制编码的信息。为了便于计算机应用的推广，非数值数据必须用统一的编码方法来表示。下面介绍两种重要编码，即西文字符的编码和中文字符的编码。

1. 西文字符的编码

目前，在国际上广泛采用美国信息交换标准代码（American Standard Code for Information Interchange，ASCII 码）表示英文字母、数字和特殊符号，具体见附录 A。

1）ASCII 码的编码规则

（1）ASCII 码采用 7 位二进制数来表示字符，因为 $2^7=128$，所以共有 128 种不同的组合，可以表示 128 个不同的字符，7 位二进制编码的取值范围为 0000000 ～ 1111111。其中包括数码 0 ～ 9、26 个大写英文字母、26 个小写英文字母，以及各种运算符号、标点符号及控制字符等。

（2）在计算机中，每个字符的 ASCII 码用 1 字节（8 位）来存放，字节的最高位为校验位，通常用 0 来填充，后 7 位为编码值。

2）ASCII 码的特点

（1）使用列 3 位，行 4 位，即 7 位 0 和 1 代码串来编码。

例如，A 字符的编码为 1000001；B 字符的编码为 1000010。

（2）相邻字符的 ASCII 码后面比前面大 1。

例如，A 字符为 65（ASCII 码转换为十进制数），B 字符为 66（ASCII 码转换为十进制数）。

（3）常用的数字、大写英文字母、小写英文字母的 ASCII 码按从小到大的顺序依次为数字的 ASCII 码、大写英文字母的 ASCII 码、小写英文字母的 ASCII 码。

小知识：ASCII 码字符集包括 128 个字符。

2. 中文字符的编码

ASCII 码只是给出了英文字母、数字和特殊字符的编码规则，没有给出汉字的编码规则。

用计算机来处理汉字，必须先对汉字进行编码。汉字编码主要有汉字输入码、汉字国标码、汉字机内码、汉字字形码和汉字地址码等。汉字在系统内传送的过程就是汉字编码转换的过程。下面分别对各种汉字编码进行介绍。

1）汉字输入码

汉字输入码是为了通过键盘把汉字输入计算机而设计的一种编码。汉字输入码因编码方式不同而不同。目前，汉字输入方案已有几百个，不管操作者使用哪种汉字输入码输入汉字，其到计算机中后都会转换成统一的机内码。汉字输入方案大致可以分为音码、形码和音形码3种类型。

（1）音码：以汉语拼音为基础的编码方案，如全拼、双拼等。其虽容易掌握，但重码率高。

（2）形码：以汉字字形结构为基础的编码方案，如五笔字型输入法、郑码输入法等。其虽重码率低，但不容易掌握。

（3）音形码：将音码和形码结合起来的编码方案，如智能 ABC 输入法、自然码输入法等。其优点是能降低重码率，并提高汉字输入速度。

2）汉字国标码

《信息交换用汉字编码字符集》于 1980 年发布，于 1981 年 5 月开始实施，标准号为GB 2312—1980，又被称为汉字国标码。它给出了每个汉字的二进制编码的国家标准，规定了汉字交换用的基本汉字和一些图形，共计 7445 个，其中汉字有 6763 个，这些汉字按使用频率和用途，又可以分为一级常用汉字 3755 个和二级次常用汉字 3008 个。

汉字国标码规定每个汉字的二进制编码占两个字节，每个字节均采用 7 位二进制编码表示，习惯上称第一个字节为"高字节"，第二个字节为"低字节"。汉字国标码中的行被称为区，列被称为位，共有 94 个区和 94 个位，区号和位号构成了区位码。

3）汉字机内码

汉字处理系统要保证中西文兼容，当系统中同时存在 ASCII 码和汉字国标码时，将会产生二义性。例如，有两个字节的内容分别为 30H 和 21H。它既可以表示"啊"的汉字国标码，又可以表示 0 和"!"的 ASCII 码。因此，应对汉字国标码加以适当处理和变换，即将汉字国标码的每个字节最高位上由 0 变为 1，变换后的汉字国标码被称为汉字机内码。汉字机内码是计算机处理汉字信息时使用的编码。

4）汉字字形码

汉字字形码又被称为汉字字模，用于汉字的输出，汉字的输出有显示和打印两种方式。目前，汉字信息处理系统中大多数以点阵方式形成汉字字形。在以点阵方式形成汉字字形时，汉字字形码是指确定一个汉字字形点阵的编码。

输出汉字时采用图形方式，无论汉字的笔画有多少，每个汉字都可以写在同样大小的方块中。所谓点阵，就是将字符（汉字、图形）看成一个矩形框内一些横竖排列的点的集合，有笔画的位置用黑点表示,无笔画的位置用白点表示。在计算机中，用一组二进制数表示点阵，用 0 表示白点，用 1 表示黑点。根据输出汉字的要求不同，点阵的多少也不一样。一般的汉字系统中简易型汉字为 16×16 点阵，普通型汉字为 24×24 点阵，提高型汉字为 32×32 点阵。一般来说，表现汉字时使用的点阵越大，汉字字形的质量也越好，打印质量也就越好，每个汉字点阵所需的存储量也就越大。图 1-2 所示为"庆"字的 16×16 点阵字形。

5）汉字地址码

汉字地址码是指汉字库（主要指字形的点阵字模库）中存储汉字字形信息的逻辑地址码。

当向输出设备输出汉字时，只有通过汉字地址码才能在汉字库中取得所需的汉字字形码，并在输出设备上形成可见的汉字字形，实现汉字的显示或打印。

6）各种汉字编码之间的关系

汉字的输入、处理和输出的过程实际上是汉字的各种编码之间的转换过程。汉字信息处理系统模型如图 1-3 所示。其中，虚线框中的编码是相对汉字国标码而言的。

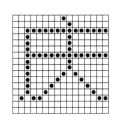

图 1-2　"庆"字的 16×16 点阵字形

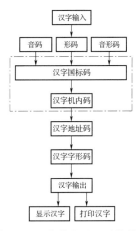

图 1-3　汉字信息处理系统模型

7）其他内码

为了统一表示世界各国、各地区的文字，方便信息交流，各级组织公布了各种内码，如 GBK 码、GB 18030 码、BIG 5 码、UCS 码等。

思考与练习

1．计算机的发展经历了哪几个阶段？各个阶段的主要特征是什么？

2．计算机的工作原理是什么？有哪些特点？

3．计算机与计算器的本质区别是什么？

4．计算机如何分类？

5．计算机主要应用于哪些方面？

6．未来计算机的发展方向是什么？

7．为什么计算机采用二进制数表示数据？

8．将二进制数 10011 转换成十进制数。

9．将十进制数 100 转换成二进制数。

10．将二进制数 11100 转换成十进制数。

第2章

计算机系统

教学目标:

通过学习本章,掌握计算机系统的组成、计算机硬件的构成、软件的分类、存储器的存储原理、指令与指令系统、程序设计语言和程序设计等概念,了解中央处理器、内存储器、外存储器等的作用,为计算机操作打下良好的基础。

教学重点和难点:

- 计算机系统的组成。
- 计算机硬件的构成。
- 存储器的存储原理。
- 输入/输出设备。
- 软件的分类。
- 微型计算机的性能指标。

一个完整的计算机系统由硬件和软件两部分组成。硬件是软件建立和依托的基础。离开硬件,软件无法运行。软件是硬件功能的扩充和完善。硬件和软件协同工作,缺一不可。

2.1 计算机系统的组成

计算机系统是由硬件和软件两部分组成的。硬件是计算机系统中由电子、机械和光电元件等组成的各种物理装置的总称,是人们看得见、摸得着的实体部分。软件是指在计算机中运行的各种程序及其相关的数据、文档。计算机系统的组成如图2-1所示。

计算机系统的组成

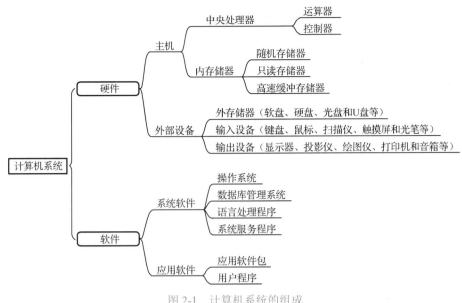

图 2-1　计算机系统的组成

2.2　计算机硬件的构成

计算机硬件的构成、微型计算机硬件的构成

硬件是构成计算机的实体部分，是由设备组装成的一组装置，这些设备作为一个统一的整体协调运行。它是计算机工作的物质基础，是计算机的躯壳。计算机中的中央处理器（CPU）、内存储器、硬盘、显示器、键盘和鼠标等都属于硬件。从 1946 年世界上第一台电子计算机 ENIAC 的诞生到现在，计算机的功能不断增强，应用范围不断扩大，外形也发生了很大的变化，但在基本硬件结构方面还是大同小异，仍然属于冯·诺依曼体系结构计算机，都由 5 个功能部件组成。

硬件由控制器、运算器、存储器、输入设备、输出设备构成，如图 2-2 所示。

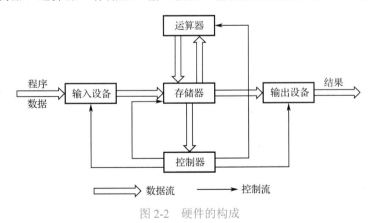

图 2-2　硬件的构成

计算机的简单工作流程是用户通过输入设备将数据和程序送入存储器，并发出运行程序的指令，系统接收指令后，运算器在控制器的帮助下，从内存储器中读取和使用数据进行分析，命令执行完成后从内存储器中读取下一条指令进行分析，并执行该指令，周而复始地重复"读取指令→分析指令→执行指令"的过程，直到程序中的全部指令执行完毕，将运行结果存入存储器中或通过输出设备输出。

1. 控制器

控制器是对输入的指令进行分析，并统一控制和指挥计算机中的其他部件协同完成任务的部件。它是计算机的控制中心，用来控制计算机各部件协调工作，使整个处理过程有条不紊地进行。控制器一般由指令寄存器、状态寄存器、指令译码器、时序电路和控制电路组成。在控制器的控制下，计算机能够自动、连续地按照人们编写好的程序实现一系列指定的操作，完成特定的任务。

2. 运算器

运算器又称算术逻辑部件（ALU），是计算机中负责执行各种运算（算术运算和逻辑运算）的部件。运算器的主要功能是在控制器的帮助下，从内存储器中提取数据进行计算，运算完成后把结果送回存储器，从而实现对数据的加工和处理。

运算器和控制器通常集成在一块芯片上，构成 CPU。CPU 是计算机的核心部件。它的功能主要是解释计算机指令和处理软件中的数据。

3. 存储器

存储器具有记忆功能，是计算机用来存放程序和数据的部件。存储器分为内存储器和外存储器两大类，内存储器的大小影响着计算机的处理速度。常见的存储器有内存条、硬盘、光盘和 U 盘等。

CPU、内存储器构成了计算机的主机，是硬件的主体。

4. 输入设备

输入设备是向计算机输入数据的设备，可以将各种外部数据转换成可以被计算机识别的电信号，从而使计算机成功地接收数据。它是计算机与用户或其他设备通信的桥梁。

5. 输出设备

输出设备是用来输出计算机处理结果的设备。其主要功能是把计算机处理的数据、计算结果等内部信息以数字、字符、图像等人们需要的形式表示出来。

输入设备、输出设备和外存储器等在计算机主机以外的硬件通常被称为外部设备。外部设备用于传输、转送和存储数据，是计算机系统中的重要组成部分。

2.3 微型计算机硬件的构成

微型计算机也称个人计算机（Personal Computer，PC），具有体积小、灵活性高、造价低、使用方便等特点，是应用十分广泛的一种计算机。常见的微型计算机有台式计算机、笔记本计算机、平板计算机等。

　　一台典型的微型计算机由主机、键盘、鼠标、显示器等部分构成。台式计算机的外观如图 2-3 所示。本节主要以台计算式机为例介绍微型计算机硬件。

2.3.1　CPU

图 2-3　台式计算机的外观

　　CPU 作为计算机系统的运算和控制核心，是信息处理、程序运行的最终执行单元。CPU 主要包括两个部分，即控制器和运算器，其中还包括高速缓冲存储器及实现它们之间联系的数据、控制的总线。

　　CPU 是计算机的核心部件。其性能的优劣直接影响着整个计算机的性能。CPU 有两个重要的性能指标，即主频和字长。主频即主时钟频率，是指 CPU 运行时的工作频率（1 秒内发生的同步脉冲数），单位为 MHz。主频是用来衡量一款 CPU 性能的关键指标之一。一般而言，主频越高，计算机的工作速度越快。主频受到外频和倍频系数的影响，外频是指 CPU 和主板之间同步运行的速度，倍频是指主频与外频之比的倍数，主频 = 外频 × 倍频系数。字长即 CPU 的位宽，是指微处理器一次执行指令的数据带宽。字长越长，计算精度越高，运算速度也越快。处理器的寻址位宽增长很快，从 4 位、8 位、16 位、32 位寻址，到现在 64 位寻址。当前，64 位寻址浮点运算已经逐步成为 CPU 的主流产品。除此之外，CPU 的性能还与前端总线频率、缓存、制造工艺、核心电压等有关。

　　目前，微型计算机的 CPU 主要有 Intel 公司的 Core、赛扬、奔腾等系列产品，以及 AMD 公司的 A10、FX、A8、羿龙、速龙等系列产品。图 2-4 所示为 Intel 公司的 Core i9 CPU。

图 2-4　Core i9 CPU

2.3.2　主板

　　主板（见图 2-5）又叫主机板（Mainboard）、系统板（Systemboard）、母板（Motherboard），是计算机系统中最大的一块集成电路板。它安装在机箱内，是微型计算机中基本、重要的部件。主板是计算机主机与外部设备连接的通道，主板上布置有和各部件连接的总线电路，可以满足各部件之间的通信需求。它为 CPU、内存储器和各种功能卡提供安装插槽，为各种存储设备、输入 / 输出设备及媒体和通信设备提供接口。主板的核心功能是识别、连接和控制各种设备。主板上通常安装有 CPU 插槽、内存条插槽、扩充插槽、BIOS 芯片等。

由于计算机在运行时对系统内存储器、存储设备和其他输出／输出设备的操作和控制都必须通过主板来完成，因此计算机的整体运行速度和稳定性在很大程度上取决于主板性能。主板中十分重要的指标有前端总线频率和外频，频率越高主板性能越好。前端总线频率是指CPU 与内存储器之间的数据传输速率，反映了 CPU 与内存储器之间的数据传输量，或者说带宽。外频是指 CPU 与主板之间同步运行的速度。

图 2-5　主板

2.3.3　存储器

存储器是现代信息技术中用于保存信息的记忆设备。存储器的主要功能是存储程序和数据，并能在计算机运行过程中高速、自动地完成程序或数据的存取操作。计算机中的全部信息（输入的原始数据、程序、中间运行结果和最终运行结果）都是以二进制数的形式保存在存储器中的。有了存储器，计算机才有记忆功能，才能保证正常工作。

1. 存储原理

存储器可容纳的数据总量被称为存储容量，存储容量的大小决定着存储器所能存储内容的多少。存储器中最小的存储单位（记忆单元）是二进制数的一个数位，被称为"位"（bit）。计算机通常把 8 位二进制数当作一个整体存入或取出，这样一个整体被称为 1 字节（Byte，简写为 B），字节是计算机中处理数据和存储容量的基本单位。此外，常用的存储容量的单位还有 KB、MB、GB、TB 等。它们之间的换算关系如下。

1B=8bit

$1KB=2^{10}B=1024B$

$1MB=2^{10}KB=1024KB$

$1GB=2^{10}MB=1024MB$

$1TB=2^{10}GB=1024GB$

为了便于对存储器进行数据的存入和取出操作，我们习惯把存储器划分成大量的存储单元，每个存储单元存放 1 字节的信息。为了区分不同的存储单元，可以按照一定的规律和顺序给每个存储单元分配一个编号，这个编号被称为存储单元的地址。通过地址寻找数据，从对应地址的存储单元中访存数据，就像存放货物的仓库一样，人们在仓库中存放货物时为了便于存放和拿取，通常会对货物的位置进行编号，并且留有存放及拿取货物的通路。

2. 存储器的分类

存储器分为内存储器和外存储器两大类。

1）内存储器

内存储器又被称为主存储器，简称内存，一般用来存放当前正在使用或即将使用的数据和程序。它可以直接与 CPU 交换信息。微型计算机的内存通常采用半导体存储器，其虽存取速度快但容量相对较小。微型计算机的内存从使用功能上分为 3 种，分别为随机存储器（Random Access Memory，RAM）、只读存储器（Read Only Memory，ROM）和高速缓冲存储器（Cache）。

（1）RAM。

RAM 用来存放当前正在使用或将要使用的程序和数据，且存取时间与存储单元的物理位置无关。RAM 的特点为既可以写入，又可以读取。读取不会破坏原有的存储信息，写入才会修改原有的存储信息。断电后，存储信息立即丢失，即具有易失性。RAM 主要用作 Cache 和主存储器。

根据数据存储原理的不同，RAM 又可以分为动态随机存取存储器（Dynamic RAM，DRAM）和静态随机存取存储器（Static RAM，SRAM）。DRAM 是常见的系统内存，DRAM 使用电容存储信息，由于电容会放电，如果存储单元没有被刷新，那么存储的信息就会丢失，因此必须周期性地对存储单元进行刷新。DRAM 集成度高、功耗小、价格低，一般用于微型计算机中的内存条。常见的内存条有 DDR、DDR2、DDR3、DDR4 等。图 2-6 所示为 DDR4 内存条。

图 2-6　DDR4 内存条

（2）ROM。

ROM 是一种对信息只能读取不能写入，且断电后信息不会丢失的存储器，即预先一次写入的存储器。与 RAM 的电路相比，ROM 的电路较简单、集成度较高、成本较低，通常用来存放固定不变的信息。图 2-7 所示为主板上的 BIOS ROM 芯片。

（3）Cache。

Cache 是一种集成在 CPU 内部的虽容量小但速度快的存储器，主要用来平衡 CPU 与内存速度不一致的问题，一般用来存放 CPU 立即要运行或刚使用过的程序和数据，CPU 会优先访问 Cache，从而大大减少因 RAM 速度慢而需要等待的时间，提高系统的运算速度。图 2-8 所示为 Cache 工作流程。

图 2-7　主板上的 BIOS ROM 芯片

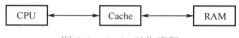

图 2-8　Cache工作流程

2）外存储器

外存储器又被称为辅助存储器，简称外存，用于长期存放暂时不处理的程序和数据。与内存相比，外存的存取速度较慢但容量较大，价格较便宜，断电后仍然能保存数据。CPU 不能直接访问外存，当需要运行存放在外存中的程序时，需要将所需的内容成批地调入内存中。常见的外存有硬盘、光盘和可移动存储设备等。

（1）硬盘。

硬盘是微型计算机中主要的外存设备。它的容量很大，微型计算机的操作系统及各种应用软件都存储在硬盘中。硬盘由磁头、盘片、主轴、传动手臂和控制电路等组成，它们全部密封在一个金属盒中，防尘性能好，可靠性高，对环境要求不高。硬盘的外观与内部结构如图 2-9 所示。

硬盘通常由多个盘片组成，盘片有上、下两个面，都可以保存数据。每个盘片都固定在主轴上，并利用磁头进行盘片的定位读写。盘片由外向内分成许多个同心圆，每个同心圆被称为一条磁道，每条磁道被分成若干个扇区，不同盘片相同的磁道构成的圆柱面被称为柱面。每个扇区能存储 512B 数据，硬盘的存储容量 = 盘片数 × 磁道（柱面）数 × 扇区数 × 每个扇区字节数。硬盘的存储结构如图 2-10 所示。

图 2-9　硬盘的外观与内部结构

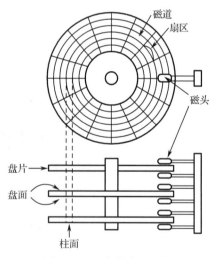

图 2-10　硬盘的存储结构

硬盘在第一次使用时，必须进行格式化。格式化的主要作用是将硬盘进行分区，划分磁道与扇区，同时给磁道、柱面和扇区编号，设置目录表和文件分配表，检查有无坏磁道。若有坏磁道，则应给坏磁道标上不可用的标记。需要注意的是，由于使用格式化命令会清除硬盘中原有的全部信息，因此在对硬盘进行格式化之前一定要做好备份工作。

硬盘的主要性能指标有存储容量、转速、平均存取时间、Cache 容量和数据传输速率等。与光盘相比，硬盘具有容量大、读写速度快的优点。硬盘可以分为固态硬盘、机械硬盘和混合硬盘 3 种。

（2）光盘。

光盘是一种利用激光技术写入和读取信息的设备。光盘具有存储容量大、价格低廉、耐磨损、携带方便、信息保存时间长等特点，适用于保存图像、动画、视频等多媒体信息，是用户对硬盘存储容量不足的补充。

光盘主要分为 5 层，分别为基板、记录层、反射层、保护层、印刷层。在写入原始信息时，先用激光束对在基板上涂的有机染料进行烧录，直接将其烧录成不同形状的凹坑，并用此形式存储信息。在读取光盘中的信息时，需要将光盘插入光盘驱动器，光盘驱动器中的激光光束照射在凹凸不平的盘面上，被反射后强弱不同的光束解调后，即可得到相应的不同信息并输入计算机。图 2-11 所示为光盘的基本存储原理。

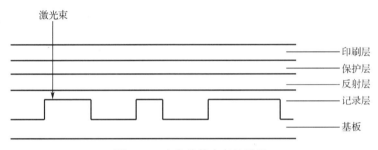

图 2-11　光盘的基本存储原理

光驱即光盘驱动器，是计算机用来读写光盘文件的硬件。衡量光驱的技术指标主要有数据传输速率、CPU 占用时间和接口类型等。其中，数据传输速率是以单倍速为基准的，单倍速光驱每秒读取 150KB 数据，24 倍速光驱每秒读取 150KB×24 数据。

（3）可移动存储设备。

目前，广泛使用的可移动存储设备有 U 盘、移动硬盘、闪存卡等，如图 2-12 所示。U盘采用的存储介质为闪存芯片，存储介质和驱动器集成一体。U 盘具有易用性、实用性、稳定性等特点，应用非常广泛。移动硬盘是以硬盘为存储介质的，便于计算机之间交换大容量的数据。闪存卡具有体积小巧、携带方便、兼容性良好、使用简单的优点，便于在不同的数码产品之间交换数据。

图 2-12　可移动存储设备

2.3.4　总线与接口

在计算机系统中，各部件之间是通过一条公共的信息通路连接起来的，这条信息通路被称为总线。微型计算机采用总线连接 CPU、存储器和外部设备等，这种连接方式具有组合灵活、扩展方便等特点。按照总线内传输的信息种类，可以将总线分为数据总线、控制总线和地址总线。

接口是总线末端与外部设备连接的界面。CPU 与外部设备、存储器的连接和数据交换都需要通过接口来实现，前者被称为输入 / 输出接口，而后者则被称为存储器接口。不同的外部设备与主机相连都要配备不同的接口。目前，常见的接口有并行接口、串行接口、硬盘接口、USB 接口等。

2.3.5　输入设备

向计算机输入各种原始数据和程序的设备叫作输入设备。输入设备把各种形式的信息，如文字、图像等转换为数字编码，即计算机能够识别的二进制编码（实际上是电信号），并存储到计算机中。常见的输入设备有键盘、鼠标、扫描仪、触摸屏和光笔等。

2.3.6　输出设备

输出设备是用来输出计算机处理结果的设备。其主要功能是把计算机处理的数据、计算结果等内部信息按照人们需要的形式输出。常见的输出设备有显示器、投影机、绘图仪、打印机和音箱等。

2.4　计算机软件

计算机软件

硬件与软件是紧密联系、相辅相成、缺一不可的。硬件是软件存在的物质基础，是软件功能的体现；软件对计算机功能的发挥起着决定性的作用，软件可以充分发挥硬件资源的效益，为用户使用计算机提供方便。没有配备任何软件的计算机被称为裸机，裸机不能独立完成任何具有实际意义的工作。硬件、软件及用户之间的关系如图 2-13 所示。

2.4.1　软件的概念

软件是指计算机系统中为运行、管理与维护计算机而编制的程序、数据及相关文档的集合。程序是计算任务的处理对象和处理规则的描述，是按照一定顺序执行的且能够完成某一任务的指令集合。文档则是便于了解程序所需的说明性资料。软件是用户与硬件之间的接口界面，用户主要通过软件使用硬件。

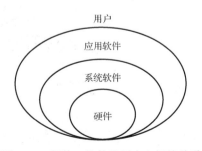

图 2-13　硬件、软件及用户之间的关系

2.4.2 硬件和软件的关系

硬件和软件是完整的计算机系统互相依存的两大部分，它们的关系主要体现在以下几个方面。

（1）硬件和软件互相依存。一方面硬件是软件赖以工作的物质基础，另一方面软件的正常工作是硬件发挥作用的唯一途径。计算机系统必须配备完善的软件，且充分发挥其硬件的各项功能。

（2）硬件和软件无严格界限。硬件和软件在逻辑功能上是等效的，即某些操作既可以用软件实现，又可以用硬件实现。换而言之，硬件和软件从一定意义上来说没有绝对严格的界限，而是受实际应用需要及系统性价比支配的。

（3）硬件和软件协同发展。软件跟随硬件的快速发展而发展，而软件的不断发展与完善又促进了硬件的更新。

2.4.3 软件的分类

根据用途的不同，软件可以分为系统软件和应用软件两大类。

1. 系统软件

系统软件是控制、协调计算机内部设备和外部设备，以及支持应用软件开发和运行的。系统软件是计算机系统正常运行必不可少的软件，是应用软件运行的基础。所有应用软件都是在系统软件上运行的。系统软件主要包括操作系统（Operating System，OS）、数据库管理系统（DataBase Management System，DBMS）、语言处理程序和系统服务程序。

1）操作系统

操作系统是计算机系统中非常重要的系统软件，负责管理和控制计算机系统的软件和硬件资源，合理组织计算机各部分协调工作，并为用户使用计算机提供良好的工作环境。操作系统与硬件密切相关，用于实现对硬件的首次扩充，并为上层软件提供服务，其他所有软件都是在操作系统的基础上运行的。

从用户角度来看，操作系统管理计算机系统的各种资源，扩充硬件的功能，控制程序的执行。从人机交互角度来看，操作系统是用户与机器的接口，提供良好的人机交互界面，以便用户使用计算机，在整个计算机系统中具有承上启下的作用。从系统结构角度来看，操作系统是一个大型软件系统，功能复杂，体系庞大，采用层次式、模块化的程序结构。计算机常见的操作系统有 UNIX、Linux、Windows、macOS、Android 等。其中，Windows 是微型计算机的主流操作系统。

2）数据库管理系统

数据库管理系统是位于用户与操作系统之间的一层管理软件。它为用户和应用程序提供了访问数据的方法，包括数据库的建立，对数据的操纵、检索和控制，以及与网络中其他软件系统的通信功能。常用的数据库管理系统有 Access、SQL Server、MySQL、Oracle 等。

3）语言处理程序

语言处理程序是把用汇编语言或高级语言编写的程序翻译成可执行的机器语言程序。使用汇编语言或高级语言编写的程序被称为源程序，使用机器语言编写的程序被称为目标程序。尽管使用汇编语言或高级语言编写的程序更易于理解，更具有可读性，可维护性更强，可靠性更高，但是计算机只能识别使用机器语言编写的程序。这就需要有一种程序能够将源程序翻译成目标程序，具有这种翻译功能的程序就是语言处理程序。

语言处理程序共有 3 种，分别为汇编程序、编译程序和解释程序。语言处理程序的处理过程如图 2-14 所示。

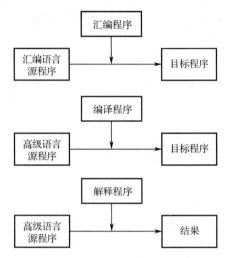

图 2-14　语言处理程序的处理过程

（1）汇编程序的作用是将汇编语言源程序翻译成能被计算机识别的目标程序。不同类型的计算机有不同的汇编程序。

（2）编译程序是将高级语言源程序编译成目标程序，并通过连接程序将目标程序连接为可执行程序后交给计算机运行。这种方式类似于翻译人员的笔译。

（3）解释程序是将高级语言源程序逐行逐句解释出来，解释一句执行一句，可以立即得到运行的结果，不产生目标程序。这种方式类似于翻译人员的口译。

4）系统服务程序

系统软件中还有各种系统服务程序，如机器的调试、故障的检测和程序的诊断等。此外，接口软件、工具软件、支持用户使用的计算机环境、提供的开发工具等，也可以认为是系统软件的一部分。

2．应用软件

应用软件是为了解决用户的各种实际问题而开发的软件。应用软件的种类非常多，如办公自动化软件、多媒体应用软件、辅助设计软件、网络应用软件、安全防护软件、数据库应用软件、娱乐休闲软件等。表 2-1 中列出了常用的应用软件。应用软件通常不能独立地在计算机上运行，必须有系统软件的支持。

表 2-1　常用的应用软件

类　别	功　能	流行应用软件举例
办公自动化软件	用于日常办公，包括文字处理、电子表格数据处理和演示文稿制作等	Microsoft Office、WPS Office 等
多媒体应用软件	用于图形处理、图像处理、动画设计等	Photoshop、Flash 等
辅助设计软件	用于建筑设计、机械制图、服装设计等	AutoCAD、Protel 等
网络应用软件	用于网页浏览、通信、电子商务等	QQ 等
安全防护软件	用于防范、查杀病毒，以及保护计算机和网络安全等	瑞星杀毒软件、360 杀毒软件等
数据库应用软件	用于财务管理、学籍管理、人事管理等	学籍管理系统、超市管理系统等
娱乐休闲软件	用于游戏和娱乐等	QQ 游戏、DotA 等

2.4.4　指令与指令系统

指令是指示计算机执行某种操作的命令。计算机指令是一组二进制代码，通常，一条指令由操作码和操作数地址码两部分组成。操作码用于指明该指令进行何种操作，如加法、减法、乘法、除法、取数、存数等。操作数地址码则用于指明操作对象或操作数据在存储器中的存放位置。

通常，一条指令对应一种基本操作，许多条指令的集合实现了计算机复杂的功能。计算机能执行的全部指令被称为指令系统，指令系统决定了计算机的基本功能。不同类型的计算机，其指令系统有所不同，但无论是何种类型的计算机，其指令系统一般都具有数据传输、数据运算、程序控制、输入 / 输出 4 种指令。

2.4.5　程序设计语言

人们日常沟通使用的语言被称为自然语言，由字、词、句、段、篇构成。人们在利用计算机来解决问题时，与计算机沟通就衍生了一种新的语言，即计算机语言，也称程序设计语言。程序设计语言由单词、语句、函数和程序文件等组成。

程序设计语言是用户与计算机之间进行交互的工具。要让计算机按照用户的意愿进行工作，就必须利用程序设计语言编写符合用户意图和程序语言规范的程序，并将其交由计算机执行。程序设计语言一般分为机器语言、汇编语言和高级语言 3 种。

1. 机器语言

机器语言是由 0 和 1 组成的二进制代码编写的，是能被计算机直接识别和执行的语言。

【实战 2-1】计算 A=8+12 的机器语言程序如下。

```
10110000  00001000      ;把 8 放入 A
00101100  00001100      ;将 12 与 A 中的值相加，结果仍放入 A
11110100               ;结束，停机
```

可以看出，机器语言是一系列的二进制代码，不需要翻译就能直接被计算机识别，占用内

存少，执行速度快，效率高。使用机器语言编写的能被计算机直接执行的程序被称为目标程序。不同型号的计算机具有不同的机器语言，针对一种计算机编写的机器语言程序，无法在另一种计算机上执行。在计算机发展初期，用户用机器语言编写程序，由于机器语言难以记忆，理解困难，编写程序时易出错且难修改，因此目前绝大多数用户已经不再使用机器语言编写程序。

2. 汇编语言

由于机器语言存在难记忆、难理解等缺点，因此产生了汇编语言。汇编语言用英文助记符来表示指令和数据，是一种由机器语言符号转化而成的语言。

【实战 2-2】计算 A=8+12 的汇编语言程序如下。

```
MOV  A, 8        ;把 8 放入 A
ADD  A, 12       ;将 12 与 A 中的值相加，结果仍放入 A
HLT              ;处理器暂停执行指令
```

可以看出，与机器语言相比，使用汇编语言编写的程序更为直观，更易于理解和记忆，使用起来更为方便。使用汇编语言编写的程序，计算机不能直接识别，必须由语言处理程序将其翻译为计算机能直接识别的目标程序才能执行。因为汇编语言的每条指令对应一条机器语言代码，所以汇编语言和机器语言一样都是面向机器的语言，无法在不同类型的计算机之间移植。

3. 高级语言

为了弥补机器语言和汇编语言依赖机器、通用性差的缺点，提高编写和维护程序的效率，产生了高级语言。高级语言是一种接近自然语言和数学表达式的程序设计语言。

【实例 2-3】计算 A=8+12 的高级语言程序如下。

```
A=8+12           //将 8 与 12 相加的结果放入 A
PRINT A          //输出 A
END              //程序结束
```

可以看出，高级语言更易于理解，具有易学、易用、易维护的特点，人们可以更有效、更方便地用它来编制各种用途的计算机程序。此外，高级语言与具体硬件无关，通用性强，具有可移植性。使用高级语言编写的程序，计算机不能直接执行，要经过语言处理程序的"翻译"，使其变为目标程序后，计算机才能执行。与机器语言和汇编语言相比，使用高级语言编写的程序所占存储空间相对较大，执行速度相对较慢。

目前，绝大多数用户使用高级语言来编写程序。当前流行的高级语言程序有 C、C++、C#、Java、Visual Basic、PHP、Python 等。

2.4.6　程序设计

当需要用计算机解决某个具体的问题时，必须事先设计好解决这个问题需要采用的步骤，只有把这些步骤用计算机能够识别的语言编写出来并送入计算机执行，计算机才能按照用户的意图完成指定的工作。指挥计算机实现某一特定功能的指令序列被称为程序，而编写程序的过程则被称为程序设计。程序设计是利用程序设计语言来表述出要解决问题的步骤并送入计算机执行的过程。

程序设计过程包括分析问题、设计算法、编写代码、调试运行程序等。可以说，程序设计 = 数据结构 + 算法。

数据结构是指相互之间存在一种或多种特定关系的元素的集合，是计算机存储、组织数据的方式。计算机算法是由计算机执行的且为解决某个问题采取的方法和步骤。

程序设计方法主要有面向过程的结构化程序设计方法和面向对象的程序设计方法两大类。

1. 面向过程的结构化程序设计方法

面向过程的结构化程序设计概念最早由 E.W.Dijkstra 在 1965 年提出，是软件发展的一个重要的里程碑。其基本思想是"自顶向下、逐步求精"及"单入口单出口"。由面向过程的结构化程序设计的观点可知，任何程序都可以由顺序、分支、循环 3 种基本控制结构构成。面向过程的结构化程序设计流程如图 2-15 所示。

面向过程的结构化程序设计方法有很大的局限性，如开发软件的生产效率低下、无法应对庞大的信息量和多样的数据类型、难以适应新环境等。

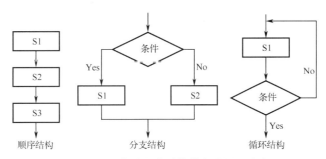

图 2-15　面向过程的结构化程序设计流程

2. 面向对象的程序设计方法

面向对象的程序设计方法是建立在面向过程的结构化程序设计方法基础上的程序设计方法，是目前比较流行的软件开发方法。面向对象的程序设计方法的实质是先把程序要处理的任务分解成若干个对象，并对其进行程序设计，再将相关对象组合在一起构成程序。面向对象的程序设计方法以客观世界中的对象为中心，采用符合人们思维方式的分析和设计思想，分析和设计的结果与客观世界的实际情况比较接近，容易被人们接受。

对象是面向对象的程序设计方法中的一个重要概念。所谓对象，是对客观存在事物的一种表示，是包含现实世界物体特征的抽象实体，是物体属性和行为的一个组合体。从程序设计角度来看，对象是指将数据和使用这些数据的一组基本操作封装在一起的组合体，是程序的基本运行单位，具有一定的独立性。

面向对象的程序设计方法中的另一个重要概念是类。类是具有相同行为和相同属性的对象的抽象。对象是某个类的具体实现。面向对象的程序设计方法以类为构造程序的基本单位，具有封装、抽象、继承、多态性等特征。

思考与练习

1. 微型计算机硬件由哪几个部分组成？
2. 计算机的存储器可以分为几类？它们的主要区别是什么？
3. 什么是 ROM 和 RAM？它们各有什么特点？
4. 简述计算机中数据的存储单位。
5. 计算机中常见的输入 / 输出设备有哪些？
6. 什么是计算机的总线？按照总线内传输的信息种类，可以将总线分为哪几种类型？
7. 简述软件的分类。
8. 什么是计算机指令？什么是计算机指令系统？
9. 简述机器语言、汇编语言、高级语言的特点。
10. 语言处理程序的作用是什么？简述编译方式和解释方式的区别。

Windows 10 操作系统

教学目标：

通过学习本章，掌握操作系统概述，学习 Windows 10 的基本操作，以及文件的基本概念、文件目录结构和路径、资源管理器的基本操作、文件的压缩与解压缩。

教学重点和难点：

- 操作系统概述。
- Windows 10 的基本操作。
- Windows 10 的文件管理。

操作系统经历了从无到有，从简单的监控程序到目前可以并发执行的多用户、多任务的高级系统软件的发展过程，在计算机科学的发展过程中起着重要的作用，为人们建立各种各样的应用环境奠定了重要的基础。

3.1 操作系统概述

操作系统概述

计算机技术发展到今天，操作系统已经成为现代计算机系统不可分割的重要组成部分，是计算机系统中基本、重要的系统软件。

操作系统是用户和计算机之间的"桥梁"，负责安全、有效地管理计算机系统的一切软件和硬件资源，控制程序运行。操作系统是硬件与软件的接口。操作系统的功能如图 3-1 所示。

常见的操作系统有 DOS、UNIX、Linux、macOS、Windows、Android、NetWare 和 FreeBSD 等，下面简要介绍其中常见的 6 种操作系统。

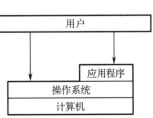

图 3-1　操作系统的功能

1. DOS

DOS 最初是微软公司为 IBM-PC 开发的操作系统。它对硬件平台的要求很低，适用性较广。从 1981 年问世至今，虽然 DOS 经历了 7 次大的版本升级，从 1.0 版到 7.0 版，不断改进和完善，但是 DOS 的单用户、单任务、字符界面和 16 位的大格局没有变化。它对于内存的管理局限在 640 KB 内。常用的 DOS 有 3 种，它们是微软公司的 MS-DOS、IBM 公司的 PC-DOS 及 Novell 公司的 DR-DOS，这 3 种 DOS 中使用最多的是 MS-DOS。

2. UNIX

UNIX 是一种分时计算机操作系统，于 1969 年在 AT&TBell 实验室诞生，最初是运用在中小型计算机上的。最早移植到 80286 微型计算机上的 UNIX 被称为 XENIX。XENIX 的特点是价格低廉，运行速度快。UNIX 能够同时运行多个程序，支持用户之间共享数据。同时，UNIX 支持模块化结构，在安装 UNIX 时，只需要安装用户工作需要的部分。UNIX 有很多种，许多公司都有自己的版本，如惠普公司的 HP-UX、西门子公司的 Reliant UNIX 等。

3. Linux

Linux 是一个支持多用户、多任务的操作系统，最初由 Linus Torvalds 开发。其源程序在 Internet 上公开发布，并由此引发了全球计算机爱好者的开发热情。许多人下载该源程序并按照自己的意愿先完善某一方面的功能，再发回网上，Linux 也因此被雕琢成一个比较稳定的、有发展前景的操作系统。Linux 是目前全球较大的一款自由免费软件，是一个功能可以与 UNIX 和 Windows 相媲美的操作系统，具有完备的网络功能，在源代码上兼容绝大部分 UNIX 标准，支持几乎所有硬件平台，并广泛支持各种周边设备。

4. macOS

macOS 是苹果公司开发的一套运行于 Mac 系列计算机上的操作系统。Mac 系列计算机于 1984 年推出，当时率先采用了一些至今仍为人称道的技术。例如，图形用户界面、多媒体应用、鼠标等。Mac 系列计算机在影视制作、印刷、出版和教育等领域有着广泛的应用，Windows 至今在很多方面还有 macOS 的影子。

5. Windows

Windows 由微软公司研发，是一款为微型计算机和服务器用户设计的操作系统，是目前世界上用户较多并且兼容性较强的操作系统。它的第一个版本于 1985 年发行，并最终获得世界微型计算机操作系统软件的垄断地位。它使微型计算机开始进入"图形用户界面时代"。在图形用户界面中，每一种应用软件（由 Windows 支持的软件）都用一个图标来表示，用户只需把鼠标指针移动到某个图标上，双击即可进入该软件，这为用户提供了很大的便利，把计算机的使用提高到了一个新的阶段。常见的 Windows 的版本有 Windows 2000、Windows XP、 Windows Vista、Windows 7、Windows 8 和 Windows 10 等。

6. Android

Android（安卓）是一种基于 Linux 的开源操作系统，主要用在便携设备上。Android 最初由 Andy Rubin 开发。2005 年，谷歌公司收购、注资 Android，并组建开放手机联盟对

Android 进行开发改良，逐渐扩展到平板计算机及其他领域。2011 年第一季度，Android 在全球的市场份额首次超过 Symbian 系统，跃居全球第一。目前，Android 所占全球智能手机操作系统的市场份额非常大。

3.2　Windows 10 的基本操作

Windows 10 的基本操作

Windows 10 是由微软公司开发的应用于台式计算机和平板计算机的操作系统，于 2015 年 7 月发布，是目前使用较为广泛的操作系统，主要包括家庭版、专业版、企业版、教育版、移动版、移动企业版和物联网核心版 7 个版本。本章将重点介绍 Windows 10 专业版。

3.2.1　Windows 10 的启动和退出

1. Windows 10 的启动

在确保电源供电正常，以及各电源线、数据线、外部设备等硬件连接无误的基础上，按计算机的电源按钮，进入系统登录界面。用户在系统登录界面中，输入账号和密码，密码验证通过后，即可进入 Windows 10 桌面。

2. Windows 10 的退出

在"开始"菜单的"电源"子菜单中有"睡眠""关机""重启"3 个命令，如图 3-2 所示。选择"关机"命令可以关闭操作系统并断开主机电源。

选择"重启"命令可以使计算机在不断电的情况下重新启动操作系统。

选择"睡眠"命令可以将自动打开的文档和程序保存并关闭所有不必要的功能。使用"睡眠"命令只需几秒即可使计算机恢复到用户离开时的状态，且耗电量非常少。对于处于睡眠状态的计算机，可以通过按任意键、单击、打开笔记本式计算机的盖子来唤醒计算机或通过按计算机的电源按钮恢复工作状态。

图 3-2　"电源"子菜单

> 小知识：关机时请注意保存好运行的程序或修改的文件，Windows 10 的关机操作没有再次确认的界面，一旦选择"关机"命令，系统会立刻进行关机操作。

在桌面上按组合键 Alt+F4，弹出如图 3-3 所示的"关闭 Windows"对话框，有"切换用户""注销""睡眠""关机""重启"5 个选项。

选择"注销"选项将退出当前账户，关闭打开的所有程序，但不会关闭计算机，其他用户可以登录计算机而无须重新启动计算机。注销不可以替代重新启动，只可以清空当前账户的缓存空间和注册表等信息。

若计算机上有多个账户，则可以通过选择"切换用户"选项在各账户之间进行切换而不影响每个账户正在使用的程序。

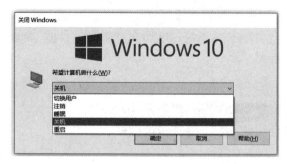

图 3-3　"关闭Windows"对话框

3.2.2　Windows 10 桌面

桌面是 Windows 和用户之间的桥梁，Windows 中的操作几乎都是在桌面上完成的。Windows 10 桌面主要由桌面图标、任务栏、"开始"菜单组成。

1. 桌面图标

图标是代表文件、文件夹、程序或其他项目的图片，双击图标或选中图标后按 Enter 键，即可启动或打开它所代表的项目。在新安装的 Windows 10 桌面中，往往仅存在一个"回收站"图标，用户可以根据需要将常用的系统图标添加到桌面上。

【实战 3-1】添加系统图标。

（1）右击桌面空白处，在弹出的快捷菜单中选择"个性化"命令。

（2）在打开的窗口中，选择"主题"→"桌面图标设置"选项，弹出"桌面图标设置"对话框，如图 3-4 所示。

图 3-4　"桌面图标设置"对话框

（3）在打开的对话框中，选择所需的系统图标，单击"确定"按钮，完成设置。

桌面图标的排列顺序并不是一成不变的，用户可以通过右击桌面空白处，在弹出的快捷菜单中选择"排序方式"命令，调整桌面图标的排序方式。此外，用户也可以隐藏或显示桌面图标。右击桌面空白处，在弹出的快捷菜单中选择"查看"→"显示桌面图标"命令，即可显示或隐藏桌面图标。

2. 任务栏

在默认情况下，任务栏位于桌面底端，如图3-5所示。任务栏由"开始"按钮、应用程序区域、通知区域、操作中心、"显示桌面"按钮组成。通过拖动任务栏，可以将任务栏置于屏幕上方、左侧或右侧。此外，通过拖动任务栏的边框可以调节栏高。任务栏的主要作用是显示当前运行的任务、进行任务的切换等。

图 3-5　任务栏

用户可以根据自己的操作习惯对任务栏的位置、外观、显示的图标等进行设置。右击任务栏空白处，在弹出的快捷菜单中选择"任务栏设置"命令（见图3-6），将打开任务栏设置窗口，如图3-7所示。

开启后，任务栏自动隐藏在桌面下方，当鼠标指针经过桌面下边缘时任务栏会自动弹出

图 3-6　选择"任务栏 设置"命令

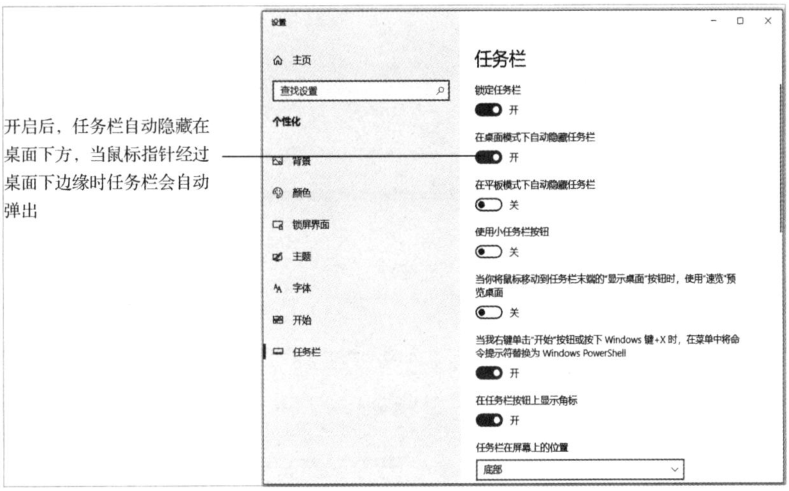

图 3-7　任务栏设置窗口

> 小知识：任务栏右侧的操作中心可以给用户提供一些信息及操作提示，起到指引的作用。操作中心分为两个部分。一部分显示的是通知，操作系统根据内容会智能地为通知分类；另一部分显示的是系统相应的分类按钮。单击某个分类按钮，可以对相应的分类进行设置。

3. "开始"菜单

"开始"按钮位于任务栏最左侧，单击"开始"按钮即可打开"开始"菜单。"开始"菜单是运行 Windows 10 应用程序的入口，是执行程序常用的方式。Windows 10 的"开始"菜单整体可以分成两个部分，左侧为应用程序列表、常用项目和最近添加使用过的项目；右侧则是用来固定图标的开始屏幕。通过"开始"菜单，用户不仅可以打开计算机中安装的大部分应用程序，而且可以打开特定的文件夹，如文档、图片等。

3.2.3 窗口、对话框及菜单的基本操作

1. 窗口

Windows 10 使用的界面叫作窗口，对 Windows 10 中各种资源的管理也就是对各种窗口的操作。Windows 10 默认采用类似于 Office 2010 功能区界面的风格，以使文件管理操作更加方便、直观。如图 3-8 所示，窗口一般由标题栏、功能选项卡、地址栏、导航窗格、工作区、状态栏、滚动条组成。当前操作的窗口是已经激活的窗口，而其他打开的窗口是未激活的窗口。已激活窗口的对应程序被称为前台程序，未激活窗口的对应程序被称为后台程序。

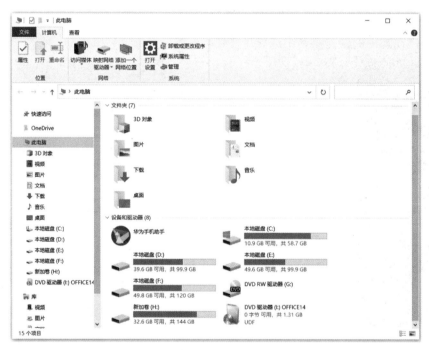

图 3-8 窗口

窗口的基本操作主要包括以下几个方面。

（1）打开窗口：在 Windows 10 中，双击应用程序图标，就会弹出窗口，此操作叫作打开窗口。另外，用户也可以右击图标，在弹出的快捷菜单中选择"打开"命令，打开窗口。

（2）关闭窗口：单击窗口右上方的"关闭"按钮，即可关闭当前打开的窗口。用户可以按组合键 Alt+F4 关闭窗口，也可以右击任务栏中的该窗口图标，在弹出的快捷菜单中选择"关闭窗口"命令关闭窗口。

（3）调整窗口的大小：包括窗口的最大化、最小化和还原等。

用户可以通过单击标题栏右侧的"最大化""最小化 / 还原"按钮来调节窗口的大小。双击标题栏，可以在最大化窗口与还原窗口之间进行切换。在 Windows 10 中，用户可以在标题栏按住鼠标左键拖动窗口到桌面顶端，窗口会以气泡形状显示并被最大化。此时，松开

鼠标左键即可完成窗口的最大化操作。

如果用户想根据实际应用任意改变窗口的大小，那么只需将鼠标指针移动到窗口的任意一个角上。当鼠标指针变成双向箭头时，按住鼠标左键拖动到满意位置后松开鼠标左键即可。当将鼠标指针移动到窗口的任意一条边上时，鼠标指针会变成双向箭头，按住鼠标左键拖动即可改变窗口的宽度或高度。

（4）切换窗口：单击窗口中的任意位置或任务栏上对应的窗口图标，可以切换窗口。

（5）移动窗口：拖动标题栏，可以移动窗口。

（6）排列窗口：当用户打开多个窗口时，桌面会变得混乱。此时，用户可以对窗口进行不同方式的排列，以便对窗口进行浏览与操作，提高工作效率。右击任务栏空白处，在弹出的快捷菜单中选择"层叠窗口"、"堆叠显示窗口"或"并排显示窗口"命令，可以按指定方式排列所有打开的窗口。

2．对话框

对话框是人机交互的一种重要手段，当系统需要进一步的信息才能继续运行时，就会打开对话框，让用户输入信息或进行选择。对话框如图 3-9 所示。

图 3-9　对话框

对话框中通常有命令按钮、文本框、下拉列表、复选框、单选按钮、微调按钮框、选项卡等基本元素。

（1）命令按钮：用来确认选择执行某项操作，如"确定"按钮和"取消"按钮等。

（2）文本框：用来输入文字或数字等。

（3）下拉列表：提供多个选项。单击下拉按钮可以打开下拉列表，从中选择一项。

（4）复选框：用来决定是否选择该项功能，通常前面有一个方框，方框中带有对号表示被勾选，可同时勾选多个复选框。

（5）单选按钮：只能选择一组选项中的一个，通常前面有一个圆圈，圆圈中带有圆点表示被选中。

（6）微调按钮框：一种特殊的文本框。其右侧有向上和向下两个三角形按钮，用于调整数值。

（7）选项卡：将功能类似的所有选项集中用一个界面呈现，通过单击可以切换选项卡。

3. 菜单

在 Windows 10 中执行命令常用的方法之一就是选择菜单中的命令，菜单主要有"开始"菜单、下拉菜单和快捷菜单几种类型。在 Windows 10 中，▶、q 标记常表示包含下级子菜单。

（1）"开始"菜单：单击任务栏最左侧的"开始"按钮即可打开"开始"菜单，"开始"菜单在前面已经介绍过，这里不再赘述。

（2）下拉菜单：单击下拉按钮，弹出的即下拉菜单。

（3）快捷菜单：在某个对象上右击，弹出的菜单被称为快捷菜单。在不同的对象上右击，弹出的快捷菜单中的内容也不同。

3.2.4 应用程序的启动和退出

1. 应用程序的启动

应用程序的启动有多种方法，以下为常用的 3 种启动方法。

1）通过快捷方式

如果某个对象在桌面上有快捷方式，那么直接双击快捷方式图标即可运行软件或打开文件。

2）通过"开始"菜单

在一般情况下，软件安装后都会在"开始"菜单中自动生成对应的菜单项，用户可以通过单击菜单项快速运行软件。

3）通过可执行程序文件

在通常情况下，软件安装完成后将在 Windows 10 注册表中留下注册信息，并且在默认安装路径 C:\Program Files 或 Program Files (x86) 中生成一系列的文件夹和文件。例如，Word 的主程序文件默认存储路径是 C:\Program Files (x86)\Microsoft Office\root\Office16\Winword.exe，用户直接双击"Winword.exe"文件即可启动 Word。

2. 应用程序的退出

Windows 10 是一款支持多用户、多任务的操作系统，能同时打开多个窗口，运行多个应用程序。应用程序使用完之后，应及时关闭，以释放它占用的内存资源，减轻系统负担。退出应用程序有以下几种方法。

（1）单击窗口右上方的"关闭"按钮。

（2）在窗口中选择"文件"→"关闭"命令。

（3）右击任务栏上对应的程序图标，在弹出的快捷菜单中选择"关闭窗口"命令。

（4）对于未响应或用户无法通过正常方法关闭的程序，可以右击任务栏空白处，在弹出的快捷菜单中选择"任务管理器"命令，通过强制终止程序的方式进行关闭。

3.3　Windows 10 的文件管理

Windows 10 的文件管理

文件是计算机存储和管理信息的基本形式，是相关数据的有序集合。文件的内容多种多样，可以是文本、数值、图像、视频、可执行程序等，也可以是没有任何内容的空文件。

3.3.1　文件的基本概念

1．文件名

文件名用来标识每个文件，在计算机中，任何一个文件都有文件名。为了标识不同的文件，Windows 10 使用基本名与扩展名的组合来对文件进行命名。例如，在文件名 test.txt 中，test 是基本名，.txt 是扩展名。不同操作系统文件的命名规则有所不同。Windows 10 文件的命名规则如表 3-1 所示。

表 3-1　Windows 10 文件的命名规则

命 名 规 则	相 关 描 述
文件名的长度	包括扩展名在内最多 255 个字符的长度，不区分大小写
不允许包含的字符	\、/、?、:、"、<、>、|、*
不允许出现的文件名	系统保留的设备文件名、系统文件名等。例如，Aux、Com1、Com2、Com3、Com4、Con、Lpt1、Lpt2、Lpt3、Prn、Nul 等
其他限制	必须有基本名，同一个文件夹下不允许同名的文件存在

2．文件类型

文件扩展名用来区别不同类型的文件。当双击某个文件时，操作系统会根据文件扩展名决定调用哪个应用软件来打开该类型的文件。表 3-2 所示为 Windows 10 的常用文件扩展名。

表 3-2　Windows 10 的常用文件扩展名

扩 展 名	文 件 类 型
.exe、.com	可执行程序文件
.docx、.xlsx、.pptx	Microsoft Office 文件
.bak	备份文件
.bmp、.jpg、.gif、.png	图像文件
.mp3、.wav、.wma、.mid	音频文件
.rar、.zip	压缩文件
.html、.aspx、.xml	网页文件

续表

扩　展　名	文　件　类　型
.bat	可执行批处理文件
.mp4、.avi、.wmv、.mov	视频文件
.sys、.ini	配置文件
.obj	目标文件
.bas、.c、.cpp、.asm	源程序文件
.txt	文本文件

在默认情况下，Windows 10 中的文件是隐藏扩展名的。如果希望所有文件都显示扩展名，那么可以使用以下方法进行设置。

先在桌面上双击"此电脑"图标，再在打开的窗口的"查看"选项卡中，勾选"文件扩展名"复选框，即可查看文件扩展名。

3. 文件通配符

文件通配符是指"*"和"?"，"*"代表任意一串字符，"?"代表任意一个字符。利用"?"和"*"可以使文件名对应多个文件，以便查找文件。

3.3.2　文件目录结构和路径

1. 文件目录结构

为了方便管理和查找文件，Windows 10 采取树形结构对文件进行分层管理。每个硬盘分区、光盘、可移动磁盘都有且仅有一个根目录（目录又称文件夹），根目录在磁盘格式化时被创建，根目录下可以有若干个子目录，子目录下还可以有下级子目录。

2. 路径

操作系统中使用路径来描述文件存放在存储器中的具体位置。从当前（或根）目录到达文件所在目录经过的目录名和子目录名，即构成"路径"（目录名之间用"\"分隔）。从根目录开始的路径属于绝对路径，如 C:\myfile\bak\student\class01.xlsx。而从当前目录开始的路径则被称为相对路径。

3.3.3　资源管理器的基本操作

1. 资源管理器

资源管理器是 Windows 10 的重要组件，利用资源管理器可以完成创建、查找、复制、删除、重命名、移动文件或文件夹等文件管理工作。Windows 10 资源管理器布局清晰。图 3-10 所示为 Windows 10 资源管理器，由标题栏、功能区、地址栏、搜索栏、导航窗格、工作区、状态栏等组成。用户可以通过双击桌面上的"此电脑"图标或单击任务栏上的"资源管理器"图标打开资源管理器。

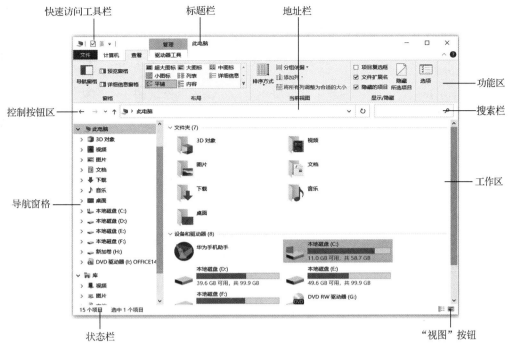

图 3-10　Windows 10 资源管理器

1）标题栏

标题栏主要显示当前目录名,如果是根目录,那么显示对应的分区号。标题栏右侧有"最小化""最大化 / 还原""关闭"按钮,单击相应的按钮可以完成窗口的对应操作。双击标题栏,可以在最大化窗口与还原窗口之间进行切换。

2）快速访问工具栏

快速访问工具栏默认的功能为查看属性和新建文件夹。用户可以通过单击其右侧的下拉按钮,从下拉菜单中选择需要在快速访问工具栏上出现的功能。

3）功能区

功能区用于显示针对当前窗口或窗口中内容的一些常用功能选项卡。根据选择对象的不同,功能区会显示额外的功能选项卡,以便用户执行不同的操作。用户通过功能选项卡中的命令,可以实现各种操作。

4）控制按钮区

控制按钮区中控制按钮的主要功能是实现目录的后退、目录的前进和返回上级目录。单击"前进"按钮右侧的下拉按钮可以看到最近访问的位置信息,在需要进入的目录上单击即可快速进入目录。

5）地址栏

地址栏主要用于显示从根目录开始到当前所在目录的路径,用户可以通过单击各级目录名访问上级目录。单击地址栏空白处可以在地址栏显示路径的文字模式,直接输入全路径可以快速到达要访问的位置。

6）搜索栏

如果当前目录文件过多,那么可以在搜索栏中输入需要查找信息的关键字,实现快速筛选或定位文件。需要注意的是,此时搜索的位置为地址栏目录,包含所有子目录。如果要搜索其他位置或进行全盘搜索,那么需要进入相应目录。

7）导航窗格

导航窗格以树形结构显示计算机中的目录，用户可以通过导航窗格快速定位到所需的位置浏览文件或完成文件的常用操作。

8）工作区

在窗口中央显示各种文件或执行某些操作后显示内容的区域叫作工作区。如果工作区中的内容过多，那么会在窗口右侧或下方出现滚动条，用户可以通过按住鼠标左键拖动滚动条来查看更多内容。

9）状态栏

状态栏位于窗口底端，会根据用户选择的内容，显示容量、数量等属性信息，用户可以参考使用。

10）"视图"按钮

"视图"按钮的作用是让用户选择窗口的显示方式，有"列表"和"大缩略图"两个选项，用户可以通过单击进行选择。

2. 新建、选定与取消选定、复制和移动操作

1）新建文件夹

方法1：选择目标位置，单击快速访问工具栏中的"新建文件夹"按钮，为文件夹命名。

方法2：选择目标位置，右击空白处，在弹出的快捷菜单中选择"新建"→"文件夹"命令，为文件夹命名。

方法3：选择目标位置，并选择"主页"→"新建文件夹"命令，为文件夹命名。

2）新建文件

方法1：选择目标位置，右击空白处，在弹出的快捷菜单中选择"新建"子菜单中所需的文件类型。"新建"子菜单罗列了一些常见的文件类型，如Word文档，直接单击将创建Word文档类型的文件。

方法2：选择目标位置，并选择"主页"→"新建项目"命令，在弹出的下拉菜单中选择所需的文件类型，为文件命名。

3）选定文件或文件夹

在Windows 10中对文件或文件夹进行操作前，必须先选定文件或文件夹。选定文件或文件夹的操作技巧如表3-3所示。

表3-3　选定文件或文件夹的操作技巧

选定的对象	操 作 技 巧
单个文件或文件夹	直接单击即可
连续的多个文件或文件夹	可以按住鼠标左键拖动，也可以先单击第一个对象，再按住Shift键的同时单击最后一个对象
不连续的多个文件或文件夹	按住Ctrl键的同时逐个单击对象
全部文件或文件夹	可以按住鼠标左键拖动，也可以选择"主页"→"全部选择"命令，还可以按组合键Ctrl+A

4）取消选定文件或文件夹

取消选定全部文件或文件夹：在空白处单击即可。

取消选定单个文件或文件夹：在选定多个文件或文件夹时，按住 Ctrl 键的同时单击要取消选定的文件或文件夹。

5）复制和移动文件或文件夹

复制和移动操作包括复制和移动文件或文件夹到剪贴板和从剪贴板粘贴文件或文件夹到目的地两个步骤。剪贴板是内存中的一块空间，Windows 10 剪贴板只保留最后一次存入的内容。以下为复制和移动操作的常用方法。

方法 1：右击源文件或文件夹，在弹出的快捷菜单中选择"复制"或"剪切"命令，打开目标文件夹，右击空白处，在弹出的快捷菜单中选择"粘贴"命令。

方法 2：选定源文件或文件夹，并选择"主页"→"复制"或"剪切"命令，打开目标文件夹，选择"主页"→"粘贴"命令。

方法 3：选定源文件或文件夹，并选择"主页"→"复制到"或"移动到"命令，在弹出的下拉菜单中选择常用保存位置或选择"选择位置"命令，选择目标文件夹。

方法 4：当源文件或文件夹和目标文件夹在同一个驱动器上时，按住 Ctrl 键的同时直接把右窗格中的源文件或文件夹拖动到左窗格的目标位置。

方法 5：当源文件或文件夹和目标文件夹在不同驱动器上时，按住 Shift 键的同时直接把右窗格中的源文件或文件夹拖动到左窗格的目标位置。

方法 6：选定源文件或文件夹，并按住鼠标右键将其拖动到目标文件夹中，松开鼠标右键后在弹出的快捷菜单中选择"复制到当前位置"命令或"移动到当前位置"命令。

3. 删除操作

在整理文件或文件夹时，对于无用的文件或文件夹，可以进行删除操作。硬盘中的文件或文件夹被删除后将放入回收站，需要时可以从回收站中还原。

1）删除文件或文件夹

方法 1：右击需要删除的文件或文件夹，在弹出的快捷菜单中选择"删除"命令，在弹出的提示对话框中单击"是"按钮。

方法 2：先选定需要删除的文件或文件夹，再选择"主页"→"删除"命令。

方法 3：选定需要删除的文件或文件夹，按 Delete 键，在弹出的提示对话框中单击"是"按钮。

方法 4：直接把需要删除的文件或文件夹拖入回收站。

2）永久性删除文件或文件夹

方法 1：选定需要删除的文件或文件夹，按组合键 Shift+Delete。

方法 2：按住 Shift 键的同时右击需要删除的文件或文件夹，在弹出的快捷菜单中选择"文件"→"删除"命令。永久性删除的文件或文件夹将不会出现在回收站中，也不可恢复。

3）恢复文件或文件夹

对常规删除的文件或文件夹来说，如果用户误删除，那么可以使用恢复功能撤销删除操作。还原文件或文件夹的方法为：双击"回收站"图标，在打开的回收站中选定需要还原的文件或文件夹，选择"还原选定的项目"命令或右击需要还原的文件或文件夹，在弹出的快捷菜单中选择"还原"命令。选择"还原所有项目"命令可以还原回收站中的全部文件或文件夹。

4）清空回收站

打开回收站，选择"清空回收站"命令或右击"回收站"图标，在弹出的快捷菜单中选择"清空回收站"命令，可以对回收站进行清空操作，将回收站中的所有文件或文件夹删除。

右击回收站中的文件或文件夹，在弹出的快捷菜单中选择"删除"命令，可以永久删除该文件或文件夹。

由于可移动磁盘、网络磁盘或以 MS-DOS 方式删除的文件或文件夹，删除后不会放入回收站，即不能还原，因此在删除这些文件或文件夹前需要慎重考虑。

4. 重命名操作

若有需要，用户可以给文件或文件夹重新命名。以下为重命名的操作方法。

方法 1：右击需要重命名的文件或文件夹，在弹出的快捷菜单中选择"重命名"命令，输入新名称。

方法 2：先选定需要重命名的文件或文件夹，再选择"主页"→"重命名"命令，输入新名称。

方法 3：选定需要重命名的文件或文件夹，按 F2 键，输入新名称。

5. 设置文件或文件夹属性

文件或文件夹属性是一些描述性的信息，可以用来帮助用户查找和整理文件或文件夹。

1）常见的文件或文件夹属性

（1）系统属性。系统文件或文件夹具有系统属性，系统属性将被隐藏起来。在一般情况下，系统文件或文件夹既不能被查看，又不能被删除。系统属性是操作系统对重要文件或文件夹的一种保护属性，用于防止系统文件或文件夹被意外损坏。

（2）只读属性。对于具有只读属性的文件或文件夹，可以被查看、应用、复制，但不能被修改。

（3）隐藏属性。在默认情况下，系统不显示被隐藏的文件或文件夹，若在系统中更改了显示参数设置，让被隐藏的文件或文件夹显示，则被隐藏的文件或文件夹以浅色调显示。

（4）存档属性。一个文件被创建之后，系统会自动将其设置成存档属性，这个属性常用于文件的备份。

2）设置文件或文件夹属性

方法 1：右击需要设置属性的对象，在弹出的快捷菜单中选择"属性"命令，将弹出如图 3-11 或图 3-12 所示的对话框，选择需要设置的属性，单击"确定"按钮。

图 3-11　文件属性对话框

图 3-12　文件夹属性对话框

方法 2：先选择需要设置属性的对象，再选择"主页"→"属性"命令。

6. 更改查看方式和排序方式

Windows 10 提供了多种查看文件或文件夹的方式。通常在查看文件或文件夹时，要配合将各种文件或文件夹进行相应的排列，以提高文件或文件夹的浏览速度。Windows 10 提供了多种查看方式和排序方式供用户选择。

1）更改查看方式

方法 1：在"查看"选项卡的"布局"组中选择所需的查看方式，如图 3-13 所示。

图 3-13　"布局"组

方法 2：右击空白处，在弹出的快捷菜单中选择"查看"命令，即可选择所需的查看方式，如图 3-14 所示。

2）更改排序方式

方法 1：选择"查看"→"排序方式"命令，在弹出的下拉菜单中选择所需的排序方式。

方法 2：右击空白处，在弹出的快捷菜单中选择"排序方式"命令，即可选择所需的排序方式，如图 3-15 所示。

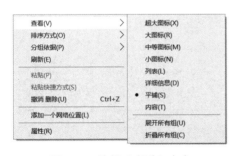

图 3-14　选择"查看"命令

图 3-15　选择"排序方式"命令

3.3.4　文件的压缩与解压缩

为了减小文件所占的存储空间，便于远程传输，通常把一个或多个文件压缩成一个文件包。常见的压缩软件有 WinRAR、好压和 WinZip 等。本节以 WinRAR 为例介绍文件的压缩与解压缩。

1. 文件的压缩

1）把多个对象打包压缩

右击要压缩的文件，在弹出的快捷菜单中选择"添加到 *.rar"命令（见图 3-16），即可在当前目录中生成一个以 .rar 为扩展名的压缩包。

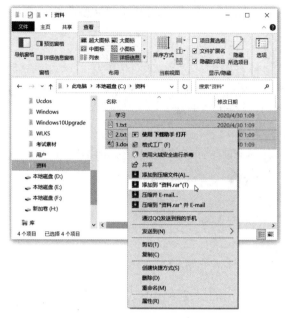

图 3-16　文件的压缩

2）在压缩包中增加文件

双击打开压缩包，单击"添加"按钮，选择要添加的文件，单击"确定"按钮完成操作。

3）设置解压缩密码

右击要压缩的文件，在弹出的快捷菜单中选择"添加到压缩文件"命令，在弹出的如图 3-17 所示的对话框中单击"设置密码"按钮，即可设置解压缩密码。

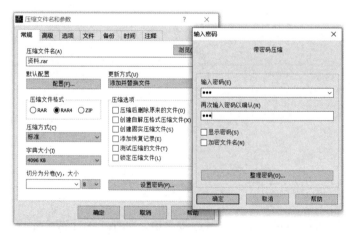

图 3-17　设置解压缩密码

2. 文件的解压缩

用户通过网络下载的各种工具包基本上都是压缩文件，必须先解压缩才能够使用这些工具。

1）解压缩整个压缩包

右击压缩文件，在弹出的快捷菜单中选择"解压到当前文件夹"命令，即可把整个压缩包解压缩到当前目录。

2）解压缩压缩包中的指定文件

选择要解压缩的文件，单击"解压到"按钮，设置解压缩路径后单击"确定"按钮即可，如图 3-18 所示。

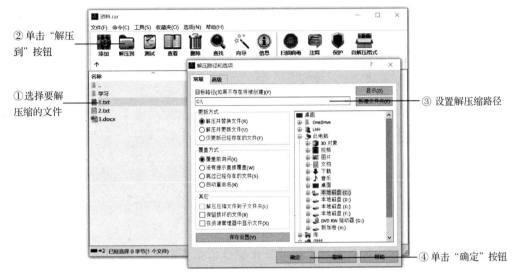

② 单击"解压到"按钮

① 选择要解压缩的文件

③ 设置解压缩路径

④ 单击"确定"按钮

图 3-18　解压缩压缩包中的指定文件

思考与练习

1．描述操作系统的定义与功能。

2．常见的操作系统有哪些？请介绍其中的两种。

3．在 Windows 10 中给文件命名有哪些限制？

4．什么是任务栏？其作用是什么？

5．文件命名的主要规则有哪些？

6．文件扩展名有什么作用？

第4章

办公软件应用

教学目标:

通过学习本章，掌握文字处理、数据处理、演示文稿制作的基本过程，学会使用办公软件 Microsoft Office 2016 进行文本的编辑、文字的处理、数据的编辑、表格与图文混排和演示文稿编辑、设计与美化、放映、打印等操作。

教学重点和难点:

- Microsoft Office 2016 的基本操作。
- Word 2016 文字的处理、格式的设置、表格与图文混排。
- Excel 2016 数据的编辑、数据的计算、数据的图表化和数据的分析。
- PowerPoint 2016 演示文稿的设计与美化。

随着计算机的普及和计算机技术的发展，人们在日常工作、学习中，经常需要使用办公软件。本章主要介绍办公软件 Microsoft Office 2016，以及如何使用其常用组件 Word 2016、Excel 2016、PowerPoint 2016 处理大量的文档、复杂的表格和数据及展示宣讲主题等，以达到提高工作质量，事半功倍的效果。

4.1 办公软件简介

办公软件是指可以进行文字的处理、表格的制作、幻灯片的制作、简单数据库的处理等方面工作的软件。随着计算机的普及和互联网的快速发展，办公软件已经成为企事业单位日常办公中不可缺少的工具。使用办公软件可以实现数据资料的跨地域应用，提升资料收集与整理的准确性，极大地提升办公人员的工作效率。办公软件的应用范围很广，大到社会统计，小到会议记录，数字化的办公，离不开办公软件的鼎力协助。另外，政府用的政务系统，税务用的税务系统，企业用的协同办公软件，都属于办公软件。目前，流行的办公软件主要有以下两种。

1. WPS Office

WPS Office 是一款国产办公软件，由北京金山办公软件股份有限公司自主研发。1989 年，正式推出 WPS 1.0。WPS 可以实现常用的文字编辑、表格制作、PDF 阅读等多种功能，具有内存占用率低、运行速度快、强大的插件平台支持、免费提供在线存储空间及文档模板的优点。全面兼容 Microsoft Office 格式，覆盖 Windows、Linux、Android、iOS 等多个平台。

WPS Office 支持桌面和移动办公。且 WPS 移动版通过 Google Play 平台，已覆盖超 50 多个国家和地区。2020 年 12 月，教育部考试中心宣布 WPS Office 作为全国计算机等级考试（NCRE）的二级考试科目之一，于 2021 年在全国实施。

2. Microsoft Office

Microsoft Office 是微软公司开发的一款办公软件，使用者非常多，常用组件有 Word、Excel、PowerPoint 等，可以进行各种文档资料的管理、数据的分析和处理、演示文稿的展示等操作。下面以 Microsoft Office 2016 为例介绍其中 3 个组件的主要功能。

4.2 Microsoft Office 2016 使用基础

Microsoft Office 2016 使用基础

4.2.1 Microsoft Office 2016 的工作界面

Microsoft Office 2016 的各个组件的工作界面类似，以 Word 2016 为例，启动后的窗口中有快速访问工具栏、标题栏、功能区、功能选项卡、标尺、文本编辑区、任务窗格（导航窗格等）、状态栏、视图切换按钮、显示比例调节工具等，如图 4-1 所示。

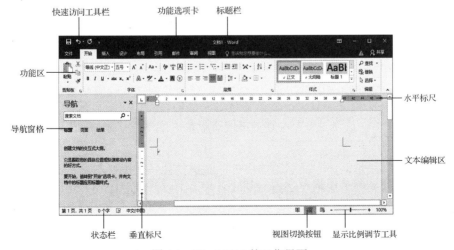

图 4-1 Word 2016 的工作界面

1. 快速访问工具栏

快速访问工具栏用于放置使用频繁的命令，以便快速调用，如"保存""撤销""恢复""帮助"等命令。单击快速访问工具栏右侧的下拉按钮，可以自定义工具栏，将所需的功能添加到快速访问工具栏中。

2. 标题栏

标题栏用于显示当前编辑的文件名和应用程序名。

3. 功能选项卡

功能选项卡包括"文件""开始""插入""视图"等选项卡。每个选项卡包含若干组，每个组包含若干命令。

启动 Microsoft Office 2016 的某个组件，窗口中显示默认的功能选项卡。每个选项卡均包含多个组，"开始"选项卡的功能区放置常用的几个组，如"剪贴板""字体""编辑"等，每个组包含若干命令。此外，多数组的右下方有一个斜向下的箭头，这个箭头被称为"对话框启动器"，单击它可以打开对话框，打开的对话框多以组名命名，如"字体"对话框、"段落"对话框等。在使用时，一般先找命令，如果没有找到命令，那么需要单击"对话框启动器"。

有些功能选项卡只有在执行某些操作后才会自动出现，如当选中图片时，"图片工具 / 格式"选项卡包含的组会自动在功能区显示。此外，用户还可以通过选择"文件"→"选项"→"自定义功能区"命令自定义功能选项卡，把各种所需的命令按钮添加到功能选项卡中。

4. 文本编辑区

文本编辑区是显示和编辑文件的主要工作区。在文本编辑区中有一个不断闪烁的垂直鼠标指针，被称为插入点，它指示的是文本的当前插入位置。

5. 标尺

标尺分为水平标尺和垂直标尺，Word 2016 常用标尺调整页边距、缩进段落，以及改变上、下边界。

6. 任务窗格

任务窗格为用户提供所需的常用工具和信息，在用户执行某些操作时会自动显示。Word 2016 常见的任务窗格有导航窗格、剪贴板窗格、审阅窗格、样式窗格等。

7. 状态栏

状态栏位于窗口底端，用于显示当前文件的状态信息，状态栏右侧是用于切换文档视图方式的视图切换按钮和用于调整文档显示比例的显示比例调节工具。

4.2.2　Microsoft Office 2016 的基本操作

Microsoft Office 2016 的各个组件的操作界面中均包含"文件"选项卡、"开始"选项卡、

"插入"选项卡、"视图"选项卡。以 Word 2016 为例,"文件"选项卡包括新建、打开、保存、另存为、选项等命令;"开始"选项卡包括剪贴板、字体、段落、样式和编辑几个组,主要用于文字的编辑和格式的设置,是用户常用的选项卡;"插入"选项卡包括页面、表格、插图、应用程序、媒体、链接、批注、页眉和页脚、文本、符号几个组,主要用于插入各种元素;"视图"选项卡包括视图、显示、显示比例、窗口和宏几个组,主要用于帮助用户设置操作窗口的视图类型。下面重点介绍"文件"选项卡的基本操作。

1. 打开文件

要对已有的文件进行编辑、查看,应先打开文件。使用下列 3 种方法均可以打开文件。

方法 1:选择"文件"→"打开"命令。

方法 2:在快速访问工具栏上添加"打开"按钮 ,单击该按钮。

方法 3:在资源管理器中双击要打开的文件。

> 🎓 小知识:要快速查看或打开最近使用过的文件,可以选择"文件"→"打开"命令,在"最近"列表中单击所需文件的文件名。

2. 新建文件

选择"文件"→"新建"命令,并选择"空白文档"选项,可以新建空白文档。此外,也可以根据提供的模板来新建带有一定格式和内容的文件。其方法为:选择"空白文档"选项旁边的模板,也可以输入关键字搜索网络上的模板。例如,Word 2016 提供简历、新闻稿、信函、报表等模板。利用这些模板,可以快速新建各种专业文档。

> 🎓 小知识:使用 Word 编辑的文件被称为文档,使用 Excel 编辑的文件被称为工作簿,使用 PowerPoint 编辑的文件被称为演示文稿。

3. 保存文件

编辑文件在内存中进行,需要使用命令将文件保存到外存中,以便长期存储文件。使用下列 3 种方法均可以保存文件。

方法 1:选择"文件"→"保存"命令,单击"浏览"按钮,在弹出的"另存为"对话框中,选择要保存的位置,输入文件名,选择保存类型,单击"保存"按钮,如图 4-2 所示。单击快速访问工具栏中的"保存"按钮或按组合键 Ctrl+S 也可以实现这个功能。

在对已保存的文件编辑后,单击"保存"按钮进行保存时,不会弹出"另存为"对话框,而会直接把修改后的内容保存到原文件中。

方法 2:选择"文件"→"另存为"命令,弹出的"另存为"对话框用于设置将文件另存在不同的位置或更改文件名。这样既可以保留修改前的文件,又可以保留修改后的文件。

方法 3:开启自动保存功能,系统每隔一段时间将自动保存一次文件。其方法为:选择"文件"→"选项"命令,弹出"Word 选项"对话框,在左侧选择"保存"选项,在右侧勾选"保存自动恢复信息时间间隔"复选框,输入所需的数值,单击"确定"按钮,如图 4-3 所示。

图 4-2　"另存为"对话框

图 4-3　"Word选项"对话框

4. 共享文档

Word 2016 提供的"共享"选项可以将文档按照某种方式共享。

5. 设置选项

选择"文件"→"选项"命令，在弹出的对话框中进行设置，用户可以对系统默认工作环境和工作方式进行改变，如前面提到的自定义功能选项卡和自动保存文件。选择"Word选项"对话框左侧的选项（"常规""校对""保存""高级""自定义功能区""快速访问工具栏"等），在右侧进行设置。

> 🎓 **小知识**：文件保存的"默认本地文件位置"为文档库，可以在图 4-3 中进行设置。

6. 加密文件

当文件信息比较重要不希望被修改时，可以给文件设置密码。加密文件的具体操作方法为：保存文件时，在"另存为"对话框中，单击"工具"按钮，选择"常规选项"选项即可设置"修改文件时的密码"选项和"打开文件时的密码"选项。

7. 帮助功能

直接按 F1 键或单击快速访问工具栏中的"帮助"图标，在弹出的窗口中输入求助内容，可以连接网络搜索相关主题。如果快速访问工具栏中未显示"帮助"图标，那么可以单击快速访问工具栏右侧的下拉按钮，选择"其他命令"选项，在"Word选项"对话框中选择"从下列位置选择命令"为"所有命令"，在下方列表框中选择"帮助"选项，单击右侧的"添加"按钮，并单击"确定"按钮，此时在快速访问工具栏中就可以看到"帮助"图标了。

8. 预览与打印文件

在打印之前，可以预览文件打印后的效果。如果发现有错误，可以及时进行调整，从而避免纸张和打印时间的浪费。选择"文件"→"打印"命令，即可进入预览状态。

在对文件进行预览时，可以使用窗口右下方的显示比例调节工具 53% ⊖——◻——⊕ ▣ 调整预览效果的显示比例，也可以在窗口左侧设置打印选项，如打印的份数、打印的页数、纸张的方向等。在完成预览后，若确认无误，则可以单击"打印"按钮进行打印。若还需对文件进行修改，则需按 Esc 键退出预览状态。

4.3　文字处理与 Word 2016

文字处理与 Word 2016

计算机的文字处理技术是利用计算机对文字资料进行录入、编辑、排版和文档管理的一种先进技术，应用范围非常广。日常事务处理、办公自动化、印刷排版等均使用计算机的文字处理技术。文字处理软件是利用计算机进行文字处理工作而设计的应用软件，是办公自动化的常用工具，涉及文档编辑、表格制作、图文混排等方面的运用。

Word 2016 是目前流行的文字处理软件，是微软公司开发的 Microsoft Office 2016 办公软件套装的重要组件之一。Word 2016 采用了"所见即所得"的设计方式，具有文字编辑、自动纠错、丰富的模板、版面格式设计、多媒体混排、简单表格制作与计算、图文混排等功能，简单易学，界面友好，广泛应用于信函、报告、论文、宣传文稿等各种文件的制作。

Word 2016 默认的文件扩展名为 .docx。此外，可以保存的类型还有 Word 97-2003（.doc）、OpenDocument 文本（.odt）、模板（.dotx）、纯文本（.txt）、RTF 格式（.rtf）、单个网页（.mht、.mhtml）、PDF/XPS 文档（.pdf、.xps）等。

4.3.1 文字的处理

文字处理的实质是把文字信息数字化，即先用一串二进制代码代表一个字母或汉字，经过计算机处理后，再把二进制代码还原成字母或汉字，从而实现文字处理的高效化。文字的处理大致包括以下 3 个方面。

1. 文字的输入

输入文字的常用方法为键盘输入，此外还有语音输入、手写输入、扫描仪输入等。在输入英文字母时，根据所按的键，通过译码电路产生对应的 ASCII 码，并将其输入计算机的内存；在输入汉字时，必须将汉字输入码转换为汉字国标码存入计算机的内存。

2. 文字的处理

文字的处理包括对字符的处理，以及对段落、表格等多种对象的综合处理。这些处理操作可以通过文字处理软件来实现。

3. 文字的输出

文字在处理完成后，需要把处理结果的代码信息转换成文字形式输出。文字的输出方式包括显示、打印等。计算机先根据字符的机内码计算出地址码，再按照地址码从字库中取出具有对应字形信息的字形码。

4.3.2 文本的编辑

1. 视图

Word 2016 提供了 5 种不同的视图，用多种显示方式来满足用户不同的需要。通过单击视图切换按钮或选择"视图"选项卡的"视图"组（见图 4-4）中的各个命令进行视图切换。

图 4-4 "视图"组

（1）阅读视图：隐藏大多数屏幕元素，方便阅读，不能编辑。
（2）页面视图：直接显示用户的设置，与打印效果完全相同，即"所见即所得"。
（3）Web 版式视图：模仿 Web 浏览器，可以适应窗口的大小自动换行。
（4）大纲视图：用于查看文档的结构，可以按照文档的标题分级显示，以便在文档中进行大块文本的移动、复制、重组。在大纲视图下，还可以利用主控文档创建不同的主、子文档，通过多人合作完成相应的大型文档。
（5）草稿：简化布局，只显示基本的文本格式，不显示页眉、页脚、图形等。

2. 输入文本

输入文本是编辑文本的基本操作。

1）切换插入 / 改写状态

在 Word 2016 中含有插入和改写两种编辑状态，在"改写"状态下，输入的文本将覆盖插入点右侧的原有内容，而在"插入"状态下，将直接在插入点插入输入的文本，原有文本将右移。通过以下方法可以切换插入 / 改写状态。

方法 1：选择"文件"→"选项"命令，弹出"Word 选项"对话框，选择左侧的"高级"选项，通过勾选与取消勾选右侧的"使用改写模式"复选框，切换插入 / 改写状态。

方法 2：通过按 Insert 键，切换插入 / 改写状态。

2）切换输入法

Word 2016 支持使用多种输入法输入文字，切换输入法的方法如下。

方法 1：单击"软键盘"按钮⌨，在弹出的输入法列表中选择所需的输入法。

方法 2：按组合键 Ctrl+Space 在中文输入法和英文输入法之间进行切换。

方法 3：按组合键 Ctrl+Shift 在已安装的输入法之间按顺序进行切换。

3）使用输入法状态栏

在选择了任意一种中文输入法后，桌面上就会出现相应的输入法状态栏，如图 4-5 所示。

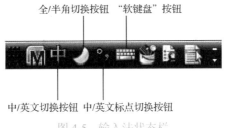

图 4-5　输入法状态栏

（1）中 / 英文切换按钮：单击该按钮可以在中文输入法和英文输入法之间切换。

（2）全 / 半角切换按钮：单击该按钮可以进行全角和半角的切换。当该按钮显示为月牙形时，表示处于半角状态；当该按钮显示为圆形时，表示处于全角状态。在半角状态下，英文字母、数字和符号只占一个标准字符位；在全角状态下，英文字母、数字和符号占两个标准字符位，汉字在两种状态下均占两个标准字符位。

（3）中 / 英文标点切换按钮：单击该按钮可以进行中文标点符号和英文标点符号的切换。

（4）"软键盘"按钮：单击该按钮弹出快捷菜单，可以根据需要进行选择。

🎓小知识：Word 2016 提供"即点即输"功能，在页面视图下，只需要双击任意空白处，即可将插入点移动到该位置，并插入所需的内容。

3. 输入特殊符号

在输入文本的过程中，可能需要插入一些不能直接使用键盘输入的特殊符号，如数学符号、希腊字母等，这时可以使用 Word 2016 提供的插入符号功能。输入特殊符号的方法如下。

方法 1：选择"插入"→"符号"→"符号"→"其他符号"命令，在弹出的"符号"对话框中，选择所需的符号，单击"插入"按钮，插入该符号。

方法 2：切换为任意中文输入法，单击输入法状态栏上的"软键盘"按钮，根据需要选择软键盘上的符号输入。

4. 选定文本

在输入文本之后，若要对文本进行修改，通常需要遵循"先选定后操作"的原则。被选定的文本一般以灰色底纹显示。

在进行选定文本操作时经常会使用文本选定区，文本选定区位于窗口左侧的空白区域，当鼠标指针变成向右的箭头时，即可在文本选定区选定文本。常用的选定文本的操作技巧，如表 4-1 所示。

表 4-1　常用的选定文本的操作技巧

选定的范围	操 作 技 巧
行	在文本选定区单击
句子	按住 Ctrl 键后单击该句子
段落	在文本选定区双击或在该段落内单击 3 次
大块连续区域	单击要选定文本的开始处，并按住 Shift 键的同时单击要选定文本的结束处
矩形区域	按住 Alt 键并按住鼠标左键拖动
多块不连续区域	选定一块区域后，按住 Ctrl 键，选定其他要选定的区域
全文	按组合键 Ctrl+A 或在文本选定区单击 3 次

5. 编辑文本

在输入文本之后，经常需要对文本内容进行调整和修改。

1）复制与移动

复制操作可以使用"开始"选项卡的"剪贴板"组中的"剪切""复制""粘贴"命令来实现。移动操作可以通动按住鼠标左键拖动的方法来实现。

> 🎓 小知识：单击"开始"选项卡的"剪贴板"组右下方的"对话框启动器"，可以打开剪贴板窗格，该窗格可以存放 24 次复制或剪贴的内容，用户可以根据需要选择其中的内容进行粘贴。

2）删除

选定文本后，按 Delete 键或 BackSpace 键可以删除文本。

3）撤销和恢复

如果在文本处理过程中出现了误操作，那么可以使用 Word 2016 提供的撤销功能将误操作撤销，也可以通过重复功能使刚才的撤销操作失效。

6. 查找与替换

在编辑过程中，若需要检查或修改特定的内容，则可以使用 Word 2016 提供的查找和替换功能。

1）查找

选择"开始"→"编辑"→"查找"命令，打开导航窗格。单击搜索栏右侧的下拉按钮，选择"高级查找"选项，可以进行高级查找，如图 4-6 所示。在搜索栏中输入文本，查找到的内容可以按照标题或页面进行快速定位。

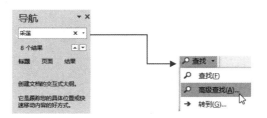

图 4-6　"导航"窗格与"高级查找"选项

小知识：除了查找文本，还可以查找图形、表格、公式等对象。

2）替换

替换功能用于快速对多次出现的符号进行内容和格式的更改。

【实战 4-1】将"景区介绍.docx"中的所有"山清水秀"替换为红色、加粗的"风景秀丽"。

（1）打开该文档，选择"开始"→"编辑"→"替换"命令，弹出"查找和替换"对话框。

（2）在"查找内容"下拉列表中选择"山清水秀"选项，在"替换为"下拉列表中选择"风景秀丽"选项。

（3）先单击"更多"按钮，再单击"格式"按钮，选择"字体"选项。

（4）设置"字体颜色"为红色，"字形"为"加粗"，单击"确定"按钮。

（5）"查找和替换"对话框如图 4-7 所示。单击"全部替换"按钮进行替换。注意，应检查"格式"选项是否在"替换为"文本框的下方，如果设置成查找内容的格式，那么可以通过单击"不限定格式"按钮进行取消。

图 4-7　"查找和替换"对话框

4.3.3　格式的设置

文档格式的设置包括文本、段落、页面等格式的设置，可以改变文档外观，使其规范、美观，便于阅读。Word 2016 的"所见即所得"特性使用户能直观地看到格式设置的效果。

1.　文本格式

文本外观主要包括字体、字号、字形和文本颜色等。使用"开始"选项卡的"字体"组中的命令或"字体"对话框可以设置文本格式。

1）"字体"组

常用的文本格式可以通过选择"开始"选项卡的"字体"组中的命令进行设置，"字体"组中包含字体、字号、文本颜色等常用的文本格式设置命令，如图 4-8 左图所示。

2）"字体"对话框

许多设置文本格式的操作不能通过简单地选择"字体"组中的命令来完成，而需要在"字体"对话框中完成。在"字体"对话框中可以设置更为丰富、详细的文本格式，如字符间距等。

打开"字体"对话框的方法为：单击"开始"选项卡的"字体"组右下方的"对话框启动器"，在弹出的"字体"对话框中包含"字体"选项卡、"高级"选项卡，如图 4-8 右图所示。

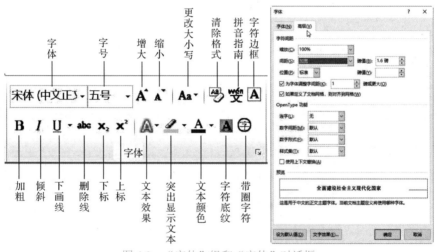

图 4-8　"字体"组和"字体"对话框

> 📖 小知识：Word 2016 默认的中文字体是宋体，西文字体是 Calibri，字号为五号。在"字体"对话框的"高级"选项卡中可以设置字符间距。

2.　段落格式

设置段落格式可以使文档更具层次感，便于阅读。在 Word 2016 中，段落是指两个段落标记之间的内容。如果设置时未选中段落，那么默认设置鼠标指针所在段落的格式。

段落格式的设置包括段落的对齐方式、缩进量、间距等。通常可以通过使用标尺、"段落"组中的命令和"段落"对话框 3 种方式设置段落格式。

1）标尺

段落缩进是指文本与页面边界的距离。单击"视图"选项卡，在"显示"组中勾选"标尺"复选框，在水平标尺上出现 4 个缩进标记，分别为首行缩进、悬挂缩进、左缩进、右缩进。拖动水平标尺上的缩进标记观察段落，可以快速、直观地理解各缩进的效果。

2）"段落"组

在"开始"选项卡的"段落"组中，可以快速设置段落的对齐方式、缩进量、间距等，如图 4-9 左图所示。

3）"段落"对话框

如果要更详细地设置段落格式，那么可以使用"段落"对话框进行设置。"段落"对话框能够完成所有段落格式的设置，如对齐方式、缩进量、间距等，如图 4-9 右图所示。

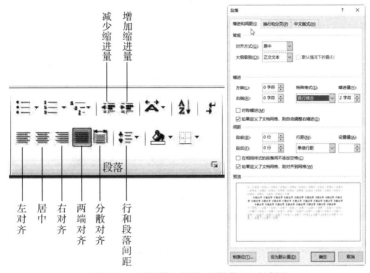

图 4-9　"段落"组和"段落"对话框

3. 页面格式

页面格式用于设置文档的整体外观，在打印前，通常需要对文档进行页面设置。通过"页面设置"组可以进行简单的设置，如设置页边距、纸张方向、纸张大小、分栏等，更详细的设置需要在"页面设置"对话框中进行，如设置页眉、页脚、页码、分节、分页等。

1）页面设置

文档的页面设置可以通过标尺或"页面设置"对话框进行。

【实战 4-2】设置"港珠澳大桥.docx"的页边距上、下均为 3 厘米，装订线为 1.5 厘米，且纸张大小为 16 开。

（1）打开文档，单击"布局"选项卡的"页面设置"组右下方的"对话框启动器"，弹出"页面设置"对话框。

（2）选择"页边距"选项卡，设置页边距的"上""下"均为"3 厘米"、"装订线"为"1.5 厘米"；选择"纸张"选项卡，设置"纸张大小"为"16 开（18.4 厘米 ×26 厘米）"。

（3）单击"应用于"选项右侧的下拉按钮，在弹出的下拉列表中选择"整篇文档"选项，单击"确定"按钮完成操作。

2）分页

在默认状态下，Word 2016 在当前页已满时自动插入分页符，开始新的一页，但有时也需要强制分页，人工插入分页符。将鼠标指针定位到需要分页的位置，使用以下 3 种方法都可以插入分页符。

（1）选择"插入"→"页面"→"分页"命令。

（2）直接按组合键 Ctrl+Enter。

（3）选择"布局"→"页面设置"→"分隔符"→"分页符"命令。

3）分栏

分栏是文档排版中一种常用的版式，广泛应用于各种杂志和报纸的排版中。它将文字或段落在水平方向上分为若干栏，使页面显得更为生动、活泼，更便于阅读。

其方法为：选中要分栏的内容，选择"布局"→"页面设置"→"分栏"→"更多分栏"命令，弹出"分栏"对话框，按需要设置。

> 📖 小知识：在对文档的最后内容进行分栏时，会出现各栏内容显示不均衡的情况。若需要分栏的内容均衡显示，则可以在末尾多添加一个回车符，并且不选择这个最后的段落标记。此外，也可以手动设置下一栏的起始位置。其方法为：插入分栏符。将鼠标指针定位到某一文本处，选择"布局"→"页面设置"→"分隔符"→"分栏符"命令，如图 4-10 所示。

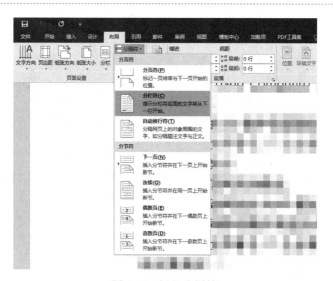

图 4-10　插入分栏符

4. 边框和底纹

对文本、段落和页面设置边框和底纹，有突出和强调的效果。可以使用"开始"选项卡的"字段"组中的"字符底纹"命令、"段落"组中的"底纹"命令和"边框"命令，或者使用"边框和底纹"对话框设置边框和底纹。

【实战 4-3】打开"港珠澳大桥.docx"，为正文第一段设置 3 磅绿色阴影、单线边框、黄色底纹，并为页面添加任意艺术型边框。

（1）打开"港珠澳大桥 .docx"，选择正文第一段，选择"开始"→"段落"→"边框"→"边框和底纹"命令，弹出"边框和底纹"对话框，如图 4-11 所示。

（2）在"边框"选项卡中，设置"设置"为"阴影"，"样式""颜色""宽度"依次为"单线""绿色""3.0 磅"，并选择"应用于"下拉列表中的"段落"选项。

（3）在"底纹"选项卡中，设置"填充"选项，选择主题颜色为黄色。

（4）在"页面边框"选项卡中，设置"艺术型"选项。

图 4-11　打开"边框和底纹"对话框

5. 格式的复制与清除

在重复设置相同的格式时，选择"开始"→"剪贴板"→"格式刷"命令，可以实现格式的快速复制。

其操作方法为：定位到设置好格式的单元格区域，选择"开始"→"剪贴板"→"格式刷"命令，这时鼠标指针旁边就多了一个刷子图标，按住鼠标左键拖动目标文字或单击目标段落，即可将其复制为相同格式。如果想复制格式到多处，那么可以先连续两次选择"格式刷"命令，然后在多个目标文本处逐次按住鼠标左键拖动，最后选择"格式刷"命令或按 Esc 键，刷子图标恢复正常。

如果对设置的格式不满意，那么可以单击"开始"选项卡的"样式"组中样式库右下方的下拉按钮，选择"清除格式"命令清除格式。

4.3.4　表格与图文混排

1. 表格

使用表格来组织文档中的数字和文字，可以使数据更清晰、直观。Word 2016 中的表格是由行和列组成的二维表格，行和列交叉的方框被称为单元格，可以在单元格中输入文字、数字或图形。

创建表格的一般方法为：先创建简单表格，再使用表格工具对其进行编辑加工，最后得到所需的表格。

1）插入表格

选择"插入"→"表格"→"表格"命令，有以下 5 种方法可以插入表格。

方法 1：在表格网格中，移动鼠标指针从左上方至右下方，直观选择行、列数后单击即可。

方法 2：选择"插入表格"命令，在弹出的对话框中输入所需的列数和行数，在"'自动调整'操作"选项组中调整表格列宽，单击"确定"按钮。

方法 3：选择"绘制表格"命令，鼠标指针变为笔形状，开始绘制表格。

方法 4：选择"快速表格"命令，将弹出 Word 2016 内置表格模板列表，通过选择相应命令可以快速在文档中插入特定类型的表格，如矩阵、日历等。

方法 5：选择"文本转换成表格"命令（这种方式需要先选定要转换的文本），在弹出的对话框中设置"表格尺寸""文字分隔位置"等选项，单击"确定"按钮。

2）选定表格或单元格

选定表格或单元格可以通过按住鼠标左键拖动或单击的方法实现。常用的选定表格或单元格的操作技巧如表 4-2 所示。单击表格左上方的⊞图标，按住鼠标左键拖动可以移动表格。

表 4-2　常用的选定表格或单元格的操作技巧

选定的范围	操 作 技 巧
表格	将鼠标指针移动到表格内，单击表格左上方的⊞图标
行	将鼠标指针移动到该行的左侧，鼠标指针变为向右的箭头后单击
列	将鼠标指针移动到该列的上方，鼠标指针变为向下的箭头后单击
单元格	将鼠标指针移动到该单元格的左侧，鼠标指针变为向右的箭头后单击

3）表格设计

当鼠标指针在表格中时，系统会自动出现"表格工具 / 设计"和"表格工具 / 布局"两个选项卡。

"表格工具 / 设计"选项卡主要用于设置表格样式、边框。Word 2016 默认的表格边框是 0.5 磅的单实线，底纹为无颜色。为表格设置边框和底纹，可以达到美化表格的效果。

（1）表格样式。

表格样式是 Word 2016 预先设置好的表格格式组合方案，包括表格的边框、底纹等格式。单击"表格工具 / 设计"选项卡的"表格样式"组中样式库右下方的下拉按钮，在弹出的下拉菜单中移动鼠标指针，选择所需的样式，即可把这些样式套用在表格中。

（2）表格边框。

通过"表格工具 / 设计"选项卡中的"边框"组可以设置单元格的边框。

选定要设置边框的单元格，先选好边框样式、笔样式、笔颜色等，再选择"边框"命令，直接选择要应用的相对位置。如果选择"边框和底纹"命令，那么会弹出"边框和底纹"对话框（见图 4-12），在弹出的对话框中可以对单元格的边框进行更详细的设置。

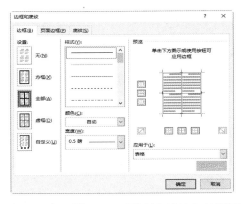 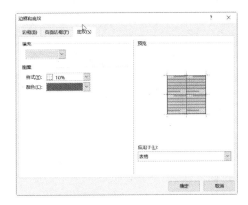

图 4-12　"边框和底纹"对话框的"边框"选项卡和"底纹"选项卡

（3）表格底纹。

通过以下方法可以为单元格添加底纹。选定要添加底纹的单元格，选择"表格工具 / 设计"→"表格样式"→"底纹"命令，在弹出的下拉菜单中选择所需的底纹颜色即可。

如果要添加前景色和图案的底纹，那么可以在"边框和底纹"对话框中，选择"底纹"选项卡，设置"填充"选项和"图案"选项。

4）表格布局

"表格工具 / 布局"选项卡中包括"表"组、"绘图"组、"行和列"组、"合并"组、"单元格大小"组、"对齐方式"组、"数据"组，如图 4-13 所示。

图 4-13　"表格工具/布局"选项卡

"表格工具 / 布局"选项卡中各组的主要功能说明如下。

（1）"表"组。

可以选择"表格工具 / 布局"→"表"→"选择"命令，在弹出的下拉菜单中选择所需的功能，也可以选定表格中的单元格、行、列或整个表格，选择"表格工具 / 布局"→"表"→"属性"命令，在弹出的"表格属性"对话框中，设置表格的大部分功能。

（2）"行和列"组。

表格中的单元格、行、列或整个表格都可以删除。选定要删除的对象，选择"表格工具 / 布局"→"行和列"→"删除"命令，在弹出的下拉菜单中选择所需的功能。

在表格中，要插入单元格、行或列，首先要将鼠标指针定位到要插入的单元格、行或列的位置。若要插入多个单元格、多行或多列，则可以先选择多个单元格、行或列，再选择"表格工具 / 布局"选项卡的"行和列"组中的命令插入整行或整列。

如果只插入一个单元格、一行或一列，那么单击"表格工具 / 布局"→"行和列"组右下方的"对话框启动器"，弹出"插入单元格"对话框，在其中选择所需的选项即可。

（3）"合并"组。

选定要合并的多个单元格，选择"表格工具 / 布局"→"合并"→"合并单元格"命令，将多个单元格合并为一个单元格。

若要将一个单元格拆分为多个单元格，则应将鼠标指针定位到要拆分的单元格内，选择"表格工具 / 布局"→"合并"→"拆分单元格"命令即可。

Word 2016 允许把一个表格拆分成两个或多个表格，并可以在表格之间插入文本。首先将鼠标指针定位到需要拆分表格的位置，然后选择"表格工具 / 布局"→"合并"→"拆分表格"命令，即可得到两个独立的表格。

（4）"单元格大小"组。

在一般情况下，Word 2016 会根据输入的内容自动调整表格的行高和列宽，当然用户也可以根据需要自行调整表格的行高和列宽。自行调整包括使用鼠标调整和使用"布局"选项卡调整两种方法。

将鼠标指针移动到单元格的边框线的位置，当鼠标指针变为双向箭头↔时，拖动边框线可以对行高与列宽进行调整。

如果要精确设置单元格或整个表格的行高或列宽，那么可以选定要调整的行或列，在"表格工具 / 布局"选项卡的"单元格大小"组的"高度"与"宽度"微调按钮框中输入所需的数值。

当表格的行高或列宽出现不一致的情况时，选择"表格工具 / 布局"→"单元格大小"→"分布行"命令即可使所选行的高度相同，选择"表格工具 / 布局"→"单元格大小"→"分布列"命令即可使所选列的高度相同。

（5）"对齐方式"组。

单元格有多种对齐方式，分别为靠上、中部、靠下和水平左、中、右的组合。要设置单元格中文本的对齐方式，应先选择要设置对齐方式的单元格，再选择"表格工具 / 布局"选项卡的"对齐方式"组中所需的单元格对齐命令即可。需要强调的是，其中"水平居中"命令设置的是文字在单元格内水平方向和垂直方向都居中。

单元格中的文字可以横向或竖向显示。先选择要更改文字方向的单元格，再选择"表格工具 / 布局"→"对齐方式"→"文字方向"命令，可以在水平方向和垂直方向上切换。不同于"布局"→"页面设置"→"文字方向"命令功能，此命令用于设置整篇或节文档的文字方向。

🎓小知识：表格对齐方式作用于单元格中的所有文本，假设一个单元格中的文本有多个段落，要设置不同的对齐方式，就需要用"开始"选项卡的"段落"组中的对齐命令。

（6）"数据"组。

在 Word 2016 中，可以对表格进行简单的排序和一些基本计算操作，如求和、求平均值、求最大值、求最小值等。选择"表格工具 / 布局"→"数据"→"公式"命令，弹出"公式"对话框，若要计算平均值则可以在"粘贴函数"下拉列表中选择"AVERAGE"选项，此时"公式"文本框中会出现"AVERAGE()"，在小括号中输入"LEFT"表示求左侧所有单元格的平均值，单击"确定"按钮，即求得平均值。

选择"表格工具 / 布局"→"数据"→"排序"命令，弹出"排序"对话框，分别设置主要关键字和类型，选中"升序"或"降序"单选按钮，即可进行排序。

选择"表格工具 / 布局"→"数据"→"转换为文本"命令可以将表格转换为由段落标记、逗号、制表符或其他字符分隔的文字。其与"文本转换成表格"命令的功能相反。

2. 图文混排

Word 2016 提供了强大的图文混排功能，在文档中可以根据需要插入各种图片、图形、艺术字等，使文档更具感染力和表现力。

1）插入图片

Word 2016 能够将存储在计算机中的图片文件插入文档。其具体操作步骤为：将鼠标指针移动到要插入图片的位置，选择"插入"→"插图"→"图片"命令，在弹出的"插入图片"对话框中，选择所需的图片文件，单击"插入"按钮即可。

此外，Word 2016 还可以从联机来源中查找和插入图片，定位到要插入联机图片的位置，选择"插入"→"插图"→"联机图片"命令，在文本框中输入所需查找的关键字，单击"搜索"按钮，即显示搜索结果，选择要插入的联机图片即可。

2）编辑图片与图文混排

插入图片后，功能区中将显示如图 4-14 所示的"图片工具 / 格式"选项卡，可以通过此选项卡更改图片的大小，设置图片的位置及图片样式等。

图 4-14　"图片工具/格式"选项卡

"图片工具 / 格式"选项卡中各组的主要功能说明如下。

（1）"调整"组用于删除图片的背景，调整图片的亮度、对比度、颜色，还可以设置图片的艺术效果，进行压缩图片等操作。

（2）"图片样式"组用于对图片应用 Word 2016 自带的图片样式，可以设置边框、阴影、柔化边缘等效果。

（3）"排列"组用于调整图片位置、设置图片环绕方式、对齐图片、组合图片等。插入的图片默认环绕方式为嵌入型，要实现图文混排一般要设置环绕方式为四周型等其他类型。环绕方式为嵌入型的图片无法与其他图片组合。

（4）"大小"组用于裁剪图片和调整图片大小等。

【实战 4-4】打开"港珠澳大桥.docx"，插入图片文件"开幕式.jpg"，设置图片样式为"简单框架，白色"，环绕方式为"四周型"，高度为 5 厘米，宽度为 8 厘米。

（1）打开"港珠澳大桥.docx"，先选择"插入"→"插图"→"图片"命令，再选择图片文件"开幕式.jpg"，单击"插入"按钮插入图片。

（2）在"图片工具 / 格式"选项卡的"图片样式"组中，选择"简单框架，白色"选项；选择"排列"→"环绕文字"→"四周型"命令，如图 4-15 所示；在"大小"组的"高度"微调按钮框中输入"5 厘米"，"宽度"微调按钮框中输入"8 厘米"。

小知识：在 Word 2016 中调整图片的大小时，默认按照图片的原始高度与宽度比例进行调整，若想设置任意高度与宽度，则需要单击"图片工具 / 格式"选项卡的"大小"组右下方的"对话框启动器"，在弹出的"布局"对话框中，选择"大小"选项卡，取消勾选"锁定纵横比"复选框，单击"确定"按钮。

图4-15　设置图片环绕方式

3．插入其他对象

在 Word 2016 中除了可以添加图片，还可以添加各种对象。其与添加图片的处理方法大致相同。

1）插入文本框

文本框是一种特殊的矩形框。在文本框中，不仅可以输入文字，而且可以插入图片和图形。它可以被放到文档中的任何位置。可以根据需要设置文本框的边框、填充颜色等格式。

文本框分为横排和竖排两种。插入文本框的方法为：选择"插入"→"文本"→"文本框"命令，在弹出的下拉菜单中，选择内置的文本框样式直接插入；选择"绘制文本框"或"绘制竖排文本框"命令，按住鼠标左键拖动即可绘制出相应的文本框。

插入文本框后，将鼠标指针定位到所需编辑的文本框内，会显示"绘图工具／格式"选项卡，如图4-16所示。使用该选项卡中的各个命令，可以设置文本框的大小、位置，以及填充颜色和边框颜色等。

图4-16　"绘图工具/格式"选项卡

2）插入形状

在 Word 2016 中，用户可以轻松地插入各种形状，可以对插入的形状进行填充、旋转，设置插入形状的颜色，以及将插入的形状与其他图形组合成更为复杂的图形。

Word 2016 将提供的多种形状分门别类地放置到相应的类别下，要插入某个形状，只需选择"插入"→"插图"→"形状"命令，在弹出的下拉菜单中选择所需的形状，并在文档中按住鼠标左键拖动即可。

插入形状并将其选中后，将显示"绘图工具／格式"选项卡。通过该选项卡，可以设置形状样式、形状填充、形状轮廓及大小等。当插入多个形状时，可以对其进行组合、设置叠放次序和对齐等操作。

3）插入 SmartArt 图形

使用 SmartArt 图形，可以快速、轻松地创建出具有专业设计师水平的图形。SmartArt 图形包括列表、流程、循环、层次结构等类型，每种类型包含多种不同的图形。

选择"插入"→"插图"→"SmartArt"命令，弹出"选择 SmartArt 图形"对话框，如图4-17所示。在该对话框中选择所需的类型，并在窗口中间选择所需的图形，单击"确定"按钮，即可插入 SmartArt 图形。

插入 SmartArt 图形后，将增加"SmartArt 工具／设计"选项卡和"SmartArt 工具／格式"选项卡，通过这两个选项卡设置 SmartArt 图形格式的方法与设置图片格式的方法类似。此外，还可以对 SmartArt 图形进行添加形状、更改形状、调整形状的级别等操作。

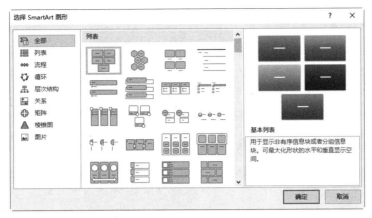

图 4-17　"选择 SmartArt 图形"对话框

4）插入艺术字

艺术字常用于广告宣传、文档标题，是具有特殊效果的文字，如颜色、阴影、发光等。使用艺术字可以突出主题，增强文档的视觉效果。

选择"插入"→"文本"→"艺术字"命令，在弹出的下拉菜单中选择所需的艺术字样式，即可在文档中插入艺术字。

艺术字作为一种图形插入，在功能区中同样会增加"绘图工具 / 格式"选项卡，可以像编辑图形一样编辑艺术字。

5）插入数学公式

在编辑文档时，有时需要输入数学公式。简单的公式可以使用键盘直接输入，而复杂的公式，如积分、矩阵等公式，无法使用键盘直接输入，此时利用 Word 2016 提供的公式编辑功能可以快速地输入专业的数学公式。插入公式的步骤如下。

（1）定位到要插入公式的位置，单击"插入"选项卡的"符号"组的"公式"命令下方的下拉按钮。

（2）在弹出的下拉菜单中列出了各种常用公式，单击所需的常用公式，即可在文档中插入该公式。

（3）若需自行创建公式，则选择下拉菜单中的"插入新公式"命令，会弹出如图 4-18 所示的"公式工具 / 设计"选项卡，根据需要选择所需的命令，即可自定义创建各种复杂公式。

图 4-18　"公式工具/设计"选项卡

4.3.5　高级应用技巧

Word 2016 中有一些高级功能，如样式、多级列表、节、域等，主要在编辑长文档时使用，如生成目录，设置不同的页眉、页脚，图表自动编号等。

1. 样式与目录

使用样式可以重复设置格式，更多用于创建大纲和目录。样式是被命名并保存的一系列格式的集合，包括字符样式和段落样式。字符样式只包含字符格式，如字体、字号、字形、颜色、文本效果等，可以应用于任何文字。段落样式既包含字符格式，又包含段落格式，如行间距、对齐方式、制表位、边框和编号等，可以应用于段落或整篇文档。

样式可以分为内置样式和自定义样式。内置样式中的"标题 1"默认具有大纲的"1 级"，可以在大纲视图中看到对应的级别，"标题 2"默认具有大纲的"2 级"，以此类推，这些就是 Word 2016 提供的目录样式。

1）应用样式与修改样式

应用样式的方法为：选定对象，在"开始"选项卡的"样式"组中选择所需的样式即可。要显示更多的样式可以单击"开始"选项卡的"样式"组右下方的"对话框启动器"，在弹出的样式窗格中进行进一步设置。

如果样式的格式不符合需求，那么可以调整样式的格式细节。如设置"标题 1"居中，在样式窗格中右击"标题 1"选项，在弹出的快捷菜单中选择"修改"命令，在"修改样式"对话框中单击"居中"按钮即可。

> 🎓 小知识：样式窗格默认只显示推荐的样式，若要显示所有样式，则应单击其右下方的"选项"按钮，弹出"样式窗格选项"对话框，在"选择要显示的样式"下拉列表中选择"所有样式"选项，单击"确定"按钮，如图 4-19 所示。

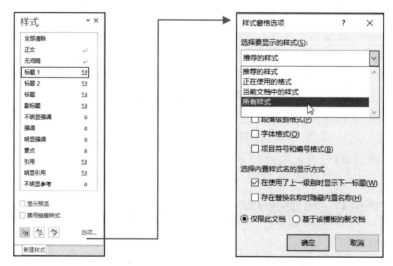

图 4-19　样式窗格和"样式窗格选项"对话框

2）新建样式与清除样式

此外，用户也可以自己创建样式。在样式窗格中单击左下方的"新建样式"按钮，弹出"根据格式设置创建新样式"对话框，如图 4-20 所示。按需求设置属性（名称、样式类型、样式基准等）和格式，单击"确定"按钮完成操作。新建的样式会出现在样式窗格中，其使用方法与内置样式的使用方法相同。

要撤销样式的应用效果，可以选中需要清除样式的部分，选择"开始"→"字体"→"清除所有格式"命令进行样式的清除。

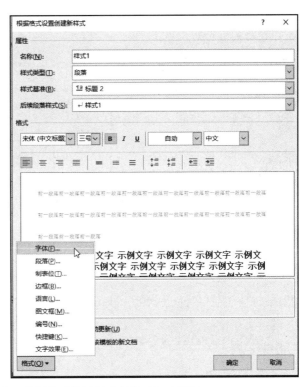

图 4-20　样式窗格和"根据格式设置创建新样式"对话框

3）插入目录与更新目录

目录是文档中各级别标题及所在页码的列表。通过目录，用户不仅可以了解当前文档的内容纲要，而且可以快速定位到某个标题所在位置。在书籍、论文等文档的编辑中，通常需要在文档的开头插入目录。Word 2016 提供了目录自动生成功能，只要设置好文章中章节的标题样式，就可以自动生成目录。在文档发生改变后，可以利用更新功能快速改变目录。

在创建目录前，必须先设置文档中章节的标题样式，如一般将各章标题设置为"标题 1"，各节标题设置为"标题 2"等。在设置好章节的标题样式后，定位到要插入目录的位置，一般是文档开头（首页），选择"插入"→"页面"→"分页"命令，再次定位到文档开头，选择"引用"→"目录"→"目录"命令，在弹出的下拉菜单中选择所需的目录样式或自行设计目录样式，如图 4-21 所示。

文档重新编辑后，由于标题、页码可能会发生变化，因此应更新目录。选择"引用"→"目录"→"更新目录"命令，在弹出的对话框中选择更新的内容后，单击"确定"按钮，完成目录的更新。

【实战 4-5】在"港珠澳大桥.docx"首页创建目录。红色文字为章标题，蓝色文字为节标题。

（1）给章节标题应用样式：打开文档，依次定位到章标题（红色文字）所在位置，应用样式"标题 1"，定位到节标题（蓝色文字）所在位置，应用样式"标题 2"。

（2）插入目录：定位到文档开头，选择"插入"→"页面"→"分页"命令，再次定位到文档开头，选择"引用"→"目录"→"目录"命令，在弹出的下拉菜单中选择"自动目录 1"或"自动目录 2"命令，直接插入目录。

（3）若选择"自定义目录"命令，则弹出"目录"对话框，可以设置目录的格式、显示级别、制表符前导符等，单击"确定"按钮，即可插入目录，如图 4-21 所示。

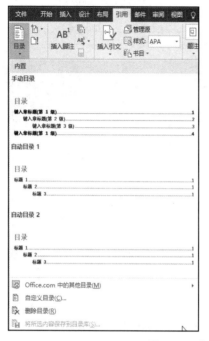

图 4-21　弹出的下拉菜单和"目录"对话框

2. 项目符号、编号与多级列表

在文档中适当地使用项目符号、编号和多级列表，可以使文档层次分明，重点突出。

1）设置项目符号

项目符号是指放在文本前以增加强调效果的点或其他符号，主要用于一些并列的、没有先后顺序的段落文本。

设置项目符号的方法为：选定需要设置项目符号的段落，单击"开始"选项卡的"段落"组的"项目符号"命令右侧的下拉按钮，在弹出的下拉菜单中选择所需的项目符号，此时每个段落前就会显示该项目符号。

若需设置新项目符号，则选择下拉菜单下方的"定义新项目符号"命令，在弹出的"定义新项目符号"对话框中进行设置。

2）设置编号

编号常用于具有一定顺序关系的段落。

设置编号的方法为：选定需要设置编号的段落，单击"开始"选项卡的"段落"组的"编号"命令右侧的下拉按钮，在弹出的下拉菜单中选择所需的编号，此时每个段落前就会显示该编号。

若需设置新编号，则选择下拉菜单下方的"定义新编号格式"命令，在弹出的"定义新编号格式"对话框中进行设置。先设置编号样式，再在"编号格式"文本框中输入字符。

3）设置多级列表

多级列表用于设置长文档的章节号，特别是利用多级列表自动给段落添加编号后，其中的章节号可以用在图表编号中。

【实战 4-6】打开"港珠澳大桥.docx"，章标题已标记为红色，节标题已标记为蓝色。为文档中的章节添加编号，章格式为 1，节格式为 1.1。

（1）设置多级列表。选择"开始"→"段落"→"多级列表"→"定义新的多级列表"命令，单击"更多"按钮，选中级别 1，设置编号格式，并选择"将级别链接到样式"下拉列表中的"标题 1"选项；选中级别 2，设置编号格式，并选择"将级别链接到样式"下拉列表中的"标题 2"选项，如图 4-22 所示。

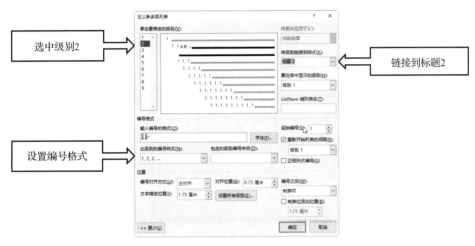

图 4-22　设置多级列表

（2）应用样式。定位到每个章标题（红色文字）所在位置，应用样式"标题 1"，行首自动添加以 1 开始的编号；定位到每个节标题（蓝色文字）所在位置，应用样式"标题 2"，行首自动添加以 .1 开始的编号。

4）设置题注

当文档中图表较多时，为了保证编号正确，且以后在增加或删除图表时编号能够自动更新，需要通过插入题注制作图表编号。

包含章号的图表编号必须先设置好多级列表。只有使用多级列表设置的章号才能用于图表编号，用户手动录入的章号无法被图表编号引用。正式出版物格式一般要求在图表之前有引用图表的文字，可以使用"交叉引用"命令实现。

图表的题注包含标签、编号、图表名（手动录入）。

【实战 4-7】在实战 4-6 中已经使用多级列表设置好章节号，请为文档中的所有图名添加编号，编号格式为"章号—序号"。

（1）添加图号。定位到图名前，选择"引用"→"题注"→"插入题注"命令，选择"标签"下拉列表中的"图"选项，单击"编号"按钮（见图 4-23 左图），在弹出的对话框中勾选"包含章节号"复选框，鼠标指针处会自动添加图号，如"图 1-1"。

（2）引用图的文字。定位到图的上方，输入文字"如 * 所示"，定位到"*"处，选择"引用"→"题注"→"交叉引用"命令，选择"引用类型"下拉列表中的"图"选项、"引用内容"下拉列表中的"只有标签和编号"选项，在"引用哪一个题注"列表框中选择对应的图号，单击"插入"按钮（见图 4-23 右图），此时文字"如 * 所示"中的"*"处自动出现图号，如变为"如图 1-1 所示"。

图 4-23　设置题注

添加表编号和引用表的文字与上述方法类似，定位到表名前，插入题注，选择"标签"下拉列表中的"表"选项，表题注位置默认为"所选项目上方"（图题注位置默认为"所选项目下方"）。在表之前的段落中，使用"交叉引用"命令录入引用表的文字。

3. 节与页眉、页脚

页眉、页脚分别位于页面顶端和底端，用于显示文档的附加信息，可以插入文本、图形和表格，如日期、页码、文档标题、公司徽标等内容。

在一般情况下，文档的页眉、页脚作为一个整体，用户输入的内容在每页中都相同，系统域（页码等）的格式都相同。如果需要设置不同内容和格式的页眉、页脚，那么必须插入节，把文档分为不同的部分。

1）节

分节符可以把文档划分为若干节，各节可以作为一个整体，单独设置页边距、页眉、页脚、纸张大小等。通过插入节，在同一文档中可以编排出不同的版面格式。

在对文字或段落设置分栏后，分栏内容的前、后会自动分为两节，设置的页面格式默认应用于本节，即鼠标指针所在的节，用户可以手动设置应用于整篇文档。

如果要在文档中手动分节，那么需要在文档中插入分节符。插入分节符的方法为：选择"布局"→"页面设置"→"分隔符"命令，在弹出的下拉菜单中选择所需的分节符。

2）页眉、页脚

页眉的内容一般是通过键盘输入的文字；页脚的内容主要是页码。

【实战 4-8】为"港珠澳大桥.docx"设置页眉、页脚，页眉为"团结奋斗"，页脚为系统当前日期。

（1）打开"港珠澳大桥 .docx"。

（2）选择"插入"→"页眉和页脚"→"页眉"→"编辑页眉"命令，进入页眉和页脚编辑状态后，输入"团结奋斗"。

（3）先选择"页眉和页脚工具／设计"→"导航"→"转至页脚"命令，将插入点切换至页脚，再选择"页眉和页脚工具／设计"→"插入"→"日期和时间"命令，在弹出的"日期和时间"对话框中，选择所需的日期格式，单击"确定"按钮，最后选择"页眉和页脚工具／设计"→"关闭"→"关闭页眉和页脚"命令，完成操作。"页眉和页脚工具／设计"选项卡如图 4-24 所示。

图 4-24　"页眉和页脚工具/设计"选项卡

小知识：在页面的上、下页边距处双击即可快速进入页眉和页脚编辑状态，在文本编辑区双击即可退出页眉和页脚编辑状态。

当文档中含有多页时，为了打印后便于整理和阅读，通常需要为文档添加页码。

【实战 4-9】在"港珠澳大桥 .docx"页脚处添加页码，目录页码的格式为"I, II, III..."，正文页码的格式为"1,2,3..."，页码均居中。

（1）打开"港珠澳大桥.docx"，定位到目录页后一页的开头，选择"布局"→"页面设置"→"分隔符"→"下一页"命令，如果目录和正文已经分页那么选择"连续"命令。

（2）定位到目录页，先选择"插入"→"页眉和页脚"→"页码"→"设置页码格式"命令，在弹出的对话框中选择"编号格式"为"I, II, III..."，再选择"插入"→"页眉和页脚"→"页码"→"页面底端"→"普通数字 2"（普通数字 1 为左对齐，普通数字 2 为居中，普通数字 3 为右对齐）命令，如图 4-25 所示。

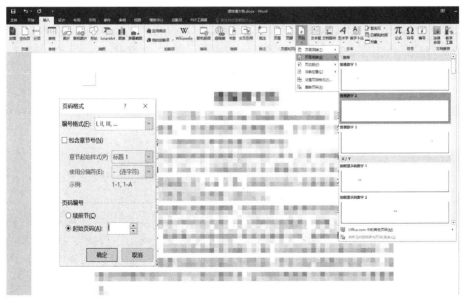

图 4-25　设置页码格式

（3）定位到正文首页，先选择"插入"→"页眉和页脚"→"页码"→"设置页码格式"命令，在弹出的对话框中选择"编号格式"为"1,2,3..."，再选择"插入"→"页眉和页脚"→"页码"→"页面底端"→"普通数字2"命令，在"页码编号"选项组中选中"起始页码"单选按钮，并在微调按钮框中输入"1"。

如果页眉、页脚的内容为用户使用键盘输入的内容，那么在输入下一节文字之前，需要选择"页眉和页脚工具/设计"→"导航"→"链接到前一条页眉"命令，取消与前一节的链接。

4. 域与文档部件

Word 2016 文档部件是对某一段指定文档内容（文本、图片、表格、段落等文档对象）的保存和重复使用。通过创建、存储文档部件库和查找相关内容，提供即用型文档部件菜单，用于快速生成成品文档。文档部件下方有"自动图文集""文档属性""域"等操作命令。

域是特殊的文档部件，是一组能够嵌入文档的代码，在 Word 2016 中所有可以变化的内容的本质都是域。域在文档中体现为数据占位符，可以提供自动更新的信息，如页码域、页数域等。

1）使用文档部件快速输入常用文字、表格

有时，在不同文档中经常需要输入相同的文字或相应的表格等，如果重新输入或复制都比较麻烦，那么可以使用 Word 2016 中的文档部件功能。将文档中已经编辑好的某部分内容，自定义为文档部件库，保存后能够反复使用。其方法如下。

（1）选中需要重复输入的内容，如输入并选中文字"广西民族大学相思湖学院 校址：中国广西南宁市大学东路 188 号 邮编：530006"。

（2）选择"插入"→"文本"→"文档部件"→"将所选内容保存到文档部件库"命令。

（3）在弹出的"新建构建基块"对话框中，输入文档部件的名称"学校信息"，选择"类别"为存储的部件库，"库"为"文档部件"（也可以选择"自动图文集""表格"），单击"确定"按钮，完成文档部件的创建。

（4）当需要使用创建的文档部件时，可以将鼠标指针定位到要插入文档部件的位置，选择"插入"→"文本"→"文档部件"命令，就可以看到创建的文档部件了，选择该文档部件即可插入对应的内容。若在创建文档部件时选择的"库"为"表格"，则可以通过选择"插入"→"表格"→"表格"→"快速表格"命令找到。

在退出 Word 2016 程序时，会弹出提示对话框询问是否保存已创建的文档部件。若希望下次打开 Word 2016 程序时还可以使用已创建的文档部件，则单击"保存"按钮，反之则单击"不保存"按钮。

2）设置域代码与域值

在文档中使用特定命令时，如插入页码、插入目录、插入题注等，Word 2016 会自动插入域，必要时，也可以手动插入域，如第几页共几页。

选择"插入"→"文本"→"文档部件"→"域"命令，在弹出的如图 4-26 所示的"域"对话框中，分别设置"类别""域名""格式"选项，单击"确定"按钮即可插入对应的域。

在插入的域符号处右击，如插入页码后，在页码处右击，可以选择"更新域""编辑域""切换域代码"等命令。此外，还可以通过快捷键实现相关操作，如按 F9 键可以更新域，按组合键 Alt+F9 可以切换域代码，按组合键 Ctrl+Shift+F9 可以将域转换为普通文本。另外，选择"文件"→"选项"命令，在弹出的"Word 选项"对话框中，选择左侧的"高级"选项，并在右侧的"显示文档内容"选项组中，勾选或取消勾选"显示域代码而非域值"复选框，可以选择在文档中显示域代码或域值。例如，在使用实战 4-5 的方法创建目录后，右击目录，在弹出的快捷菜单中选择"切换域代码"命令，目录中的内容改变。

图 4-26　"域"对话框 1

3）统计文档信息

Word 2016 提供字数统计功能（选择"审阅"→"校对"→"字数统计"命令实现），结果以对话框的形式显示。如果需要在文档中引用其中的结果，那么可以通过插入域代码实现。

【实战 4-10】将 Word 2016 中的字数统计结果显示在文档末尾。

在文档末尾输入需要统计的信息，如字符数、页数、字数；输入完成后将鼠标指针移动到需要填写数据的位置，选择"插入"→"文本"→"文档部件"→"域"命令，并选择"类别"为"文档信息"，"域名"依次为下面对应的代码，单击"确定"按钮即可插入对应的结果。

本文档的字符数：NumChars

本文档的页数：NumPages

本文档的字数：NumWords

4）在页眉中提取章节标题

使用多级列表设置章节号，可以直接提取章节标题作为页眉。

（1）双击页眉处，进入页眉编辑状态。

（2）选择"插入"→"文本"→"文档部件"→"域"命令，弹出"域"对话框，如图 4-27 所示。

（3）在"请选择域"选项组中，选择"类别"为"链接和引用"，"域名"为"StyleRef"（代码说明：插入具有类似样式的段落中的文本）；在"域属性"选项组中，选择"样式名"为"标题 1"。

（4）单击"确定"按钮，此时每页的页眉处插入本页第一个设置了"标题 1"样式的文字。如果只需要提取章节号，那么勾选"插入段落编号"复选框即可。

图 4-27 "域"对话框 2

5. 批注与修订

用户在审阅或修改他人的文档时，如果需要在文档中添加自己的意见，但又不希望修改原文档的内容及版式，那么可以选择批注与修订。

1）批注

批注用于给出修改意见，批注的相关操作包括新建和删除。

（1）插入批注的方法为：选定文档中要添加批注的内容，选择"审阅"→"批注"→"新建批注"命令，弹出"批注"文本框，在该文本框中输入批注内容。

（2）删除批注的方法为：右击"批注"文本框，在弹出的快捷菜单中选择"删除批注"命令。

2）修订

选择"审阅"→"修订"→"修订"命令，可以进入或取消修订状态。

当进入修订状态后，所有改动均会被标记为红色，增加的文字会添加下画线，删除的文字则会添加删除线。

3）更改

打开被修订过的文档，选择"审阅"→"更改"→"接受"命令即接受更改，或选择"审阅"→"更改"→"拒绝"命令即将文档中的内容还原为更改前的内容。

4.4 数据处理与 Excel 2016

数据处理与 Excel 2016

Excel 2016 是目前比较流行的电子表格制作软件之一，广泛应用于统计、金融、财务及日常事务管理等众多领域。Excel 2016 不仅具有强大的数据组织、计算、分析和统计功能，而且可以通过图表、图形等多种形式形象地展示出处理结果，方便地与 Microsoft Office 2016 其他组件相互调用数据，实现资源共享。本节将介绍数据处理与 Excel 2016，包括数据的编辑与格式的设置、数据的计算、数据的图表化、数据的分析。

4.4.1 Excel 2016 使用基础

1. Excel 2016 的工作界面

Excel 2016 的工作界面与 Word 2016 的工作界面类似，相同的有快速访问工具栏、标题栏、功能选项卡、功能区、状态栏等，不同的有编辑栏、工作表标签等。Excel 2016 的工作界面如图 4-28 所示。

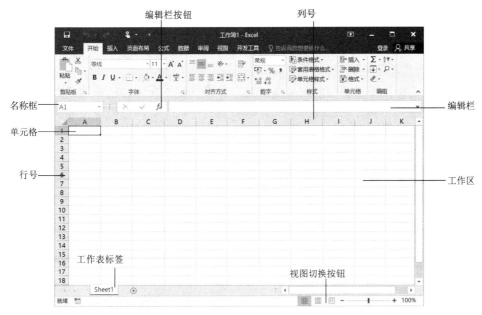

图 4-28 Excel 2016 的工作界面

（1）名称框：用于显示单元格的地址，可以在名称框中给某个单元格或区域定义一个名称。

（2）编辑栏：用于同步显示单元格中输入的内容，也可以在编辑栏中输入单元格中的内容。

（3）编辑栏按钮：在名称框和编辑栏之间，用于公式及函数的插入、取消、确认。

（4）工作簿：保存和处理数据的文件，扩展名为 .xlsx。每个工作簿至少有一个工作表，最多由 255 个工作表组成。在默认情况下，工作簿有一个名称为 Sheet1 的工作表。

（5）工作表：由行和列组成的电子表格。行号用数字表示，共有 1 048 576 行，列号用字母 A、B、C、…、Z，AA、AB、AC、…、AZ，BA、…、XFD 表示，共有 16 384 列。工作表标签用来标识工作簿中不同的工作表，用户可以自定义名称，如将 Sheet1 改名为"销量"。

（6）单元格地址：公式计算中通过引用单元格地址来获取单元格中的数据。单元格地址用列号与行号来表示。例如，第 H 列与第 4 行交叉的单元格地址用 H4 来标识。此外，还可以在地址前加上工作表名，如 Sheet3!H4 表示 Sheet3 工作表的 H4 单元格。

（7）填充柄：移动鼠标指针到单元格右下方，会出现"+"，被称为填充柄。它是 Excel 2016 提供的快速填充单元格的工具，用于复制单元格中的数据。

2. 工作表的基本操作

直接单击工作表标签，可以在同一个工作簿中切换不同的工作表。当工作表很多且在工作界面底端没有要查找的工作表标签时，通过拖动滚动条来查找所需的工作表标签。用户可以根据需要插入或删除工作表、修改工作表名、复制或移动工作表等。右击工作表标签，在弹出的快捷菜单中根据需要选择相应的命令即可进行相应的操作。

> 小知识：如果想删除多个工作表，那么可以选择多个工作表（先单击其中的一个工作表名，并按住 Ctrl 键不放，再单击其他想删除的工作表名），右击，在弹出的快捷菜单中选择"删除"命令。需要注意的是，删除工作表后，工作表中的所有数据也将被删除，且不可恢复和撤销。

1）工作表的移动或复制

复制工作表的操作步骤为：右击要复制的工作表标签，在弹出的快捷菜单中选择"移动或复制"命令，在弹出的"移动或复制工作表"对话框的"工作簿"下拉列表中选择目标工作簿，系统默认为当前工作簿，在"下列选定工作表之前"列表框中，选择工作表要复制到的位置，勾选"建立副本"复选框，单击"确定"按钮，如图 4-29 所示。

图 4-29 弹出的快捷菜单与"移动或复制工作表"对话框

要复制数据到另一个工作簿中，必须确保该工作簿已打开。

在进行移动工作表的操作时，不勾选"建立副本"复选框。当然，也可以直接拖动工作表标签移动工作表。

2）工作表窗口的拆分与冻结

当工作表中的内容较多时，可以拆分工作表窗口。在单独的工作表中锁定行或列，滚动工作表后，可以看到相隔较远部分的内容。拆分工作表窗口的操作步骤为：选择"视图"→"窗口"→"拆分"命令，工作表窗口被拆分成 4 个区域，中央出现横、竖两条拆分线。移动鼠标指针到横拆分线处，当鼠标指针变成双向箭头 ⇕ 时，按住鼠标左键不放，将其拖动到目标位置，可以调节上、下窗口的大小。工作表垂直方向的拆分方法与水平方向的拆分方法类似。如果要取消拆分，那么选择"视图"→"窗口"→"拆分"命令，或者直接双击对应的拆分线即可。

如果希望在滚动工作表时，行、列标题或者某些数据固定不变，那么可以使用冻结功能。选定工作表中的冻结点（选择冻结行的下一行，列和单元格类似，如要冻结 A 列，那么选 B 列），选择"视图"→"窗口"→"冻结窗格"→"冻结拆分窗格"命令，这时滚动工作表，该冻结点以上或左侧的所有单元格均已被冻结。若要取消冻结，则选择"视图"→"窗口"→"冻结窗格"→"取消冻结窗格"命令即可。

3. 单元格的基本操作

单元格是构成工作表的最小单位，在对某个单元格或单元格区域进行操作时，应遵循"先选定，后操作"的原则。

1）单元格的选定

选定不同单元格或单元格区域的操作技巧如表 4-3 所示。

表 4-3　选定不同单元格或单元格区域的操作技巧

选定的范围	操 作 技 巧	操 作 图 示
一个单元格、一行或一列	单击要选定的单元格、行号或列号	
多个不连续的单元格或单元格区域	先选定第一个单元格或单元格区域并按住 Ctrl 键，再依次选定其他单元格或单元格区域	
整个工作表	单击工作表左上方的"全选"按钮	

2）单元格的插入与删除

单元格基本操作包括单元格的选定、插入与删除，调整单元格的行高与列宽，合并单元格，以及隐藏或显示单元格等。其相应操作主要要在"开始"选项卡中完成，如插入与删除操作（见图 4-30），选择"开始"选项卡的"单元格"组中的各个命令，在弹出的下拉菜单中选择相应命令即可完成对应功能的设置。

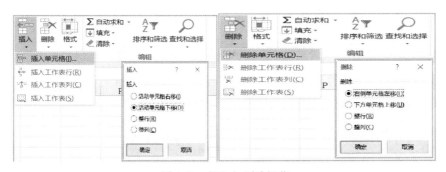

图 4-30　插入与删除操作

4.4.2　数据的编辑与格式的设置

1. 数据的编辑

在 Excel 2016 中单击单元格可以直接输入数据，双击单元格可以修改原有数据或查看公式。若要在单元格中手动换行，则按组合键 Alt+Enter 即可。

Excel 2016 中的数据可以分为常量和公式两种，常量的数据类型主要有数值类型（数字、日期、时间、货币、百分比格式等）、文本类型和逻辑类型等。可以为单元格指定某种数据类型。其方法为：打开"设置单元格格式"对话框，选择"数字"选项卡，在"分类"列表框中设置。

1）直接输入数据

在 Excel 2016 中，规定一些符号作为引导符，用于输入特殊数据，常见的有以下几种。

（1）输入英文单引号，将强制转换为文本类型，如输入 '001 显示 001。

（2）先输入一个 0 和一个空格，再输入分数，如输入 0 2/5 显示 2/5。

（3）输入 2022-10-16，显示 2022/10/16。

（4）按组合键 Ctrl+ 分号，显示当天日期。

（5）输入时间的格式为 hh:mm AM 或 hh:mm PM，如 8:30 PM。

（6）要在不连续的单元格中输入相同的数据，选定单元格输入数据后，按组合键 Ctrl+Enter 结束。

2）输入有规律的数据

在工作表中使用 Excel 2016 自动填充功能，可以很方便、快捷地输入相等、等差、等比等序列数据。其主要方法有如下两种。

（1）在输入首个数据后，直接拖动对应单元格右下方的填充柄，可以将数据复制到填充柄经过的单元格中。图 4-31 所示为输入几种特殊数据的效果。若输入两个数据，先选中两个单元格再拖动填充柄，则会得到等差序列。

	A	B	C	D	E	F	G
1	序列类型	文本序列	系统定义序列	等差序列	等比序列	自定义序列	
2	操作简述	拖动B3填充柄	拖动C3填充柄	拖动D3:D4填充柄	选择"开始"→"编辑"→"填充"→"序列"命令	选择"文件"→"选项"→"高级"命令	
3		No. 1	Monday	0	1	北京	
4		No. 2	Tuesday	5	3	上海	
5		No. 3	Wednesday	10	9	广州	
6		No. 4	Thursday	15	27	深圳	
7		No. 5	Friday	20	81	北京	
8		No. 6	Saturday	25	243	上海	
9		No. 7	Sunday	30	729	广州	
10		No. 8	Monday	35	2187	深圳	
11		No. 9	Tuesday	40	6561	北京	
12		No. 10	Wednesday	45	19683	上海	
13							
14							

图 4-31　输入几种特殊数据的效果

（2）使用"序列"对话框设置填充效果，如实战 4-11 所示。

【实战 4-11】在图 4-31 所示的工作表中，利用自动填充功能填充等比序列 1,3,9,…，19 683。

（1）单击 E3 单元格，输入数字 1。

（2）选择"开始"→"编辑"→"填充"→"序列"命令，弹出"序列"对话框。

（3）选择"序列产生在"为"列"，"类型"为"等比序列"，"步长值"为"3"，"终止值"为"20000"，单击"确定"按钮即可。

小知识：用户可以自行定义新序列，方法为：选择"文件"→"选项"命令，在弹出的"Excel 选项"对话框中，选择左侧的"高级"选项，单击右侧的"常规"选项组中的"编辑自定义列表"按钮，弹出"自定义序列"对话框，在"输入序列"文本框中输入自定义的序列项，如"北京,上海,广州,深圳"，单击"添加"按钮。此后，当输入"北京"时，拖动填充柄，将填入序列中的下一个值并循环。

3）从外部导入数据

在"数据"选项卡的"获取外部数据"组中选择获取外部数据的命令，有"自 Access""自网站""自文本""自其他来源"命令。

4）设置数据验证

在默认情况下，Excel 2016 对单元格中输入的数据不加任何限制。为了确保数据的有效性，可以为相关单元格设置相应的限制条件（数据类型、取值范围等）。设置了数据验证的单元格，在输入数据离开单元格时，系统将自动进行检查，若不符合条件则会显示错误提示，直至输入正确值才能离开单元格。

【实战 4-12】为某工作表中的单元格区域 C2:D10 设置输入限制条件为 0～100 内的整数。

（1）选中单元格区域 C2:D10，选择"数据"→"数据工具"→"数据验证"命令，弹出"数据验证"对话框，如图 4-32 所示。

（2）在"设置"选项卡中，选择"允许"下拉列表中的"整数"选项、"数据"下拉列表中的"介于"选项，并选择"最小值"为"0"、"最大值"为"100"。

（3）在"出错警告"选项卡中，选择"样式"下拉列表中的"停止"选项，在"标题"文本框中输入"输入错误值"，在"错误信息"文本框中输入"输入数据必须是 0～100 的整数！"，单击"确定"按钮。

图 4-32 "设置"选项卡与"出错警告"选项卡

5）在下拉列表中选择要输入的数据

如果在"数据验证"对话框中选择"允许"下拉列表中的"序列"选项，并在"来源"文本框中直接输入序列或选择有数据的其他单元格，那么可以在下拉列表中选择要输入的数据。例如，在"来源"文本框中输入"北京，上海，广州，深圳"，数据验证设置与效果如图 4-33 所示。

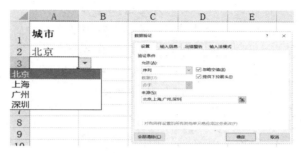

图 4-33　数据验证设置与效果

2. 格式的设置

在编辑工作表中的数据后，可以对其进行格式的设置，以改善工作表的外观，更清晰、突出地显示工作表中的主要内容。工作表的美化主要包括设置单元格格式，以及套用表格样式和单元格样式等。

1）设置单元格格式

用户可以自行设置单元格格式。单击"开始"选项卡的"字体"（或"数字""对齐方式"）组右下方的"对话框启动器"，弹出"设置单元格格式"对话框。

"设置单元格格式"对话框中有 6 个选项卡，分别为"数字""对齐""字体""边框""填充""保护"，对应显示数字格式、对齐方式、字体格式、边框格式、填充底纹格式、工作表保护设置等功能。其中，字体格式、填充底纹格式功能的设置与 Word 2016 中对应设置大同小异，以下主要介绍边框格式、数字格式与对齐方式。

（1）设置边框格式。

Excel 2016 工作表默认的表格线是灰色的，打印时没有表格线。可以通过设置边框格式，使每个需要的单元格都有实线边框。其方法有以下两种，均需先选定要设置边框的单元格区域。

方法 1：选择"开始"→"字体"→"下框线"命令，直接设置。

方法 2：打开"设置单元格格式"对话框，选择"边框"选项卡，在"线条"选项组中选择样式、颜色，在"预置"选项组和"边框"选项组中选择有无边框及线条位置，可以同步看到设置的预览效果，单击"确定"按钮。

（2）设置数字格式。

Excel 2016 提供了多种数字格式。"设置单元格格式"对话框的"数字"选项卡如图 4-34 左图所示。在设置数字格式时，可以设置不同的小数位数、百分号、货币符号等。对同一个数值，单元格中显示的是设置格式后的数据，编辑栏中显示的是系统实际存储的数据。如果要取消已设置的数字格式，那么可以选择"开始"→"编辑"→"清除"→"清除格式"命令。设置数字格式的方法如下。

选定需设置数字格式的单元格区域，先在"分类"列表框中选择一种分类格式，再设置数据的格式细节，如小数位数等，并在"示例"栏中查看效果，单击"确定"按钮。

（3）设置对齐方式。

在"设置单元格格式"对话框中选择"对齐"选项卡（见图 4-34 右图），各对齐选项内容说明如下。

图 4-34　"数字"选项卡与"对齐"选项卡

- 水平对齐：用于设置常规（系统默认的对齐方式）、靠左（缩进）、居中、靠右（缩进）、填充、两端对齐、跨列居中、分散对齐（缩进）8 种水平对齐方式。
- 垂直对齐：用于设置靠上、居中、靠下、两端对齐、分散对齐 5 种垂直对齐方式。
- 自动换行：若勾选"自动换行"复选框，则当单元格中内容的宽度大于列宽时，自动换行。
- 文字方向：用于改变单元格中内容的显示方向。

2）"样式"组的功能

"样式"组的功能包括条件格式、套用表格样式和单元格样式。

样式是数字格式、对齐方式、字体格式、边框格式和填充底纹格式等的组合，当不同的单元格或工作表需要重复使用相同的格式时，直接套用系统提供的样式功能，可以提高工作效率。

要设置单元格的条件格式，可以根据某些条件，把工作表中的数据突出显示出来。设置条件格式的规则包括 5 种，其中项目选取规则、数据条、色阶、图标集比较直观，这里重点介绍突出显示单元格规则。其通过比较运算符来设置特定条件，适用于查找单元格区域的特定单元格。

【实战 4-13】"销量"工作表记录了某书店图书的销售数据，现将各季度销量大于 50 的数据所在单元格设置为加粗、红色。

（1）选中所有销量的单元格区域 C2:F11。

（2）选择"开始"→"样式"→"条件格式"→"突出显示单元格规则"→"大于"命令。

（3）在弹出的"大于"对话框中输入"50"，在"设置为"下拉列表中选择"自定义格式"

选项，如图 4-35 所示。在弹出的对话框中分别选择"加粗"选项和"红色"选项，单击"确定"按钮。

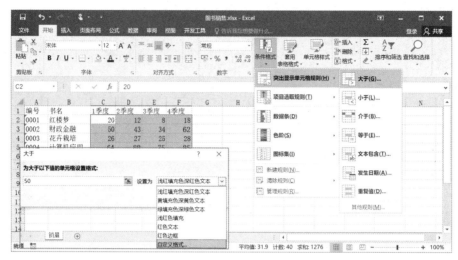

图 4-35　设置条件格式

4.4.3　数据的计算

Excel 2016 有强大的数据计算功能。通过在单元格中输入公式，会显示对数据进行计算的结果，实现数据的计算。当参与计算的数据发生变化时，计算结果会自动更新。

1.　公式的构成与创建

公式以"="开头，紧接数据对象和运算符。数据对象通常由常量、单元格引用（单元格地址、名称）、函数、数组等组成。

按 F9 键可以将公式转换为值，若想恢复为原公式，按 Esc 键或按组合键 Ctrl+Z 即可。此功能可以用于长公式中部分公式的测试。

创建公式的一般方法为：选定需要输入公式的单元格（存放计算结果的单元格），在编辑栏中输入以"="开头的公式，引用单元格时可以直接输入单元格地址，也可以用鼠标选择参与运算的单元格，并按 Enter 键。

2.　运算符与优先级

常用的运算符有算术运算符、比较运算符和引用运算符等，如表 4-4 所示。

表 4-4　常用的运算符

运算符类型	运 算 符	含 义	实 例
算术运算符	+、-、*、/、 ^、%	加、减、乘、除、 乘方、百分比	A1+A2、A1-B1、A2*B2、A2/B2、 6^2（6×6）、20%（20×0.01）
比较运算符	=、>、>=、 <、<=、<>	等于、大于、大于或等于、 小于、小于或等于、不等于	A1=A10、A1>B1、B2>=C2、 A2<B2、A2<=B2、A2<>B2

运算符类型	运 算 符	含 义	实 例
引用运算符	:	区域引用，表示连续区域	A1:B5（表示引用A1～B5 内包含 10 个单元格的连续区域）
	,	联合引用	A1,B5（表示引用单元格A1 和B5）
	空格	交叉运算	A1:B1 B1:C1（表示引用两个单元格的交叉区域，返回B1）
	!	工作表引用	Sheet2!A1（表示引用Sheet2 工作表中的A1 单元格）

按照运算符的优先级进行公式计算，优先级从高到低依次为引用运算符、算术运算符、比较运算符。相同优先级的运算符，按照从左到右的顺序进行计算。要改变优先级，可以使用小括号，在有多层括号时，里层的括号优先于外层的括号。

3. 公式的复制与单元格引用

复制公式是 Excel 2016 公式计算中的重要一环，通过复制公式可以有效地避免重复输入。在复制公式时，公式中的单元格地址会按规定自动改变，并自动完成相应的计算，大大提高数据处理的效率。公式的复制方法和普通数据的复制方法一样，都是通过剪贴板或填充柄完成的。

【实战4-14】用公式（平均销量＝总销量/4）计算"销量"工作表中的平均销量（保留整数）。

（1）单击需要输入公式的第一个单元格 H2。

（2）在编辑栏中输入"=G2/4"，并按 Enter 键，得到计算结果。在输入公式时，可以用单击单元格 G2 的操作代替输入单元格地址 G2 的操作，二者的结果一样。

（3）将鼠标指针定位到 H2 单元格右下方，当鼠标指针变成"+"时，按住鼠标左键向下拖动到最后一行，可以计算其他行的平均销量。双击 H2 单元格可以查看公式，如图4-36所示。

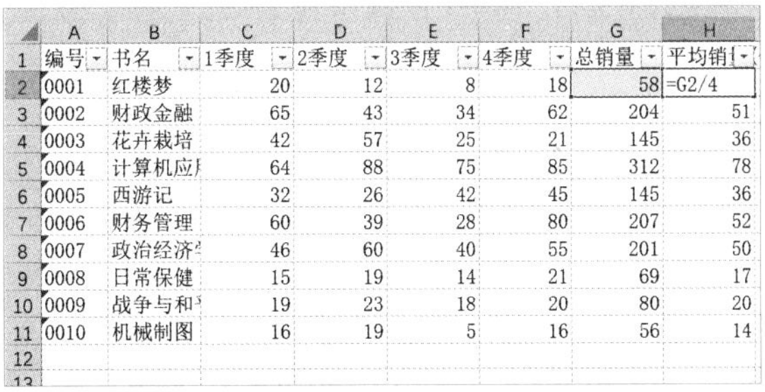

	A	B	C	D	E	F	G	H
1	编号	书名	1季度	2季度	3季度	4季度	总销量	平均销量
2	0001	红楼梦	20	12	8	18	58	=G2/4
3	0002	财政金融	65	43	34	62	204	51
4	0003	花卉栽培	42	57	25	21	145	36
5	0004	计算机应用	64	88	75	85	312	78
6	0005	西游记	32	26	42	45	145	36
7	0006	财务管理	60	39	28	80	207	52
8	0007	政治经济	46	60	40	55	201	50
9	0008	日常保健	15	19	14	21	69	17
10	0009	战争与和	19	23	18	20	80	20
11	0010	机械制图	16	19	5	16	56	14
12								
13								

图 4-36 　查看公式

4. 单元格引用的形式

在公式中引用单元格有 3 种形式，分别为相对引用、绝对引用和混合引用。

1）相对引用

直接写地址被称为相对引用，在复制、移动公式到目标单元格时，系统根据移动的位置，会自动调整公式中单元格地址。目标单元格的行和列相对原单元格的行与列改变多少，公式中单元格引用的行和列也会改变多少。如图 4-36 所示，H2 单元格中输入的公式为"=G2/4"，当把公式复制到 H3 单元格时，行号增加 1，此时公式中的单元格地址 G2 的行号也会自动加 1。

2）绝对引用

绝对引用是在地址的行号和列号前加"$"，如 $A$1。公式复制到目标位置后，绝对引用的单元格地址的列号和行号保持不变。

【实战 4-15】 在"销量"工作表中，求各类书的销量占总销量的百分比。

因为要计算各类书的销量占总销量的百分比，就要除以汇总销量，所以 G12 单元格必须使用绝对引用。

（1）选中需要计算的第一个单元格 I2，在编辑栏中输入"=G2/$G$12"（见图 4-37），并按 Enter 键，得到《红楼梦》的销量占总销量的百分比。

（2）按住鼠标左键拖动 I2 单元格的填充柄，即可计算出其他书的销量占总销量的百分比。

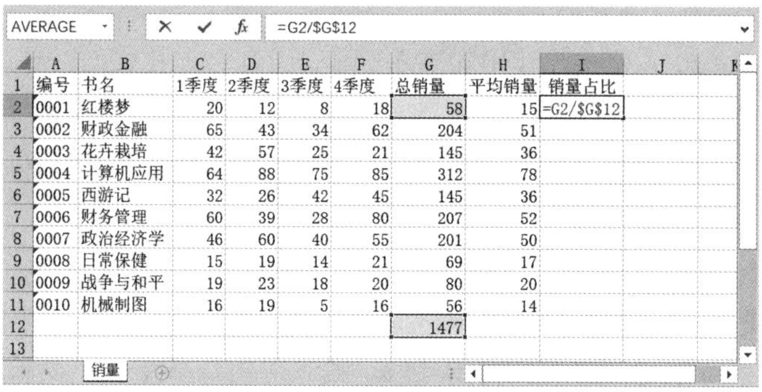

图 4-37　绝对引用

3）混合引用

若在一个单元格引用中，既有绝对引用，又有相对引用，则称之为混合引用。如 $A1,A$1，其中 $A1 表示列位置是绝对不变的，而行位置会随目的位置的变化而变化，A$1 则相反。在图 4-37 中，由于在同一列中复制公式，不调整列号，因此公式也可以写为 G2/G$12，与 G2/$G$12 等价。

5. 使用函数计算数据

Excel 2016 工作表函数简称 Excel 2016 函数，是 Excel 2016 内部预先定义的公式，可以进行各种复杂的计算，包括数学、文本、逻辑的运算，以及查找工作表的信息等。函数的最终返回结果为值。公式是函数的基础，可以说，函数是特殊的公式。

1）函数的构成

Excel 2016 函数通常由函数名、小括号、参数、逗号（半角）构成。调用函数的基本格式为：

函数名（参数 1，参数 2…）

函数执行后返回函数值，即函数运行结果。如 AVERAGE(C2:F2)，其中函数名 AVERAGE 代表函数的功能，表示求平均值。参数可以是常量、单元格引用、单元格区域引用、公式或其他函数，参数之间用逗号（半角）隔开。C2:F2 表示引用 4 个单元格数据。另外，有一些函数比较特殊,仅由函数名和小括号构成,这类函数没有参数,如 ROW() 函数返回当前的行号。

函数只有唯一的名称,不区分大小写。函数名决定了函数的功能。

2)函数的输入

输入函数的方法包括粘贴函数法和直接输入法。使用粘贴函数法由系统做向导,单击编辑栏中的"插入函数"按钮 f_x,打开"插入函数"对话框,双击"选择函数"列表框中的函数名,弹出"函数参数"对话框。在对函数名和函数参数较为熟悉且函数比较简单时,可以直接输入。

【实战 4-16】使用函数计算如图 4-38 所示的"销量"工作表的平均销量。

(1)选中需要输入函数的第一个单元格 H2,单击编辑栏中的"插入函数"按钮 f_x,弹出"插入函数"对话框,默认选择"或选择类别"为"常用函数",在"选择函数"列表框中选择"AVERAGE"选项,单击"确定"按钮。

(2)在弹出的"函数参数"对话框中,选择单元格区域或直接输入"C2:F2",单击"确定"按钮。

(3)按住鼠标左键拖动 H2 单元格的填充柄,即可计算出其他书的平均销量。

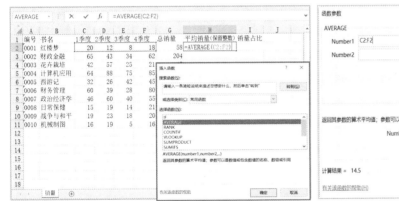

图 4-38 "插入函数"对话框与"函数参数"对话框

3)常用函数

Excel 2016 函数根据功能的不同,可以分为不同类型。在"插入函数"对话框的"或选择类别"下拉列表中有"常用函数""全部""财务""日期与时间""数学与三角""统计""查询与引用""数据库""文本""逻辑""信息""工程""多维数据集""兼容性""Web"多个选项。表 4-5 中列出了部分常用函数的格式和相关描述。在选择函数时,如果不是常用函数,那么可以在"搜索函数"文本框中直接输入函数名,单击"转到"按钮。此外,用户还可以自定义函数。

表 4-5 部分常用函数的格式和相关描述

函 数 名	格 式	相 关 描 述
SUM	SUM(参数 1,参数 2…)	返回所有参数之和
AVERAGE	AVERAGE(参数 1,参数 2…)	返回所有参数的算术平均值
MAX	MAX(参数 1,参数 2…)	返回所有参数中的最大值,忽略逻辑值及文本

续表

函　数　名	格　式	相　关　描　述
MIN	MIN(参数 1,参数 2...)	返回所有参数中的最小值，忽略逻辑值及文本
COUNT	COUNT(参数 1,参数 2...)	返回所有参数中数值类型参数的个数
COUNTIF	COUNTIF(条件，单元格区域)	返回满足给定条件的单元格个数
IF	IF(条件,值 1,值 2)	判断条件，若满足条件则返回值 1，否则返回值 2
RANK	RANK(数字,数字,次序)	返回数字在数据列表中相对于其他数值的升序或降序排名
VLOOKUP	VLOOKUP(搜索值,表区域,返回列)	表区域首列匹配搜索值，确定行号，返回这些行对应的列

【实战 4-17】在"销量"工作表中，使用 IF() 函数填写某本书的销售情况，如果该本书的总销量大于 120，则输入"畅销"，否则不输入任何内容。

（1）在"销量"工作表中选择 H2 单元格，单击编辑栏中的"插入函数"按钮 𝑓ₓ，弹出"插入函数"对话框，在"选择函数"列表框中选择"IF"选项，单击"确定"按钮。

（2）弹出"函数参数"对话框，在"Logical_test"文本框中输入"G2>120"，在"Value_if_true"文本框中输入""畅销""，在"Value_if _false"文本框中输入一个空格，单击"确定"按钮，如图 4-39 所示。

图 4-39　"函数参数"对话框

（3）按住鼠标左键拖动 H2 单元格的填充柄，即可计算出其他书的销售情况。

6. 公式的常见问题

在使用公式和函数计算时，可能得不到正确结果，而是返回一些奇怪的符号。这些符号其实是系统给出的提示代码，用户可以据此找出出错的原因，找到相应的处理方法。以下给出了几种常见的提示代码及处理方法，其他提示代码可以使用 Excel 2016 帮助搜索。此外，系统也提供检测功能，可以选择"公式"→"公式审核"→"错误检查"命令进行检测。

（1）###：若返回值为若干个"#"，则表示数据的宽度超过单元格的宽度，只要加大列宽就可以显示数据。

（2）#NAME?：若返回值为 #NAME?，则表示名称错误。常见的错误有函数名拼写错误、使用了没有被定义的区域或单元格名、引用文本时没有加引号等。其解决办法是认真检查公式，逐步分析上述错误产生的原因。建议初学者在插入函数时使用向导，以减少出现此类错误。

（3）#DIV/0!：当公式中除数为零或有除数为空白的单元格（空白单元格也视为 0）时，返回值为 #DIV/0!。例如，E2=D2/B2，当 B2 的值为 0 时，E2 显示 #DIV/0!。其解决办法是把除数修改为非 0 的数值，或使用 IF() 函数进行控制，把 E2 显示的公式改为 =IF(ISERROR(D2/B2),"", D2/B2)，此时不论 B2 的值是否为 0，公式都不会出错。

其中，ISERROR(value) 函数用于检测参数 value 的值是否为错误值，如果是，那么函数返回 True，反之函数返回 False。

这个公式中用到两个函数，其中 ISERROR(D2/B2) 函数的值用作 IF() 函数的参数，被称为函数的嵌套。此外，函数之间也可以进行计算。

（4）# VALUE!：出现这个结果多数是数据类型或参数不匹配导致的，如函数参数本应是单一值，却提供了一个区域作为参数等。其解决办法是根据具体情况更改，如把文本改为数值，重新引用单元格等。

4.4.4　数据的图表化

图表是图形化的数据，用于把数据按特定的方式组合为点、线、面等图形。图表使得数据的差异对比、变化趋势、占比等一目了然，使数据更加生动、有趣，更易于理解和掌握。图表工具是 Excel 2016 展现、分析数据的重要手段。

1. 图表类型和用途

Excel 2016 提供多种标准的图表类型，每种图表类型又包括若干种子类型，具有多种组合和变换。先选择数据区域，再单击"插入"选项卡的"图表"组右下方的"对话框启动器"，弹出"插入图表"对话框，如图 4-40 所示。

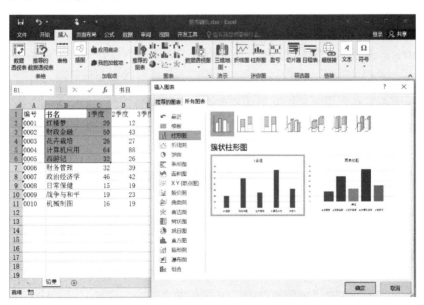

图 4-40　"插入图表"对话框

不同类型的图表有各自的适用场合，表示不同的数据意义。那么在不同类型的图表中，选择哪种图表更合适呢？其一般选择方法为：首先依据数据分析的要求，结合图表用途，选择种类；其次考虑感觉效果和美观性，选择子类型。表 4-6 中列出了一些常见的图表及其主要用途。用户可以根据具体数据和展示要求，选择不同类型的图表。

表 4-6　常见的图表及其主要用途

图　表	主　要　用　途
柱形图、条形图	主要用于比较或显示数据之间的差异
折线图	按时间或类别等间隔地显示数据的变化趋势
饼图	适用于显示数据系列中每项和各项总和的比例关系，只能显示一个数据系列
散点图	多用于科学数据，适用于比较不同数据系列中的数值，以反映数值之间的关联性
面积图	用于显示局部和整体之间的关系，强调幅度值随时间的变化趋势
股价图	用于显示给定时间内一种股票的最高价、最低价和收盘价，多用于金融、商贸等行业描述商品价格、货币兑换率、温度、压力测量等
雷达图	用于显示数据如何按中心点或其他数据变动

2. 图表的创建

创建图表大致分为以下两步。

（1）选择创建图表所需的单元格区域。创建图表后仍可以更改图表的数据源。在打开的"选择数据源"对话框中，可以重新选择图表的数据区域、添加新的数据系列，以及编辑或删除已有的数据系列等，单击"确定"按钮。

（2）在"插入"选项卡的"图表"组中，选择相应的图表类型；或单击"图表"组右下方的"对话框启动器"，在弹出的"插入图表"对话框中，选择相应的图表类型。

生成图表的数据被称为图表的数据源，不论哪种图表，当数据源改变时，图表中对应的数据都会自动改变。图表创建后，如果用户觉得这种类型的图表不能达到预期的效果，那么可以选择"图表工具 / 设计"→"类型"→"更改图表类型"命令更改图表类型。

【实战 4-18】在"销量"工作表中，比较前 5 本书 1 季度和 2 季度的销量。

在比较数值大小时，可以使用柱形图或条形图，这里使用柱形图，步骤如下。

（1）选择前 5 本书 1 季度和 2 季度的销量，即单元格区域 B1:D6。

（2）选择"插入"→"图表"→"柱形图"→"二维柱形图"→"簇状柱形图"命令，即生成嵌入式的二维簇状柱形图，如图 4-41 所示。

3. 图表的组成

1）图表的元素

图表主要由图表区、绘图区、图表标题、数据系列、数据标签、图例等组成，如图 4-42 所示。

（1）图表区：图表中最大的空白区域，是其他图表元素的容器。

（2）绘图区：用于显示图形的矩形区域。

（3）图表标题：用于说明图表内容的文字。

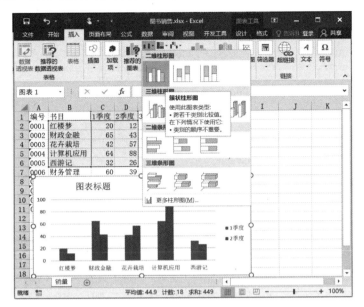

图 4-41　插入簇状柱形图

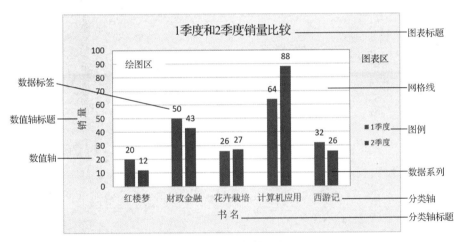

图 4-42　图表的组成

（4）数据系列：同一列（或同一行）数值的集合构成一组数据系列，也就是图表中相关数据点的集合。图表中可以有一组或多组数据系列，多组数据系列之间通常采用不同的图案、颜色或符号来区分。

（5）数据标签：用于表示数据系列，一个数据标签对应一个单元格中的数据。如图 4-42所示，书名为《红楼梦》的柱形上的数据标签，表示 1 季度的销量为 20。

（6）图例：用于指出图表中的符号、颜色或形状，定义数据系列所代表的内容。

要删除图表，可以把鼠标指针移动到图表区，当鼠标指针变成四向箭头时，选中整个图表，按 Delete 键即可。如果在其他位置选择，那么删除的是该位置对应的图表元素。

2）迷你图

Excel 2016 提供了 3 种类型的迷你图，分别是折线图、柱形图和盈亏图。迷你图把简洁的数据微型图表绘制在一个单元格中，以显示数据的变化规律。下面以折线图为例进行说明。

（1）选择"插入"→"迷你图"→"折线图"命令，弹出"创建迷你图"对话框。

（2）在"数据范围"文本框中，选择所需的数据区域。

（3）在"位置范围"文本框中，选择迷你图存放区域，单击"确定"按钮，即可插入迷你图。

要删除某个单元格中的迷你图，应先选中该单元格，再选择"迷你图工具/设计"→"分组"→"清除"→"清除所选的迷你图"命令；要删除迷你图组，应选择"清除所选的迷你图组"命令。

4. 图表工具的应用

创建图表后，在选中图表时，将增加"图表工具/设计"和"图表工具/格式"两个选项卡，如图4-43所示。使用这两个选项卡可以对图表元素进行各种修改。

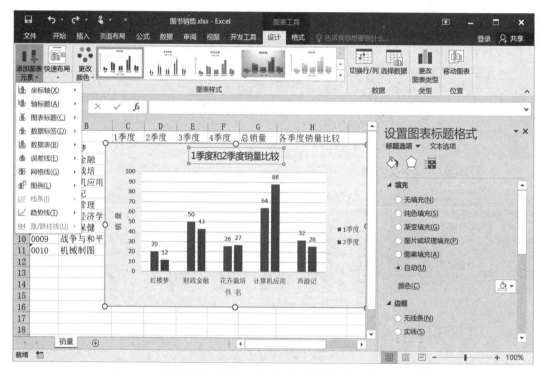

图4-43　"图表工具/设计"选项卡和"图表工具/格式"选项卡

"图表工具/设计"选项卡的主要功能有添加图表元素、选择数据、更改图表类型、移动图表等。"图表工具/格式"选项卡主要用于设置图表元素的形状、大小、填充，以及改变坐标轴的刻度和设置图表格式等。以下列举几个常用的功能。

1）添加图表元素

选择"图表工具/设计"→"图表布局"→"添加图表元素"命令，可以设置图表标题、坐标轴及轴标题、数据标签、图例等。

2）移动图表位置

以对象的形式嵌入当前工作表中的图表，被称为嵌入式图表。此外，单独存放在一个新工作表中的图表，被称为独立式图表。

Excel 2016 默认生成嵌入式图表，也可以设置图表为独立式工作表。其方法为：选中图表，选择"图表工具 / 设计"→"位置"→"移动图表"命令，在弹出的"移动图表"对话框中，选中"新工作表"单选按钮，单击"确定"按钮，此时图表单独存放在一个新工作表 Chart1 中，用户也可以自己输入工作表名。若选中"对象位于"单选按钮，并选择其后面下拉列表中的工作表，则可以把图表嵌入这个工作表。

3）设置图表格式

设置图表格式是指设置图表相关元素的格式，包括字体、字形、字号、颜色、填充方式和阴影效果等。

比较简单的图表格式的设置方法为：直接双击要设置格式的图表元素，在弹出的对话框中对其进行相应的设置。例如，在设置图表标题的格式时，双击标题后，会弹出"设置图表标题格式"对话框，在其中进行设置即可。

4）复制、移动、缩放和删除图表

复制、移动、缩放和删除图表的关键是要选中整个图表，而不是只选中图表中的某个元素。

4.4.5 数据的分析

Excel 2016 提供了很多方法和工具对数据进行全方位分析。其功能集中设置在"插入"选项卡（重点是图表和数据透视表）、"公式"选项卡（重点是函数）和"数据"选项卡中。下面通过"数据"选项卡中的"获取外部数据"组、"排序和筛选"组、"分级显示"组，介绍 Excel 2016 的排序、筛选和分类汇总等数据分析功能。

1. 抓取网络数据

Excel 2016 获取外部数据的命令有"自 Access""自网站""自文本""自其他来源"。选择"自其他来源"命令可以将其他软件中的数据导入 Excel 2016 工作表。选择"自 Access""自文本"命令都是打开已有的数据文件，按照系统引导一步一步导入 Excel 2016，大致操作方法相同。

网站发布的实时数据，常常是统计分析的重要信息源。但是每次都要复制网站上的数据并将其粘贴到 Excel 2016 中，这样操作比较烦琐。实际上，Excel 2016 的"自网站"命令，用于抓取网站数据，并设置自动更新实时数据，非常实用。其操作步骤如下。

（1）打开要抓取数据的网站，复制该网站的网址。

（2）新建一个工作簿，选择"数据"→"获取外部数据"→"自网站"命令。

（3）在弹出的"新建 Web 查询"对话框中，将复制的网址粘贴到地址栏，并单击"转到"按钮。工作簿开始读取网站数据，读取完成后，网站会在"新建 Web 查询"对话框中打开。

（4）在"新建 Web 查询"对话框的左上方会有提示信息 单击(C) ⊞ ，然后单击"导入"(O) ，根据提示信息，先单击网页中"向右箭头"图标，该图标会切换为"打钩"图标，然后单击"导入"按钮，如图 4-44 所示。

（5）在自动弹出的"导入数据"对话框中，选择数据的放置位置，默认设置为 A1 单元格（便于查看），单击"确定"按钮即可。如果单击"属性"按钮，勾选"打开文件时刷新数据"复选框，那么可以设置实时更新 Excel 2016 中的数据。

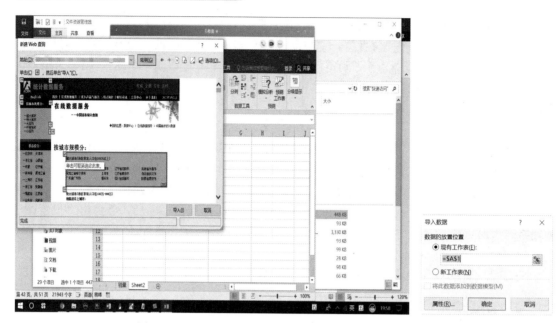

图 4-44　"新建 Web 查询"对话框与"导入数据"对话框

2. 排序

排序是根据某列或某几列的单元格中数值的大小，重新排列数据清单中的记录。系统默认按照列次序排列，也可以按照行次序重新排列。Excel 2016 允许对数据清单中的记录进行升序、降序或多关键字排序。

1）数据清单

数据清单又被称为数据列表，一般指有表头行字段、无空行、无空列的一个连续数据区域。在执行数据库相关功能的过程中，如查询、排序或汇总数据时，Excel 2016 会自动将数据清单视作数据库来对待。

数据清单具有以下特点。

（1）数据清单的每一列被称为一个字段，每一行被称为一条记录，第一行为表头，由若干个字段名组成，其余行是数据列表中的数据。

（2）数据清单中不允许存在空行或空列。

（3）每一列中的内容必须是性质相同、类型相同的数据，如"性别"列中存放的必须全部是性别信息。

2）排序规则

排序分为升序和降序两种。降序是对单元格区域的数据按照从大到小的顺序排列，其最大值位于列顶端，升序则相反。Excel 2016 有默认的排列次序，不同数据类型的排列次序规则如下。

文本：英文字母按其 ASCII 码进行比较，汉字按拼音字母的 ASCII 码进行比较，如 "a">"A"、"张 ">" 李 " 和 " 张三 ">" 张七 "。

数值：按位比较数字大小。注意，文本数字不是数值，如文本 "9">"10"。

日期：按年、月、日数字排列比较大小。

逻辑：False<True。

空白单元格：无论是升序还是降序，空白单元格总放在最后。

3）排序功能

Excel 2016 提供简单排序和多条件排序功能，对应 3 个命令，分别为"降序"命令、"升序"命令、"排序"命令。

简单排序以单列数据为依据进行排序。其方法为：定位到排序列的任意一个单元格（注意不要选中该列），直接选择"降序"命令或"升序"命令，数据清单将按照这一列的值，以行为单位重新排列。

多条件排序有多个排序依据（关键字），使用"排序"命令进行排序。多条件排序可以指定多个关键字，在主要关键字相同时，依据次要关键字排序。其方法为：定位到数据清单中的任意一个单元格，选择"排序"命令，打开"排序"对话框，指定多个关键字，并指定次序即可。

【实战 4-19】在"销量"工作表中，按"总销量"降序排列，当总销量相同时，按"4季度"销量降序排列。

（1）选中"销量"工作表数据区域的任意一个单元格。

（2）选择"数据"→"排序和筛选"→"排序"命令，弹出"排序"对话框。

（3）在"主要关键字"下拉列表中选择"总销量"选项，并在对应的"次序"下拉列表中选择"降序"选项。单击"添加条件"按钮，将添加一行次要关键字，在"次要关键字"下拉列表中选择"4季度"选项，并在对应的"次序"下拉列表中选择"降序"选项，单击"确定"按钮。排序设置和排序结果如图 4-45 所示。

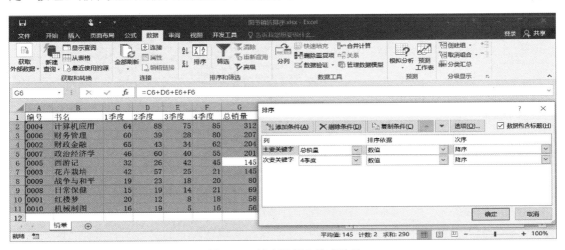

图 4-45　排序设置和排序结果

如果不想让一些行参与排序，那么可以先将这些行隐藏，不论其他行如何排序，隐藏的行的位置不变。

3. 筛选

为了便于查看，可以使用 Excel 2016 的筛选数据功能把工作表中不满足条件的行暂时隐藏（并没有被删除），只显示满足条件的行。当筛选条件被删除后，隐藏的记录会恢复显示。

Excel 2016 提供了两种筛选数据功能，即自动筛选和高级筛选。

1）自动筛选

如果只对一列设置条件或对多列设置条件，多列之间是逻辑与的关系，那么使用自动筛选功能比较简单。注意，如果能使用自动筛选功能，那么尽量不要使用高级筛选功能。

【实战 4-20】在"销量"工作表中，找出总销量大于 100 的名著。

因为条件涉及两列，分别为"类别"列和"总销量"列，为逻辑与的关系，所以可以直接用自动筛选功能。

（1）定位到数据清单中的任意一个单元格或选中全部数据清单。

（2）选择"数据"→"排序和筛选"→"筛选"命令，数据清单中的每个字段名右侧都将出现一个下拉按钮，单击该下拉按钮进行设置。

（3）在"类别"下拉列表中，取消勾选"全选"复选框，勾选"名著"复选框。同时，在"总销量"下拉列表中，选择"数字筛选"→"大于"选项，弹出"自定义自动筛选方式"对话框，设置总销量大于 100，如图 4-46 所示。

（4）单击"确定"按钮，即可显示所有总销量大于 100 的名著。

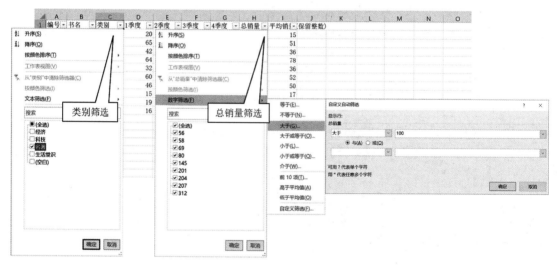

图 4-46　自动筛选

2）高级筛选

在对多个列设置条件时，使用自动筛选功能只能实现逻辑与的筛选。若条件之间是逻辑或的关系，则必须使用高级筛选功能。

在使用高级筛选功能之前，需要在数据清单外先建立一个条件区域，用于指定筛选的数据必须满足的条件。条件区域首行包含的字段名可以从数据清单的字段名中复制获得，条件区域同一行的条件之间是逻辑与的关系，不同行的条件之间是逻辑或的关系。如果几个条件写在同一行，那么等价于自动筛选。

【实战 4-21】在"销量"工作表中，找出所有总销量大于 100 的名著。

因为"类别""总销量"两个条件满足其一即可，即逻辑或的关系，因此必须使用高级筛选功能。

（1）在数据清单外建立条件区域，输入图 4-47 中 C13:D15 单元格区域的条件。

（2）定位到数据清单中的任意一个单元格，选择"数据"→"排序和筛选"→"高级"命令。

（3）在弹出的"高级筛选"对话框中，选中"在原有区域显示筛选结果"单选按钮，"列表区域"（数据筛选区域）选择"$A$1:$H$11"，"条件区域"选择"$C$13:$D$15"，单击"确定"按钮。

（4）复制筛选结果到另一个工作表中。

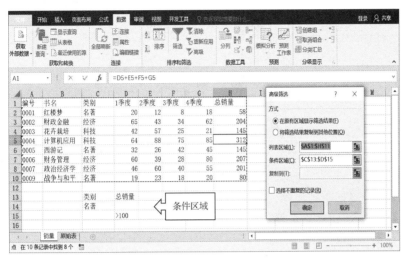

图 4-47　"高级筛选"对话框

在一般情况下，筛选结果在原有区域显示。但有时需要将筛选结果直接筛选到另一个工作表中的某个位置。如果直接复制，那么隐藏数据也会被粘贴。选中"将筛选结果复制到其他位置"单选按钮，在"复制到"文本框中选择位置，单击"确定"按钮之后，会出现错误提示"只能复制筛选过的数据到活动工作表"，怎么解决呢？其实错误提示的意思是要求筛选操作和复制到的位置必须在同一个工作表中。因此，操作要从复制位置开始，定位到空白工作表中的某个单元格，使用高级筛选功能。其余操作步骤与上述基本相同，完成"高级筛选"对话框的设置即可。

4. 分类汇总

分类汇总以数据清单中的一个字段进行分类，对数据列表中的数值字段完成各种统计，如同类数据求和、求平均值、计数、求最大值、求最小值等，同类数据只能有一个结果。

1）分类汇总操作

对数据清单中的字段仅进行一种方式的汇总，被称为简单汇总。对同一字段进行多种方式的汇总，被称为嵌套汇总。特别提醒，在分类汇总前，必须按分类字段排序，使得同类数据放在相邻行，否则同类数据会出现多个结果。

【实战 4-22】在"销量"工作表中，统计各类书的 3 季度销量和总销售的平均值。

题目涉及 3 个字段，其中"类别"字段用于分类，需要先排序。其他两个字段为汇总字段。

（1）定位到"类别"列的任意一个单元格，选择"升序"命令或"降序"命令，使得同类书排在相邻行。

（2）定位到数据清单中的任意一个单元格，选择"数据"→"分级显示"→"分类汇总"命令，弹出"分类汇总"对话框，按照图4-48中的步骤进行操作。

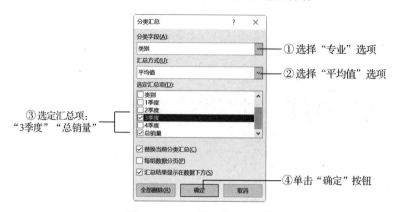

图 4-48　"分类汇总"对话框

如果除了要求各类书3季度、总销量的平均值，还要统计每类书的数量，那么要通过嵌套汇总来完成。其方法为：进行两次分类汇总。完成汇总平均值的操作后，在进行第二次分类汇总时，不用再对类别进行排序，直接打开"分类汇总"对话框，修改"汇总方式"为"计数"，选定一个汇总项，取消勾选"替换当前分类汇总"复选框，单击"确定"按钮，将同时显示两个分类汇总结果，如图4-49所示。

	A	B	C	D	E	F	G	H	I	J	K	L
1	编号	书名	类别	1季度	2季度	3季度	4季度	总销量				
5			经济 计数					3				
6			经济 平均值			34		204				
10			科技 计数					3				
11			科技 平均值			35		171				
15			名著 计数					3				
16			名著 平均值			22.667		94.333333				
18			生活常识 计数					1				
19			生活常识 平均值			14		69				
20			总计数					10				
21			总计平均值			28.9		147.7				
22												

图 4-49　分类汇总结果

2）分类汇总的分级显示

分类汇总的结果以分级的方式显示。第一次分类汇总后，工作表的左上方出现1、2、3级别，每嵌套一个分类汇总增加一个级别。如图4-49所示，有1、2、3、4级别供选择。单击4级别显示所有原始数据和汇总的值；单击3级别显示两个汇总的值；单击2级别仅显示第一个汇总的值；单击1级别只显示总汇总的值。

3）分类汇总的复制与删除

在进行分类汇总后，当把汇总的2级别的结果复制到一个新的数据清单中时，得到的是所有内容。那么怎么才能只复制汇总结果呢？利用组合键Alt+分号。其功能是选择当前屏幕中选定的内容（若没有选定区域则默认选定整个工作表）。先选定想复制的区域，同时按组合键Alt+分号，再选择"复制"命令，并到目标位置选择"粘贴"命令，这样才能复制分类汇总的结果。

要删除分类汇总结果，应先定位到数据清单中的任意一个单元格，选择"数据"→"分级显示"→"分类汇总"命令,在弹出的"分类汇总"对话框中单击"全部删除"按钮。应注意,删除的是汇总结果,原数据不变。

5. 数据透视表

分类汇总只能按一个字段进行分类,并对该字段进行汇总。对于分析大型数据表,常常需要按多个字段进行分类汇总,这时使用分类汇总功能就难以实现。为此,Excel 2016 提供了一个强有力的工具,即数据透视表。数据透视表是一种对大量数据快速汇总和建立交叉列表的交互式表格,不仅可以转换行和列来查看源数据的不同汇总结果,而且可以显示感兴趣区域的明细数据。它提供了一种以不同角度观看数据清单的简便方法。

【实战 4-23】在"一级考试成绩"工作表中,分别按"院系名称"和"性别"统计"理论"与"操作"成绩的平均分。

因为有两个分类字段,即"院系名称"和"性别",所以必须使用数据透视表。

(1)定位到需要建立数据透视表的数据清单中的任意一个单元格。

(2)选择"插入"→"表格"→"数据透视表"命令。

(3)在"创建数据透视表"对话框中,选中"选择一个表或区域"单选按钮,并选择当前数据清单所在的区域,在"选择放置数据透视表的位置"选项组中选中"现有工作表"单选按钮,并在"位置"文本框中选择至少在数据清单末尾空两行以上的某个单元格,单击"确定"按钮。

(4)拖动"院系名称"字段到"行"标签中,并拖动"性别"字段到"列"标签中,将"理论"与"操作"成绩依次拖动到"∑值"标签中,单击字段名右侧的下拉按钮,进行相关设置。"数据透视表字段"设置与结果如图 4-50 所示。

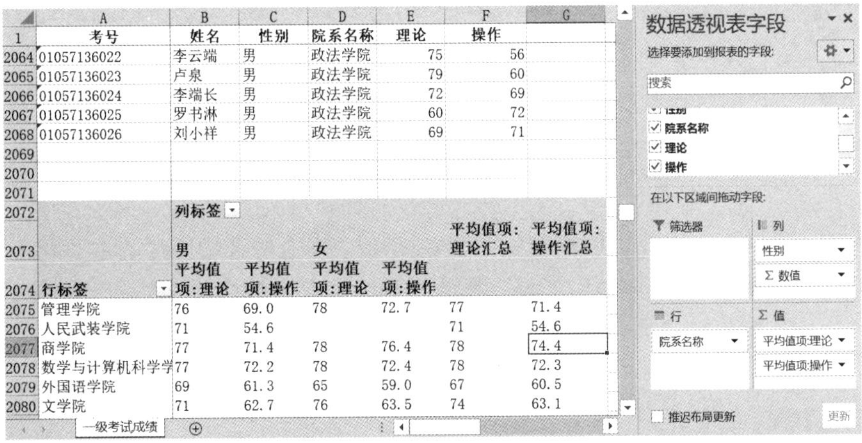

图 4-50 "数据透视表字段"设置与结果

4.5 演示文稿制作与 PowerPoint 2016

演示文稿制作与 PowerPoint 2016

演示文稿适合制作课件、报告和演讲稿等各种文档,广泛应用于各种会议、产品演示、学校教学及广告宣传等场合。PowerPoint 2016 是微软公司推出的 Microsoft Office 2016 的一个组件，可以把静态文件制作成动态文件，使之更生动。

PowerPoint 2016 操作简单、使用方便。一个演示文稿就是一个 PowerPoint 2016 文件，其扩展名为 .pptx。演示文稿由若干张幻灯片组成，每张幻灯片的内容虽各不相同，却相互关联，共同阐述一个演示主题，也就是该演示文稿要表达的内容。在幻灯片中可以添加文字、图片、图形和表格等对象。用户在制作演示文稿时，实际上就是在创建一张又一张的幻灯片。

4.5.1 演示文稿的创建及编辑

1. PowerPoint 2016 的工作界面

PowerPoint 2016 的工作界面如图 4-51 所示。PowerPoint 2016 的工作界面的风格与 Word 2016、Excel 2016 等其他 Microsoft Office 2016 组件的工作界面的风格类似，相同的有快速访问工具栏、标题栏、功能选项卡、功能区、状态栏等，不同的有大纲 / 幻灯片窗格、幻灯片编辑区等。

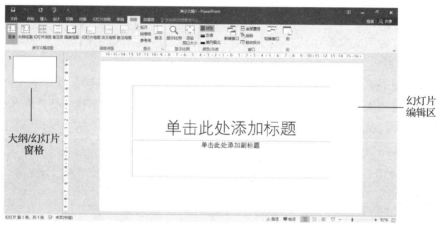

图 4-51　PowerPoint 2016 的工作界面

（1）大纲 / 幻灯片窗格：以缩略图的形式在演示文稿中观看幻灯片的主要场所。

（2）幻灯片编辑区：用于输入文本、编辑文本、插入各种媒体文件和编辑各种效果，是进行幻灯片处理和操作的主要环境。

2. PowerPoint 2016 的视图模式

PowerPoint 2016 提供了普通视图、幻灯片浏览视图、阅读视图和幻灯片放映视图等多种视图模式。除备注页视图外，其他视图均可以使用视图切换按钮来切换不同的视图模式。另外，也可以在"视图"选项卡的"演示文稿视图"组中，选择相应的视图模式。

（1）普通视图：编辑视图，有 3 个工作区，左侧是大纲 / 幻灯片窗格，用于对幻灯片进行选择、移动、复制等操作；右侧是幻灯片编辑区，用于显示当前幻灯片的一个大视图，可以对幻灯片中的内容进行编辑，底端是备注窗格，可以为幻灯片添加备注。

（2）幻灯片浏览视图：把所有幻灯片缩小并排放到屏幕上，用于查看演示文稿的整体效果，以便添加、删除和移动幻灯片。在此视图下不能编辑幻灯片中的具体内容。

（3）阅读视图：用于查看演示文稿。

（4）幻灯片放映视图：用于展示幻灯片中的内容，放映时，幻灯片占满整个屏幕，可以通过按快捷键来切换幻灯片。

3. 创建演示文稿

在 PowerPoint 2016 中创建演示文稿的常用方法有创建空白演示文稿、根据模板创建演示文稿等。

1）创建空白演示文稿

启动 PowerPoint 2016 后，选择"空白演示文稿"选项，即可新建一个空白演示文稿。或者选择"文件"→"新建"命令，选择"空白演示文稿"选项。PowerPoint 2016 会打开一张空白幻灯片，默认为标题幻灯片。

2）根据模板创建演示文稿

PowerPoint 2016 提供的丰富多彩的模板，是系统已经设计好的演示文稿，样式、风格包括幻灯片的背景、装饰图案、版面布局和颜色搭配等都已经设置好。用户可以在此基础上，创建更加出众的演示文稿。在创建演示文稿时选择所需的模板，单击"创建"按钮即可。

4. 编辑演示文稿

由于一个完整的演示文稿往往由多张幻灯片组成，因此新建的演示文稿经常需要进行幻灯片的添加、删除、复制和移动等操作。右击任意一张幻灯片，在弹出的如图 4-52 左图所示的快捷菜单中，选择所需的命令，即可完成对应幻灯片的操作。

> 小知识：要选中多张幻灯片，对于连续的幻灯片可以按住 Shift 键的同时单击首、尾幻灯片，而对于不连续的幻灯片则需要按住 Ctrl 键分别单击。选中幻灯片后，按 Delete 键可以直接删除该幻灯片。

1）版式

版式指的是幻灯片中的内容在幻灯片上的排列方式。版式由占位符组成，占位符显示为一种带有虚线或阴影线边缘的框。在这些框内可以放置标题及正文，或者图表和图片等对象。

在添加新幻灯片时，选择"开始"→"幻灯片"→"新建幻灯片"命令，会向演示文稿中直接添加一张默认的标题和内容版式的幻灯片。如果选择其他版式的幻灯片，那么可以选择"新建幻灯片"命令右侧的下拉按钮或者"版式"命令右侧的下拉按钮，会弹出如图 4-52 右图所示的下拉菜单，在其中选择所需的版式即可。

当选择空白版式时，幻灯片中没有任何占位符，需要先插入其他对象才能输入文字，如文本框等。

2）节

使用节可以让 PowerPoint 2016 的结构更清晰。节相当于一个标题，一节包含一张或数张幻灯片，类似于将幻灯片分门别类地放到不同的文件夹下，整体更直观和便于管理。比如，第一节包含 1～3 张幻灯片，被命名为"港珠澳大桥的重要意义"，第二节被命名为"港珠澳大桥简介"。如果演示文稿内容较多，那么推荐在新建幻灯片时就将节设置好。设置与删除节的方法如下。

（1）设置节：右击左侧任意位置，在弹出的快捷菜单中，选择"新增节"命令，输入节标题。

（2）删除节：右击节标题，在弹出的快捷菜单中，选择"删除节"命令。

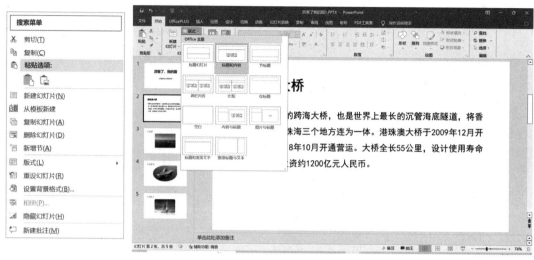

图 4-52　快捷菜单与"版式"下拉菜单

以下列举一些使用节的小技巧。

- 规划整个PowerPoint 2016的框架结构，用节进行分类，以节省制作时间。
- 使用幻灯片浏览模式，根据节标题检查PowerPoint 2016逻辑框架，判断每部分内容的比例，及时调整页面内容及数量。
- 以节为单位，对多个PowerPoint 2016页面进行整体快速移动，设计不同节的多种风格。
- 建立待定页面节，用于存放虽暂时不用但以后可能会使用的幻灯片。

4.5.2　演示文稿的设计与美化

1. 更改幻灯片的主题

主题是 PowerPoint 2016 为帮助用户快速统一演示文稿而提供的一组设置好颜色、字体和效果的选择方案。利用主题，即使不会版式设计的用户，也可以制作出精美的演示文稿。

1）更改主题样式

打开演示文稿，选择"设计"选项卡，单击"主题"组右下角的下拉按钮，在展开的下拉菜单中选择需要使用的主题，可以看到演示文稿中所有幻灯片的颜色、字体和效果均发生了变化，如图 4-53 所示。

> 🎓小知识：如果想要将选定的幻灯片样式更改为某一主题样式，那么可以在下拉菜单中右击所需使用的主题，在弹出的快捷菜单中选择"应用于选定幻灯片"命令。

2）更改主题颜色、字体和效果

主题颜色、字体和效果是构成主题的三大要素。通过设置颜色可以快速更改主题颜色，营造出不同的意境和气氛。此外，可以为演示文稿配置新的个性化字体，满足不同用户的需求。效果是指应用于文件中元素的视觉属性集合，可以指定如何将效果应用于图表、SmartArt 图形、表格、艺术字和文本等中。

图 4-53　更改主题样式

选择"设计"选项卡，单击"变体"组中的下拉按钮，在展开的下拉菜单中选择所需的颜色、字体或效果，即可将当前幻灯片更改为选定的颜色、字体或效果。

2．在幻灯片中添加文本、图片、形状、音频和视频

图文并茂是演示文稿的特色，为了更好地表达演示文稿的主题和内容，用户可以在演示文稿中添加文本、图片、形状、音频和视频，使演示文稿更加丰富。

1）添加文本

在幻灯片中需要先单击插入文本的占位符，再进行输入。其文本编辑的方法与 Word 2016 中文本编辑的方法类似。

> 小知识：如果幻灯片中没有占位符，那么可以先选择"插入"→"文本"→"文本框"命令，添加文本框作为占位符，再添加文本。

2）添加图片

在幻灯片中添加与表达内容相符的图片，可以丰富整个画面，让内容更加容易理解。选择"插入"→"图像"→"图片"命令，在弹出的"插入图片"对话框中选择图片文件，单击"插入"按钮，即可添加图片。

3）添加形状

在编辑幻灯片时，经常会用到示意图形，如箭头、矩形和星形等，可以通过添加形状的方式来添加示意图形。选择"插入"→"插图"→"形状"命令，在展开的"形状"下拉菜单中选择需要使用的形状，即可添加形状。

4）添加音频和视频

在幻灯片中添加音频和视频等元素，可以增加观众对内容的认知，从而增强演示文稿的感染力。可以添加到 PowerPoint 2016 中的音频文件的格式有 MP3、WAV、MID、WMA 等。此外，AVI、MPEG、ASF、MOV 等格式的视频文件也可以插入 PowerPoint 2016。实战 4-24 详细介绍了音频的添加和设置方法（视频的添加和设置方法类似）。

【**实战 4-24**】为演示文稿添加背景音乐"锦绣前程 .mp3"，放映时隐藏音频控制图标。

（1）定位到第一张幻灯片处，选择"插入"→"媒体"→"音频"→"PC 上的音频"命令，在"插入音频"对话框中找到背景音乐文件，单击"插入"按钮，如图 4-54 所示。

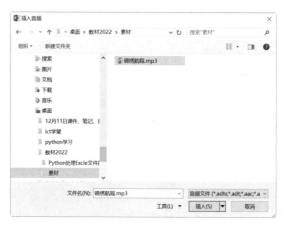

图 4-54　"插入音频"对话框

（2）添加音频后，幻灯片中会显示出一个"小喇叭"对象，并出现"音频工具 / 音频格式"选项卡、"音频工具 / 播放"选项卡。同时，系统自动为此对象添加"播放"效果。

（3）选中幻灯片中的"小喇叭"对象，在"音频工具 / 播放"选项卡中，选择"开始"下拉列表中的"自动"选项，勾选"跨幻灯片播放"和"放映时隐藏"复选框，如图 4-55 所示。也可以单击"动画"选项卡的"动画"组右下方的"对话框启动器"，在弹出的"播放音频"对话框中，对音频播放效果进行详细的设置。

图 4-55　设置音频播放效果

3. 设置幻灯片母版

幻灯片母版是幻灯片层次结构中的顶层幻灯片，用于存储有关演示文稿的主题和版式信息，包括背景、颜色、字体、效果、占位符的大小和位置。每个演示文稿至少包含一个幻灯片母版。修改和使用幻灯片母版可以对演示文稿中的每张幻灯片进行统一的样式更改。PowerPoint 2016 中的母版分为幻灯片母版、讲义母版和备注母版 3 种。

【**实战 4-25**】在演示文稿中添加版权信息"版权所有：广西民族大学"。

（1）选择"视图"→"母版视图"→"幻灯片母版"命令，左侧是幻灯片母版缩略图，将第一张幻灯片设置成所有幻灯片的母版，将其他幻灯片设置成不同版式的母版。

（2）选中第一张母版，单击"插入"选项卡的"文本"组的"文本框"命令下方的下拉按钮，在弹出的下拉菜单中选择"横排文本框"命令，在幻灯片编辑区创建文本框，输入"版权所有：广西民族大学"，如图 4-56 所示。

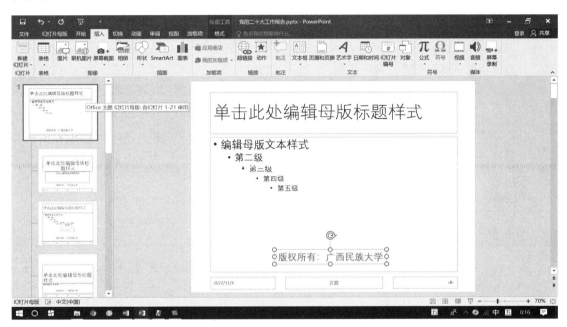

图 4-56　在母版中添加版权信息

（3）选择"关闭母版视图"命令，返回普通视图即可看到每张幻灯片均添加了版权信息。

> 小知识：在幻灯片母版中设置标题，以及文本字体、字号和配色方案等的方法与设置幻灯片母版的方法类似。

4. 设置幻灯片的动态效果

幻灯片中合理的文字、图形、图像等对象的布局能够给观众耳目一新的感觉。为了使演示过程更加生动、有趣，可以设置幻灯片的切换效果和动画效果等。

1）设置幻灯片的切换效果

幻灯片的切换效果是指演示期间从一张幻灯片切换到另一张幻灯片时在幻灯片放映视图中出现的动画效果。添加幻灯片的切换效果后，用户可以控制切换的速度、出现的方向等。

【实战 4-26】为演示文稿的前 5 张幻灯片设置"百叶窗"切换效果，方向为垂直，"换片方式"为"单击鼠标时"。

（1）打开演示文稿，在左侧选中前 5 张幻灯片，选择"切换"选项卡，单击"切换到此幻灯片"组右下方的下拉按钮，在展开的下拉菜单中选择"百叶窗"切换效果，选择"效果选项"为"垂直"，如图 4-57 所示。

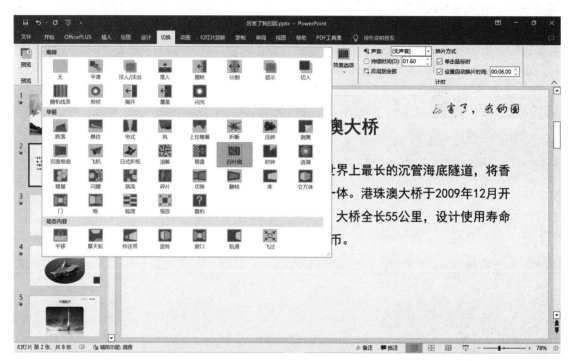

图 4-57　设置切换效果

（2）设置"切换"选项卡的"计时"组中的各项参数，勾选"单击鼠标时"复选框。如果希望演示文稿自动播放，那么可以设置自动换片时间。

（3）选择"幻灯片放映"→"开始放映幻灯片"→"从头开始"命令，进入幻灯片放映视图，即可看到切换效果。

2）设置幻灯片的动画效果

在制作演示文稿的过程中，除了精心组织内容，合理安排布局，还可以设计幻灯片中的文本、图像等各种对象的进入方式和顺序等，以突出重点，控制信息的流程，提高演示的趣味性。其方法是为这些对象应用动画，具体操作步骤如下。

（1）在大纲 / 幻灯片窗格中选中幻灯片，在幻灯片编辑区选定需要设置动画的图片。

（2）选择"动画"选项卡，单击"动画"右下方中的下拉按钮，在展开的下拉菜单中选择所需设置的动画效果，如图 4-58 所示。

（3）选中已经添加动画效果的对象，选择"动画窗格"命令，在弹出的动画窗格中选择"效果选项"选项，弹出动画的具体效果设置对话框，如图 4-59 所示。

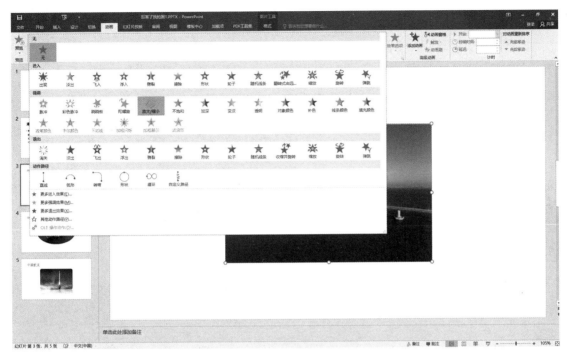

图 4-58　选择动画效果

图 4-59　弹出动画效果的具体设置对话框

（4）在动画效果的具体设置对话框中设置动画的数量、速度、声音等效果。

（5）如果要更改动画效果的开始方式，那么可以在"计时"选项卡中的"开始"下拉菜单中选择一种方式。

"开始"下拉菜单中的具体选项说明如下。

- 单击时：若选择此项，则当幻灯片放映到动画效果序列中的该动画时，单击，开始动画，显示幻灯片的对象；否则将一直停在该动画。
- 同时：若选择此项，则该动画效果和前一个动画效果同时发生。
- 之后：若选择此项，则该动画效果将在前一个动画效果播放完成时发生。

> 小知识：完成了所有的动画效果设置后，可以在动画窗格中通过单击"上移"按钮 ▲ 和"下移"按钮 ▾ 来调整动画的播放顺序。

5. 设置幻灯片的超链接

超链接是控制演示文稿播放的一种重要手段，利用超链接，可以跳转到当前演示文稿的某一张幻灯片或跳转到其他演示文稿、磁盘文件、网页、电子邮件地址、其他应用程序等中。超链接可以建立在任何幻灯片对象上，如文本、形状、图片、图表等。

1）插入超链接

（1）选定需要设置超链接的对象。

（2）选择"插入"→"链接"→"超链接"命令，打开"插入超链接"对话框，如图 4-60 所示。

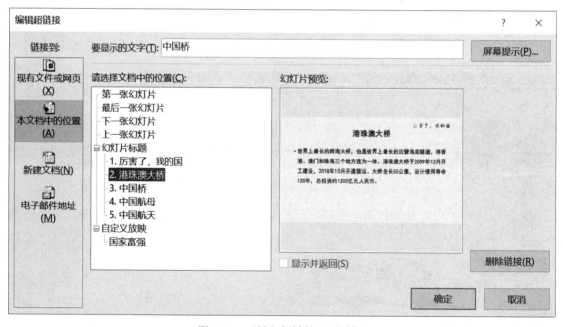

图 4-60　"插入超链接"对话框

在"插入超链接"对话框中可以完成如下设置。

- 现有文件或网页：超链接到其他文档、应用程序或由网址决定的网页上。
- 本文档中的位置：超链接到本文档的其他幻灯片上。
- 新建文档：超链接到一个新的文档上。
- 电子邮件地址：超链接到一个电子邮件地址上。

2）设置超链接

【**实战 4-27**】为演示文稿目录的文字设置超链接，要求播放时单击可以跳转到指定幻灯片上。

（1）选定需要设置超链接的对象。

（2）选择"插入"→"链接"→"动作"命令，打开"操作设置"对话框。

（3）选中"超链接到"单选按钮，并选择超链接的位置，如图 4-61 所示。

3）删除超链接

右击已设置好超链接的对象，在弹出的快捷菜单中选择"删除链接"命令。

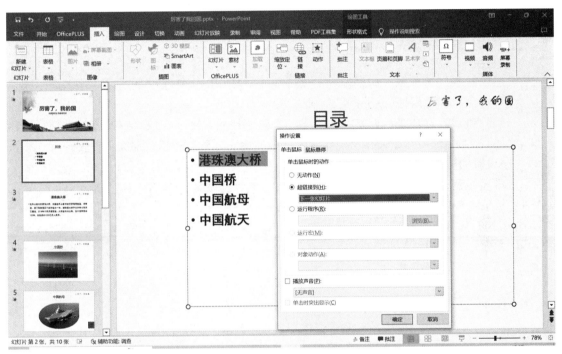

图 4-61 设置超链接

4.5.3 演示文稿的放映

制作演示文稿的最终目的是将演示文稿放映或展示给观众，PowerPoint 2016 提供了多种放映方式，用户可以根据创作用途、放映环境或观众需求，选择合适的放映方式。

1. 设置放映方式

设置放映方式的具体操作步骤如下。

（1）选择"幻灯片放映"→"设置"→"设置幻灯片放映"命令，弹出如图 4-62 所示的"设置放映方式"对话框。

（2）选择所需的放映类型、放映选项和换片方式等，单击"确定"按钮即可。

- "放映类型"选项组：用于选择演示文稿的不同放映形式，其中"演讲者放映（全屏幕）"方式是默认的全屏幕放映方式，通常用于演讲者亲自讲解的场合。

图4-62 "设置放映方式"对话框

- "放映选项"选项组：如果勾选"循环放映，按ESC键终止"复选框，那么演示文稿将循环放映，直到按Esc键退出放映。
- "换片方式"选项组：如果选中"手动"单选按钮，那么在放映中通过单击切换演示文稿；如果选中"如果存在排练时间，则使用它"单选按钮，那么可以使演示文稿按照设置的排练计时自动切换。
- "多监视器"选项组：用于设置演示文稿在多台监视器上放映。
- "分辨率"下拉列表：用于设置演示文稿的分辨率。

（3）选择"幻灯片放映"→"开始放映幻灯片"→"从头开始"命令或单击"幻灯片放映"按钮，开始放映幻灯片。若要停止幻灯片的放映，则按Esc键或右击，在弹出的快捷菜单中，选择"结束放映"命令。

2. 自定义放映

所谓自定义放映，即由用户从演示文稿中挑选若干张幻灯片，组成一个较小的演示文稿，为其定义一个放映名称，作为独立的演示文稿来放映。

【实战4-28】从演示文稿中选取第1、2、5、6、7张幻灯片播放，放映名称为"内容摘要"。

（1）选择"幻灯片放映"→"开始放映幻灯片"→"自定义幻灯片放映"→"自定义放映"命令，弹出"自定义放映"对话框，如图4-63左图所示。

（2）单击"新建"按钮，弹出"定义自定义放映"对话框，勾选需要放映的幻灯片的复选框，单击"添加"按钮，并在列表框中调整放映顺序，单击"确定"按钮即可，如图4-63右图所示。

图4-63 "自定义放映"对话框和"定义自定义放映"对话框

3. 设置排练计时

所谓排练计时，就是让讲演者在正式放映演示文稿之前先进行排练，预先放映演示文稿，PowerPoint 2016 自动记录每张幻灯片的放映时间。在正式放映时，可以让演示文稿在无人控制的情况下按照排练时间自动播放。设置排练计时的操作步骤如下。

（1）选择"幻灯片放映"→"设置"→"排练计时"命令。

（2）系统进入放映排练计时状态，幻灯片将全屏放映，同时打开"录制"工具栏，自动为该幻灯片计时，如图 4-64 所示。此时可以通过单击或按 Enter 键放映下一个对象。

（3）系统按照同样的方式对演示文稿中的每张幻灯片放映时间进行计时，放映完成后会提示总排练时间，并询问是否保留新的幻灯片计时，单击"是"按钮进行保存。

（4）选择"幻灯片放映"→"设置"→"设置幻灯片放映"命令，在弹出的"设置放映方式"对话框的"换片方式"选项组中选中"如果存在排练时间，则使用它"单选按钮。

（5）选择"幻灯片放映"→"开始放映幻灯片"→"从头开始"命令，将按照排练好的时间自动播放演示文稿。

图 4-64　设置排练计时

4.5.4　演示文稿的打印

打印演示文稿即将制作完成的演示文稿按照要求通过打印设备输出并呈现到纸张上。它不仅可以方便观众更好地理解演示文稿传达的信息，而且有助于演讲者日后的回顾与整理。在打印演示文稿前，需要进行页面设置和打印参数选项的设置。

1. 页面设置

（1）选择"设计"→"自定义"→"幻灯片大小"→"自定义幻灯片大小"命令，弹出如图 4-65 所示的"幻灯片大小"对话框。

（2）在"幻灯片大小"对话框中设置幻灯片编号起始值、高度、宽度、幻灯片的打印方向、备注、讲义和大纲的打印方向等，单击"确定"按钮即可。

2. 打印参数选项的设置

打印演示文稿有幻灯片、讲义和大纲等多种形式。

（1）选择"文件"→"打印"命令，弹出如图 4-66 所示的打印设置窗口。

（2）在打印设置窗口中选择打印机类型、打印范围及打印形式，单击"打印"按钮即可。

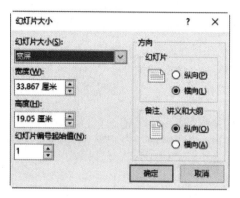

图 4-65　"幻灯片大小"对话框

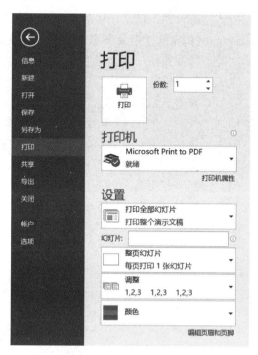

图 4-66　打印设置窗口

思考与练习

1. 计算机文字处理的实质是什么？

2. 文字处理过程包含哪几个方面？

3. 简要介绍启动与退出 Word 2016 的方法。

4. Word 2016、Excel 2016、PowerPoint 2016 各有几种视图？它们各有什么特点？

5. Microsoft Office 2016 文件的保存与另存为有什么区别？

6. 什么是节？如何在 Word 2016 的一个文档中设置两种页码格式？

7. 如何选定一行、一个自然段、一个矩形区域或整篇文档？

8. 插入表格的常用方法有哪些？

9. 如何在文档中插入图片？图片的环绕方式有哪些？

10. 简述 Excel 2016 的工作簿、工作表与单元格之间的关系。

11. 如何输入学号、身份证号码等文本类型数据？如何设置单元格的条件格式？

12. 如何进行工作表的插入、删除、移动、复制、更名和隐藏操作？

13. 在 Excel 2016 单元格中输入公式或函数时，应以什么号开头？常见的函数有哪几种？

14. 什么是单元格的相对引用、绝对引用和混合引用？它们之间有何联系与区别？

15. Excel 2016 图表主要由哪些元素组成？请简述创建图表的操作步骤。

16．什么是数据清单？数据清单有什么特点？Excel 2016 对数据清单的管理操作有哪些？

17．什么是简单排序与多条件排序？请简述多条件排序的操作过程。

18．什么是数据筛选？请简述自动筛选与高级筛选的基本过程。

19．在对数据进行分类汇总前，首先要完成什么操作？请简述分类汇总的操作过程。

20．什么是数据透视表？数据透视表与分类汇总有何不同？

21．演示文稿与幻灯片有什么区别与联系？

22．PowerPoint 2016 有哪几种视图模式？如何切换不同的视图模式？

23．创建演示文稿有哪几种方法？

24．什么是幻灯片的主题？如何将演示文稿中的所有幻灯片更改为统一的主题？

25．如何在幻灯片中添加文本、图片、形状、视频等多种媒体对象？

26．PowerPoint 2016 母版有哪几种？修改母版对演示文稿中的幻灯片有什么影响？

27．幻灯片切换和幻灯片动画有什么区别？如何设置幻灯片切换和幻灯片动画？

28．PowerPoint 2016 的超链接可以跳转到哪些对象上？如何设置幻灯片的超链接？

29．如何设置演示文稿的放映方式？怎样实现演示文稿在无人控制时自动播放？

30．演示文稿的打印步骤是什么？

第5章

网络与信息安全

教学目标：

通过学习本章内容，了解计算机网络概述、计算机网络组成、局域网应用、Internet 应用、计算机信息安全与计算机病毒相关知识。

教学重点和难点：

- 计算机网络的分类及计算机网络体系结构。
- 网络硬件
- 局域网应用、Internet 应用。
- 计算机信息安全技术。
- 计算机病毒的防治。

随着社会经济与科技的发展，计算机网络也在飞速发展。计算机网络由最初的军用逐渐扩展到商用、民用，渗透至人们生活的方方面面，在各个领域都发挥着巨大的作用。网络的发展带动社会进入一个网络互联的时代。

5.1 计算机网络概述

计算机网络概述

5.1.1 计算机网络的发展

计算机网络是利用通信设备和传输介质（Transmission Medium），将分布在不同地理位置上的具有独立功能的计算机相互连接，在网络协议控制下进行信息交流，实现资源共享和协同工作，以资源共享为主要目的。

计算机网络出现的历史不长但发展很快，计算机网络的发展大致可以分为以下 4 个阶段。

1. 诞生阶段

20 世纪 60 年代中期之前的第一代计算机网络是以单个计算机为中心的远程联机系统。其典型应用是由一台计算机和美国 2000 多个终端组成的飞机订票系统，终端是一台计算机的外部设备，包括显示器和键盘，无 CPU 和内存。随着远程终端的增多，在主机前增加了前端机（FEP）。当时，人们把计算机网络定义为"以传输信息为目的而连接起来实现远程信息处理或进一步达到资源共享的系统"，但这样的通信系统已具备了网络雏形。

2. 形成阶段

20 世纪 60 年代中期至 70 年代的第二代计算机网络是以多个主机通过通信线路互相连接起来，为用户提供服务的。其典型应用是美国国防部高级研究计划局协助开发的 ARPAnet。主机之间不是直接用线路连接的，而是由接口报文处理机（IMP）转接后互相连接的。IMP 和它们之间连接的通信线路一起负责主机之间的通信任务，构成了通信子网。通信子网互联的主机负责运行程序，提供资源共享，组成资源子网。这个时期，计算机网络被定义为"以能够相互共享资源为目的互相连接起来的具有独立功能的计算机之集合体"。

3. 互联互通阶段

20 世纪 70 年代末至 90 年代的第三代计算机网络是具有统一的网络体系结构并遵循国际标准的开放性的标准化网络。ARPAnet 兴起后，计算机网络发展迅猛，各大计算机公司相继推出自己的网络体系结构及实现这些结构的产品。由于没有统一的标准，因此不同厂商的产品之间连接很困难，此时人们迫切需要一种开放性的标准实用网络环境，这样就应运而生了两种国际通用的重要体系结构，即 TCP/IP 和 OSI。

4. 高速网络技术阶段

20 世纪 90 年代末至今的第四代计算机网络是由于局域网技术发展成熟出现的光纤及高速网络、多媒体网络、智能网络。整个网络就像一个对用户透明的大的计算机系统，发展为以 Internet 为代表的互联网。

概括来讲，计算机网络的发展过程为第一阶段是以单个计算机为中心的远程联机系统，构成面向终端的计算机通信网络；第二阶段是多个自主功能的主机通过通信线路连接，形成资源共享的计算机网络；第三阶段是具有统一的网络体系结构、遵循国际标准化协议的计算机网络；第四阶段是向互联、高速、智能化方向发展的计算机网络。图 5-1 所示为一个简单的计算机网络系统。它将计算机、打印机和其他外部设备连接成一个整体。

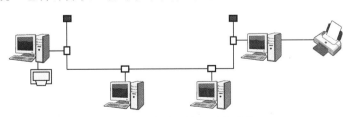

图 5-1　简单的计算机网络系统

> 📖 小知识：一个开放性的标准网络的著名例子是 Internet。它对任何计算机系统开放，只要遵循 TCP/IP，就可以接入 Internet。

5.1.2 计算机网络的基本功能

计算机网络的基本功能是实现资源共享、信息交流和协同工作。各种特定的计算机网络具有不同的功能。其主要功能集中在以下 5 个方面。

1. 资源共享

资源共享是指网络中的用户可以部分或全部使用计算机网络资源。计算机网络资源指硬件资源、软件资源和信息资源。硬件资源有交换设备、路由设备、存储设备、网络服务器设备等。例如，网络硬盘可以为用户免费提供数据存储空间。软件资源有网站服务器、文件传输服务器、邮件服务器等，它们为用户提供网络后台服务。信息资源有网页、论坛、数据库、音频和视频文件等，它们为用户提供新闻浏览、电子商务等功能。资源共享可以使网络用户互通资源有无，大大提高网络资源的利用率。

2. 信息交流

计算机网络使用传输线路将各台计算机相互连接，完成网络中各个节点之间的通信，为用户相互之间交换信息提供快捷、方便的途径。在计算机网络中，信息交流可以使用交互方式进行，主要有网页、邮件、论坛、即时通信、视频点播等形式。

3. 集中管理

计算机网络技术的发展和应用，已使得现代的办公手段、经营管理等发生了变化。目前，已经有许多管理信息系统、办公自动化系统等，通过这些系统可以实现日常工作的集中管理，提高工作效率，增加经济效益。

4. 分布式处理

分布式处理可以将大型综合性的复杂任务分配给网络系统内的多台计算机协同并行处理，从而平衡各台计算机的负载，提高效率。对解决复杂问题来说，联合使用多台计算机并构成高性能的计算机体系，这种协同工作、并行处理方式产生的开销要比单独购置高性能的大型计算机产生的开销少得多。当某台计算机负载过重时，网络可以将任务转交给空闲的计算机来完成，这样能均衡各台计算机的负载，提高计算机处理问题的能力。

5. 提高系统可靠性

在不同计算机中同时存储比较重要的软件资源和数据资源时，如果某台计算机出现故障，那么可以由其他计算机网络中的副本或由其他计算机代替工作，从而保障系统的可靠性和稳定性。

5.1.3 计算机网络的分类

计算机网络有多种分类方法,这些分类方法从不同角度体现了计算机网络的特点。常见的分类方法是 IEEE(电气与电子工程师协会)根据网络通信涉及的地理范围进行划分,将计算机网络分为局域网(Local Area Network,LAN)、城域网(Metropolitan Area Network,MAN)和广域网(Wide Area Network,WAN)。

1. 局域网

局域网是在有限的地理区域内构成的计算机网络,通常在一幢建筑物内或相邻几幢建筑物之间,数据传输速率不低于几兆位每秒。光通信技术的发展使得局域网覆盖范围越来越大,往往将直径达数千米的一个连续的园区网(大学校园网、智能小区网等)也归纳到局域网的范围中。局域网广泛采用以太网(Ethernet)技术。

2. 城域网

城域网是在整个城市范围内创建的计算机网络,往往由许多大型局域网组成。其重要用途之一是作为骨干网,主要为个人用户、企业局域网用户提供网络接入,并将用户信号转发到 Internet 中。有线电视网络用于传送电视节目的模拟信号,是城域网的典型例子。城域网和局域网的应用如图 5-2 所示。

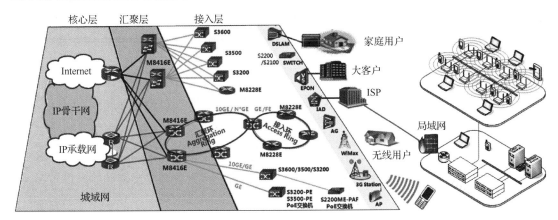

图 5-2 城域网和局域网的应用

3. 广域网

广域网的覆盖范围通常在数千千米以上,一般由在不同城市之间的局域网或城域网互联而成。广域网一般采用光纤进行信号传输,网络主干线路数据传输速率非常高,网络结构较为复杂。Internet 是目前世界上最大的广域网。此外,CERNet2(第二代中国教育和科研计算机网)也是广域网。其主干网基本结构如图 5-3 所示。

计算机网络的分类还可以按以下方式划分。

(1)按通信方式划分,计算机网络分为点对点传播网络和广播传播网络。

(2)按传输介质划分,计算机网络分为有线网络和无线网络。

（3）按信号传输形式划分，计算机网络分为基带传输网络和宽带传输网络，基带传输网络用于传输数字信号，宽带传输网络通常采用频分复用技术同时传输多路模拟信号。

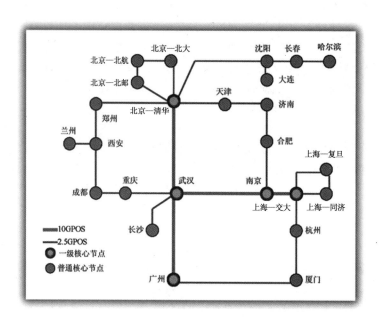

图 5-3　CERNet2 主干网基本结构

5.1.4　计算机网络体系结构

计算机网络体系结构描述各个网络部件之间的逻辑关系和功能，从整体角度抽象地定义计算机网络的构成，并给出计算机网络协调工作的方法和必须遵守的规则。

1. 网络协议

在计算机网络中有一套关于信息传输顺序、信息格式和信息内容等的规则、标准或约定，使得接入网络的各种类型的计算机之间能正确传输信息。这些规则、标准或约定被称为网络协议。

网络协议的内容至少包含 3 个要素，即语法、语义和时序。语法规定数据与控制信息的结构或格式，解决"怎么讲"的问题；语义规定控制信息的具体内容，以及通信双方应当如何做，主要解决"讲什么"的问题；时序规定计算机操作的执行顺序，以及通信过程中的速度，主要解决"顺序和速度"的问题。

2. 网络协议的分层

为了减小网络协议的复杂性，设计人员把网络通信问题划分为许多小问题，并为每个小问题设计一个协议，这样使得每个协议的设计、分析、编码和测试都比较容易。按照信息的流动过程，可以将网络的整体功能划分为多个不同的功能层。每一层都有相应的协议，相邻层之间的协议被称为接口。在分层处理后，相似的功能出现在同一层内，每一层仅与相邻上、下层之间通过接口通信，使用下一层提供的服务，并为它的上一层提供服务。

为避免网络协议的分层带来负面影响，分层结构通常要遵循一些原则，如层次数量不能过多，只有在真正需要时才划分一个层次；层次数量不能过少，要保证能从逻辑上将功能分开，不同的功能不要放在同一层，功能类似的服务应放在同一层。

3. 网络体系结构

网络协议的层次化结构模型和集合被称为网络体系结构。出于各种目的，许多计算机厂商在研究和发展计算机网络体系结构时，相继发布了自己的网络体系结构，其中一些网络体系结构在工程中得到了广泛应用，也有一些网络体系结构被国际标准化组织（ISO）采纳，成为计算机网络的国际标准。常见的计算机网络体系结构有 OSI 和 TCP/IP 等。

OSI 是国际标准化组织提出的作为发展计算机网络的指导性标准，只是技术规范，而不是工程规范。TCP/IP 是在 Internet 上采用的性能卓越的网络体系结构，并成为事实上的国际标准。图 5-4 所示为 OSI 模型与 TCP/IP 模型和主要协议之间的关系。

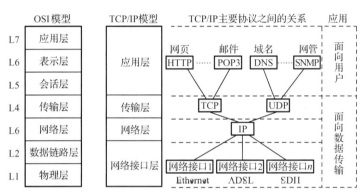

图 5-4　OSI 模型与 TCP/IP 模型和主要协议之间的关系

OSI 模型各个功能层的基本功能如下。

（1）物理层规定在一个节点内如何把计算机连接到通信介质上，规定机械的、电气的功能。该层负责建立、保持和拆除物理链路；规定如何在此链路上传送原始比特流，比特如何编码，使用的电平和极性、连接插头、插座的插脚如何分配等。在物理层中，数据的传送单位是比特。

（2）数据链路层在物理层提供比特流服务的基础上，建立相邻节点之间的数据链路，通过差错控制提供数据帧在信道上进行无差错的传输，并进行各电路上的动作系列。该层的作用包括物理地址寻址、数据成帧、流量控制、数据检错和重发等。

（3）网络层的任务就是选择合适的网络之间的路由和交换节点，确保由数据链路层提供的帧封装的数据包及时传送。该层的作用包括地址解析、路由、拥塞控制、网际互联等。在网络层中，数据的传送单位是分组或包（Packet）。

（4）传输层用于为源主机与目的主机程序之间提供可靠的、透明的数据传输服务，并给端到端的数据通信提供最佳性能。在传输层中，数据的传送单位是报文（Message）。

（5）会话层用于提供包括访问验证和会话管理在内的建立与维护应用之间通信的机制，如服务器验证用户登录便是由会话层完成的。

（6）表示层用于解决用户信息的语法表示问题，即提供格式化的表示和转换数据服务，如数据的压缩和解压缩、加密和解密等工作都由表示层负责。

（7）应用层用于处理用户的数据，完成用户所希望的实际任务，由用户程序（应用程序）组成。

5.2 计算机网络组成

计算机网络组成

5.2.1 计算机网络的逻辑及系统组成

计算机网络是计算机应用的高级形式，是一个非常复杂的系统。由于网络应用范围、目的、规模、结构及采用技术不同，因此网络的组成也不同。但对用户而言，计算机网络可以看作一个透明的数据传输机构，用户在访问网络中的资源时不必考虑网络的存在。

1. 计算机网络的逻辑组成

从网络逻辑角度来看，所有计算机网络都由两级子网组成，即资源子网和通信子网，如图 5-5 所示。两级子网有不同的结构，能够完成不同的功能。

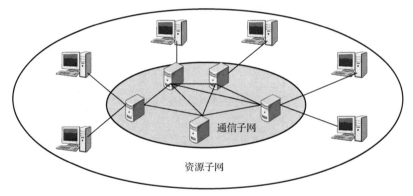

图 5-5 计算机网络的逻辑组成

通信子网处于网络的内层，是由通信设备和通信线路组成的独立的数据通信系统，负责完成网络数据的传输和转发等通信处理任务，即将一台计算机的输出信息传送到另一台计算机上。当前，通信子网一般由路由器、交换机和通信线路组成。

资源子网又称用户子网，处于网络的外层，由主机、终端、外部设备、各种软件资源和信息资源等组成，负责网络外层的信息处理，向网络投入可供用户选用的资源。资源子网通过通信线路连接到通信子网。

2. 计算机网络的系统组成

从网络系统角度来看，计算机网络可以划分为网络硬件和网络软件两部分。网络硬件的选择对网络的性能起着决定性的作用，而网络软件则是支持网络运行、利用网络资源的工具。

5.2.2　网络硬件

网络硬件是计算机网络系统的物质基础。要构成计算机网络系统，首先要将各网络硬件连接起来，实现物理连接。不同的计算机网络系统在硬件方面是有差别的。随着计算机技术和网络技术的发展，网络硬件日趋多样化和复杂化，且功能越来越强大。常见的网络硬件有计算机、网络适配器（Net Interface Card，NIC）、传输介质、网络互联设备等。

1. 计算机

网络环境中的计算机，包括微型计算机、大型计算机、其他数据终端设备等。根据计算机在网络中的服务性质，可以将其划分为服务器和工作站两种。

服务器是指在网络中承担一定的数据处理任务和向网络用户提供资源的计算机。服务器运行网络操作系统，是网络运行、管理和提供服务的中枢，直接影响着网络的整体性能。

工作站是指连接到网络上的计算机。工作站只是一个接入网络的设备。它的接入和断开不会对网络系统产生影响。在不同网络中，工作站有时也被称为"客户机"。

2. 网络适配器

网络适配器俗称网卡，用于连接计算机与网络，通常插在计算机总线插槽内或连接到某个外部接口上，进行编码转换和收发信息。目前，计算机主板都集成了标准的以太网卡，不需要另外安装网卡。图 5-6 所示为计算机网络接口和网卡。

网线接头　主机RJ-45接口　　　　主板集成网卡芯片　　　　　　服务器独立光纤网卡

图 5-6　计算机网络接口和网卡

3. 传输介质

传输介质是将信息从一个节点向另一个节点传送的连接线路实体。

常用的传输介质有双绞线、同轴电缆、光纤和无线传输介质 4 种。

1）双绞线

双绞线由 4 对相互绝缘的绞合在一起的铜线组成，如图 5-7（a）所示。双绞线价格低廉，易于安装，但在传输距离和传输速率等方面受到一定的限制。双绞线因为具有较高的性价比，所以目前被广泛使用。一般局域网中常见的网线是五类、超五类、六类非屏蔽双绞线。双绞线的两端都必须安装 RJ-45 连接器（水晶头）。

2）同轴电缆

同轴电缆以硬铜线为芯，外包一层绝缘材料，如图 5-7（b）所示。这层绝缘材料用密织的网状导体环绕，网外覆盖一层保护性材料。同轴电缆比双绞线的抗干扰能力强，可以进行更长距离的传输。同轴电缆按直径分为粗缆和细缆两种。

3）光纤

光纤即光导纤维，采用非常细且透明度较高的石英玻璃纤维作为纤芯，外涂一层低折射率的包层和保护层，如图 5-7（c）所示。光纤通信容量大，数据传输速率高，抗干扰性和保密性好，传输距离长，在计算机网络布线中被广泛应用。光纤分为单模光纤和多模光纤两种。

（a）双绞线　　　　　　（b）同轴电缆　　　　　　（c）光纤

图 5-7　几种常用的传输介质

4）无线传输

无线传输常用于有线传输介质铺设不便的地理环境中或作为地面通信的补充。无线传输有微波、红外线和激光等点对点通信，以及大范围卫星通信。

4. 网络互联设备

1）中继器

中继器（Repeater）工作在 OSI 模型的物理层，用于连接使用相同介质访问和具有相同数据传输速率的局域网，如图 5-8（a）所示。它具有信号放大、再生等功能。使用中继器加长网络距离比较简单。中继器价格低廉。由于当负载增加时，中继器的网络性能会急剧下降，因此只有在网络负载很少或网络延时要求不高的条件下才能使用中继器。

2）集线器

集线器（Hub）又称多端口中继器，作用是将一个端口接收到的所有信息分发到各个网段中，如图 5-8（b）所示。它能提供多个端口服务，在各个端口之间连接传输介质。

3）网桥

网桥（Bridge）又称桥接器，工作在 OSI 模型的数据链路层，如图 5-8（c）所示。它用于连接类型或结构相似的两个局域网，具有信号过滤和转发的功能。

4）交换机

交换机（Switch）工作在 OSI 模型的数据链路层，用于连接类型或结构相似的多个局域网，如图 5-8（d）所示。它除了有数据交换功能，还有路由选择功能。交换机是目前比较热门的网络设备之一，取代了集线器和网桥。

5）路由器

路由器（Router）工作在 OSI 模型的网络层，是为多个独立的子网之间提供连接服务的存储或转发设备，主要任务是选择路径，如图 5-8（e）所示。在实际应用中，路由器通常作为局域网与广域网连接的设备。

6）网关

网关（Gateway）又称协议转换器，工作在 OSI 模型的高层（传输层以上），是软件和硬件结合的产品，用于不同协议的网络之间的互联，在网络中起着高层协议转换的作用。它是比较复杂的网络互联设备。目前，网关是在网络中用户访问大型主机的通用工具。

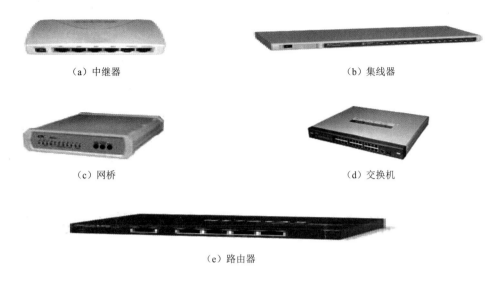

（a）中继器　　　　　　　　　　　　　　　　　　（b）集线器

（c）网桥　　　　　　　　　　　　　　　　　　（d）交换机

（e）路由器

图 5-8　网络互联设备

5.3　局域网应用

局域网应用

局域网是指在某一区域内（一般在方圆几千米以内）由多台计算机连接而成的计算机组，是目前比较常见的一种计算机网络。

5.3.1　局域网概述

1. 局域网国际标准

局域网是覆盖范围仅限于有限区域的计算机通信网络，被一个部门或单位拥有，规模小，网络结构多样，性能高，软件和硬件有所简化，通常采用广播方式传输数据。

局域网采用 IEEE 802 系列标准，经国际标准化组织确认后成为 ISO 802 标准。IEEE 802标准由电气与电子工程师协会专门成立的一个局域网标准化委员会（IEEE 802 委员会）提出。目前，在 IEEE 802 系列标准中局域网使用较为广泛的是 IEEE 802.3 系列标准和 IEEE 802.11系列标准。

每台计算机内部都有一个全球唯一的物理地址，这个地址又被称为 MAC 地址。IEEE 802.3 系列标准规定的 MAC 地址为 48 位，这个 MAC 地址固化在计算机网卡中，用以标识全球不同的计算机。MAC 地址有 6 字节的信息，常用十六进制数表示。

2. 以太网

以太网是指各种采用 IEEE 802.3 系列标准组建的局域网。以太网是有线局域网，具有性能高、成本低、技术成熟和易于维护管理等优点，是目前应用较为广泛的一种局域网。

目前，常用的局域网是以 IEEE 802.3u 标准为基础的 100Base-T 以太网，如图 5-9 所示。它在物理上是一种以集线器 / 交换机为中心的星形拓扑结构，而在逻辑上则是一种总线结构。它采用非屏蔽双绞线（UTP）连接，以基带信号（数字信号）传输，传输速率为 100Mbps。

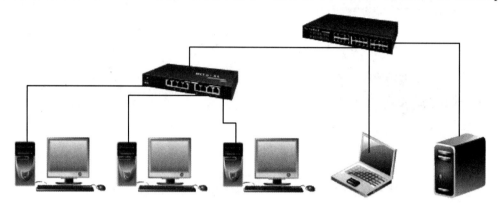

图 5-9　100Base-T 以太网

以太网的优点是价格低廉、传输速率高。以太网以高达 100Mbps、1000Mbps 的速率（取决于所使用的电缆类型）传输数据。

以太网的缺点是必须将双绞线通过每台计算机连接到集线器、交换机或路由器上。

3. 无线局域网

无线局域网（Wireless LAN，WLAN）是指采用 IEEE 802.11 系列标准组建的局域网，是局域网与无线通信技术相结合的产物。无线局域网采用的主要技术有蓝牙、红外、家庭射频和符合 IEEE 802.11 系列标准的无线射频技术等。其中，蓝牙、红外和家庭射频通信距离短，传输速率低，主要用于覆盖范围较小的无线个人局域网（Wireless Personal Area Network，WPAN）。IEEE 802.11 系列标准是无线局域网的主流标准，目前应用的多数无线局域网标准为 IEEE 802.11g 和 IEEE 802.11n。无线局域网作为有线局域网的补充，在许多不适合布线的场合有比较广泛的应用。

组建无线局域网需要的设备有无线网卡、无线接入点（AP）、计算机及其他有关设备。无线 AP 是数据发送和接收的设备，如无线路由器等设备，通常一个无线 AP 能够在几十米至上百米的范围内连接多个无线用户。无线局域网的应用如图 5-10 所示。

无线局域网的优点是由于没有电缆的限制，因此移动计算机将十分方便；安装无线局域网通常比安装以太网更容易。

无线局域网的缺点是传输速率低，在所有情况（除理想情况之外）下，无线局域网的理想传输速率大约是其标定传输速率的一半；无线局域网可能受到某些物体的干扰，如无绳电话、微波炉、墙壁、大型金属物品和管道等。

Wi-Fi（Wireless Fidelity）是一个基于 IEEE 802.11 系列标准的无线局域网通信技术的品牌，目的是改善基于 IEEE 802.11 系列标准的无线局域网产品之间的互通性，由 Wi-Fi 联盟（Wi-Fi Alliance）持有，是无线局域网中的一个技术。目前，许多移动数码设备都支持 Wi-Fi，以便接入网络。

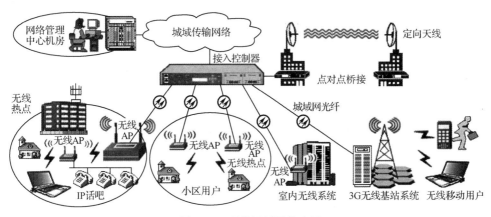

图 5-10　无线局域网的应用

5.3.2　网络拓扑结构

1. 网络拓扑结构的基本概念

在计算机网络中，如果把计算机、打印机或网络连接设备等实体抽象为"点"，把网络中的传输介质抽象为"线"，那么可以将一个复杂的计算机网络系统，抽象成由点和线组成的几何图形，这种几何图形被称为网络拓扑结构。从网络拓扑的观点来看，计算机网络由一组节点和连接节点的通信链路组成。

2. 网络拓扑结构的分类

网络拓扑结构影响着整个网络的设计、功能、可靠性和通信费用，是设计计算机网络时值得注意的问题。根据通信子网设计方式的不同，计算机网络可以划分成不同的网络拓扑结构。如图 5-11 所示，基本网络拓扑结构有星形结构、环形结构、总线型结构、树形结构、网状结构和蜂窝状结构。在实际设计时，大多数网络拓扑结构是这些基本网络拓扑结构的结合体。

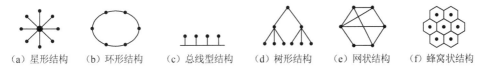

（a）星形结构　　（b）环形结构　　（c）总线型结构　　（d）树形结构　　（e）网状结构　　（f）蜂窝状结构

图 5-11　基本网络拓扑结构

1）星形结构

星形结构网络中的一个中央控制节点与网络中的其他计算机或设备连接，如图 5-11（a）所示。这种结构网络比较简单，且易于管理和维护，但对中央节点要求较高。目前，星形结构网络中的中央节点多采用交换机等网络设备。

2）环形结构

环形结构网络中的所有设备被连接成环，信号沿着环传送，如图 5-11（b）所示。这种结构网络的传输路径固定，数据传输速率高，但灵活性差，管理及维护困难。

3）总线型结构

总线型结构网络中的所有设备通过一根公共总线连接，通信时信号沿总线进行广播式传送，如图 5-11（c）所示。这种结构网络也比较简单，在网络中增、删节点很容易，但当网络中的任何节点产生故障时，都会使得网络瘫痪，因而可靠性不高。

4）树形结构

树形结构网络是分级的集中控制式网络，如图 5-11（d）所示。与星形结构网络相比，树形结构网络的通信线路总长度短，成本较低，节点易于扩充，寻找路径比较方便，但除了叶节点及其相连的线路，出现任一节点或其相连的线路故障都会使系统受到影响。

5）网状结构

网状结构网络中的各节点与通信线路连接成不规则的形状，每个节点至少有两条链路与其他节点相连，如图 5-11（e）所示。冗余链路的存在虽然提高了网络的可靠性，但也导致网络结构复杂，线路成本高，不易管理和维护。

6）蜂窝状结构

蜂窝状结构如图 5-11（f）所示。它是无线局域网中常用的结构，以无线传输介质（微波、卫星、红外线等）点到点和多点传输为特征，是一种无线网络，适用于城市网、校园网、企业网等。

7）混合结构

混合结构是由星形结构或环形结构和总线型结构结合在一起的网络结构，如图 5-12 所示。这种拓扑结构更能满足网络的拓展，解决星形结构网络在传输距离上的局限，同时解决总线型结构网络在连接用户数量上的限制。

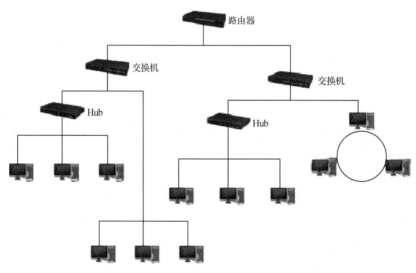

图 5-12　混合结构

5.4　Internet 应用

Internet 应用

因特网是 Internet 的中文译名，是世界范围内的资源共享网络，为每个网络中的用户提供信息。Internet 覆盖各行各业，任何运行 TCP/IP、愿意接入 Internet 的网络都可以成为 Internet 的一部分。

5.4.1 Internet 概述

Internet 最早源于 ARPA 建立的 ARPAnet，于 1969 年投入使用，主要用于军事研究。进入 20 世纪 80 年代，局域网得到了迅速发展。局域网依靠 TCP/IP，可以通过 ARPAnet 互联，使互联网的规模迅速扩大。除了美国，世界上还有许多国家或地区通过远程通信将本地的计算机和网络接入 ARPAnet。后来随着许多商业部门和机构的加入，Internet 迅速发展，最终发展成当今世界范围内以信息资源共享及学术交流为目的的国际互联网，成为全球电子信息的"信息高速公路"。今天的 Internet 已变成一个开发和使用全球信息资源的信息海洋。

5.4.2 TCP/IP 与网络地址

目前，基于 TCP/IP 的 Internet 已逐步发展为当今世界上规模较大的计算机网络，因此 TCP/IP 成为工业标准，并且 TCP/IP 网络已成为当代计算机网络的主流。

1. TCP/IP

在 Internet 中，不同的网络采用不同的网络技术，每种网络技术又采用不同的网络协议。在网络中传输数据时为了保证数据安全、可靠地到达指定目的地，Internet 采用一种统一的计算机网络协议，即 TCP/IP。这样不管网络结构是否相同，只要遵守 TCP/IP 就可以互相通信，交流信息。OSI 是计算机网络协议的标准，因开销太大，故真正采用的人并不多。而 TCP/IP 因实用、简洁而得到广泛应用。TCP/IP 模型的层次结构如表 5-1 所示。

表 5-1 TCP/IP 模型的层次结构

名　称	功　能
应用层	直接支持用户的网络协议
传输层	传输控制协议
网络层	传输网际协议
网络接口层	访问具体的局域网

TCP 可以在众多的网络上工作，提供虚拟电路服务和面向数据流的传送服务。TCP 是一种面向数据流的协议，用户之间在交换信息时，TCP 先把数据存放到缓冲器中，再将数据分成若干段发送。

IP 地址是传送无连接的数据包和选择数据包的路由，通过 IP 地址，操作系统可以很方便地在网络中识别不同的计算机。

2. IP 地址及结构

接入 TCP/IP 网络中的任何一台计算机都被指定了唯一的编号，这个编号被称为 IP 地址。IP 地址统一由网络信息中心（InterNIC）分配。

目前，Internet 中仍采用第 4 版的 IP 地址，即 IPv4。IPv4 规定 IP 地址由 32 位二进制数组成，一般采用"点分十进制"的方法表示，即将这组 IP 地址的 32 位二进制数分成 4 组，每组 8 位，用小数点将它们隔开，并把每组二进制数都翻译成相应的十进制数，每组二进制数的范围为

0～255。例如，采用"点分十进制"的方法表示的 IP 地址（210.168.1.34），实际上是 32 位二进制数（11010010101010000000000100100100），如表 5-2 所示。

表 5-2　IP 地址"点分十进制"转换

32 位二进制数的 IP 地址	11010010101010000000000100100100			
各自翻译为十进制数	210	168	1	34
采用"点分十进制"的方法表示的 IP 地址	210.168.1.34			

IP 地址的结构包含网络标识号码与主机标识号码两部分，一部分为网络地址，另一部分为主机地址。在 Internet 上寻址时，先按 IP 地址中的网络标识号码找到相应的网络，再在这个网络中利用主机标识号码找到相应的主机。

3. IP 地址的分类

为了充分利用 IP 地址的空间，Internet 委员会定义了 A、B、C、D、E 五类地址，由网络信息中心在全球范围内统一分配。A、B、C 类地址适用的网络分别为大型网络、中型网络、小型网络。

在 IPv4 下，A 类地址的第一位为 0；B 类地址的前两位为 10；C 类地址的前三位为 110。Internet 的 IP 地址空间容量如表 5-3 所示，其中 N 由网络适配器指定，H 由网络工程师指定。

表 5-3　Internet 的 IP 地址空间容量

类型	IP 地址的格式	IP 地址的结构				第 1 段的取值范围	网络个数	每个网络最多的主机数
		第 1 段	第 2 段	第 3 段	第 4 段			
A	网络号.主机.主机.主机	N.	H.	H.	H	1～126	126	1677 万
B	网络号.网络号.主机.主机	N.	N.	H.	H	128～191	1.6 万	6.5 万
C	网络号.网络号.网络号.主机	N.	N.	N.	H	192～223	209 万	254

例如，IP 地址为 210.36.64.25 的主机的第 1 段数字为 210，取值范围为 192～223，是小型网络（C 类）中的主机。其 IP 地址由如下两部分组成。

（1）网络地址：210.36.64（或写成 210.36.64.0）。

（2）本网主机地址：25。

二者结合起来得到唯一标识这台主机的 IP 地址，即 210.36.64.25。

> 小知识：除 A、B、C 三种主要类型的 IP 地址之外，还有几种有特殊用途的 IP 地址。如以 1110 开始的地址是 D 类地址，为多点广播地址；以 11110 开始的地址是 E 类地址，保留使用。

4. IPv6

IPv6（Internet Protocol Version 6，互联网协议第 6 版），是因特网工程任务组（IETF）设计的用于替代 IPv4 的下一代 IP。IPv6 是为了解决 IPv4 存在的一些问题而提出的。同时，它还在许多方面进行了改进，如路由方面、自动配置方面等。它明显的特征是采用 128 位的

IP 地址，拥有 2128 个 IP 地址空间，扩大了下一代 Internet 的地址容量。

IPv6 采用"冒号十六进制数"表示，即每 16 位划分成一组，128 位分成 4 组，每组被转换成一个 4 位十六进制数，并用冒号分隔。例如，CA01:37B3:BB67:BADF。

5.5　计算机信息安全

计算机信息网络的应用涉及方方面面，基于计算机网络的信息安全，保障网络系统安全和数据安全成为计算机研究与应用中的一个重要课题。

计算机信息安全

5.5.1　计算机信息安全的重要性

在当今时代，信息作为一种资源和财富，关系到社会的进步、经济的发展及国家的强盛，信息安全受到越来越多的关注。

1. 计算机信息安全的威胁因素

作为主要的信息处理系统，计算机的脆弱性主要表现在硬件、软件及数据 3 个方面。硬件对环境及各种条件的要求极为严格。软件由于在某些方面或多或少存在漏洞因此容易被人利用。在数据方面，由于信息系统具有开放性和资源共享等特点，因此信息系统很容易受到各种各样的非法入侵行为的威胁。归纳起来，网络信息安全的威胁因素主要有软件漏洞、配置不当、安全意识不强、黑客入侵等。

2. 计算机信息安全的基本要求

信息安全通常强调 CIA 三要素的目标，即保密性（Confidentiality）、完整性（Integrity）和可用性（Availability）。CIA 概念的阐述源自信息技术安全评估标准（Information Technology Security Evaluation Criteria，ITSEC）。它也是信息安全的基本要素和安全建设所应遵循的基本原则。

（1）保密性：确保信息在存储、使用、传输过程中不被泄露给非授权用户或实体。

（2）完整性：确保信息在存储、使用、传输过程中不被非授权用户篡改，同时防止授权用户对信息进行不恰当的篡改，保持信息内、外部表示的一致性。

（3）可用性：确保授权用户或实体对信息的正常使用不被异常拒绝，允许其可靠而及时地访问信息。

5.5.2　计算机信息安全技术

计算机信息安全技术分为计算机系统安全技术和计算机数据安全技术。针对不同层次，可以采取不同的安全技术。

1. 计算机系统安全技术

计算机系统安全技术是信息安全的宏观措施，在一定程度上能起到防止信息泄露、被截获或被非法篡改，防止非法侵入或非法调用系统，以及减少系统被人为或非人为破坏等。

计算机系统安全技术包括两个，一个是物理安全技术，另一个是网络安全技术。

（1）物理安全技术：研究影响系统保密性、完整性及可用性的外部因素和应采取的防护措施。其通常采取的措施包括减少自然灾害对计算机系统的破坏；降低外界环境对计算机软件、硬件可靠性造成的不良影响；减少由于计算机系统电磁辐射造成的信息泄露；减少非授权用户对计算机系统的访问和使用等。

（2）网络安全技术：研究保证网络中信息的保密性、完整性、可用性、可控性及可审查性应采取的技术。

其中，使用比较广泛的网络安全技术有防火墙技术。防火墙指的是一个由软件和硬件组合而成且在内部网络和外部网络之间、专用网络与公共网络之间的界面上构造的保护屏障。图 5-13 所示为防火墙。

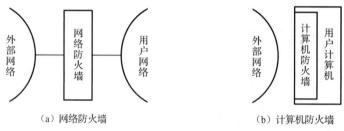

（a）网络防火墙　　　　　　　　（b）计算机防火墙

图 5-13　防火墙

2. 计算机数据安全技术

计算机数据安全技术主要是数据加密技术，数据加密技术是保证数据安全行之有效的方法。对数据进行加密，可以消除信息被窃取或丢失后带来的隐患。黑客即使窃取到信息，也不会读懂信息和利用系统资源。

信息在网络传输过程中会受到各种安全威胁，如被非法监听、被篡改及被伪造等。对数据信息进行加密，可以有效地提高数据传输的安全性。信息加密传输过程如图 5-14 所示。

图 5-14　信息加密传输过程

5.5.3　网络黑客及防范

黑客通常指那些寻找并利用信息系统中的漏洞进行信息窃取和攻击信息系统的人员。

1. 黑客攻击的形式

黑客确定了攻击目标后，会利用相关的网络协议或实用程序进行信息收集，探测并分析目标系统的安全弱点，设法获取攻击目标系统的非法访问权。通常黑客采用以下几种典型的形式进行攻击。

1）报文窃听

报文窃听指黑客使用报文获取设备，从传输的数据流中获取数据，并进行分析，以获取用户名、密码等敏感信息。

2）密码破解

黑客先获取系统的密码文件，再用黑客字典进行匹配比较。由于大多数用户的密码采用人名、常见单词或数字的组合等，因此进行字典攻击的成功率比较高。

3）地址欺骗

黑客常用的网络欺骗方式有 IP 地址欺骗、路由欺骗、DNS 欺骗、ARP（地址转换协议）欺骗及 Web 网站欺骗等。

4）钓鱼网站

钓鱼网站通常指伪装成银行及电子商务网站，窃取用户提交的银行账号、密码等私密信息。其原理是黑客先建立一个钓鱼网站，使它具有与真实网站一样的页面和链接。钓鱼网站和真实网站对比如图 5-15 所示。用户与网站之间的信息交换过程可以被黑客看到。黑客可以假冒用户给服务器发送数据，也可以假冒服务器给用户发送消息，从而监视和控制整个通信过程。

（a）钓鱼网站　　　　　　　　　　　　（b）真实网站

图 5-15　钓鱼网站和真实网站对比

5）拒绝服务

拒绝服务（Denial of Service，DoS）攻击由来已久，自从有了 Internet 后就有了 DoS 攻击的方法。最新安全损失调查报告指出，DoS 攻击造成的经济损失目前已经跃居世界前列。

用户在访问网站时，客户端会向服务器发送一条信息要求建立连接，只有当服务器确认该请求合法，并将访问许可返回给用户，用户才可以对该服务器进行访问。DoS 攻击的方法是黑客向服务器发送大量连接请求，使服务器呈满负载状态，并将所有请求的返回地址进行伪造。这样，在服务器企图将认证结果返回给用户时，将无法找到这些用户。此时，服务器只能等待，有时可能会等上 1 分钟甚至更长时间才关闭此连接。可怕的是，在关闭此连接后，黑客又会发送一批新的虚假请求，重复上一过程，直到服务器因过载而拒绝提供服务。这些攻击事件并没有入侵网站，也没有篡改或破坏资料，只是利用程序在瞬间产生大量的数据包，让对方的网络及主机瘫痪，使用户无法获得网站的及时服务。

6）系统漏洞

许多系统都有这样或那样的安全漏洞，其中某些漏洞是操作系统或应用软件本身具有的，这些漏洞在补丁开发出来之前一般很难防御黑客的破坏，还有一些漏洞是由于系统管理员配置错误引起的，这会给黑客带来可乘之机。

7）端口扫描

利用端口扫描软件对目标主机进行端口扫描，查看哪些端口是开放的，并通过这些开放端口发送木马程序到目标主机上，利用木马程序来控制目标主机。

2. 防范黑客攻击的策略

黑客的攻击往往是利用系统安全漏洞、网络协议安全漏洞或系统管理漏洞才得以实施的，因而对黑客的防范要从安装防火墙、采用新的安全协议及建立完善的安全体系结构几个方面入手。

5.6　计算机病毒

计算机病毒

5.6.1　计算机病毒的特征

计算机病毒（Computer Virus）是指在计算机程序中插入的破坏计算机功能或者破坏数据，会影响计算机的使用并且能够自我复制的一组计算机指令或程序代码。

计算机软件和硬件固有的脆弱性，使得这些指令或程序代码能通过某种途径潜伏在计算机存储介质或程序中，当达到某种条件时指令或程序代码被激活。它通过修改其他正常程序去传播，从而对计算机资源进行破坏。

计算机病毒存储在一定的介质中。如果计算机病毒只是存储在外部介质中，如硬盘、光盘和闪存盘等，那么它是不具有传播和破坏能力的。而当计算机病毒被加载到内存后，就处于活动状态，此时病毒如果获得系统控制权就可以破坏系统或传播病毒。对于正在运行的病毒，只有通过杀毒软件或手工方法才能将其清除。

5.6.2　计算机病毒的分类

计算机病毒种类繁多，按照不同的划分标准，计算机病毒大致可以分为以下几类。

1. 按照破坏性分类

1）良性病毒

良性病毒只为了表现其存在，不直接破坏计算机的软件和硬件，如减少内存、显示图像、发出声音及同类影响等，对系统危害较小。

2）恶性病毒

恶性病毒会对计算机系统的软件和硬件进行恶意攻击，使计算机系统遭到不同程度的破坏，如破坏数据、删除文件、格式化磁盘、破坏主板、清除系统内存中和操作系统中重要的信息导致系统死机或使网络瘫痪等。

2. 按照病毒存在的媒体分类

1）引导型病毒

引导型病毒寄生在磁盘引导区或主引导区。由于引导记录正确是磁盘正常使用的先决条件，因此引导型病毒在系统开始运行（系统启动）时就能获得控制权。虽然引导型病毒的传染性很强，但是查杀这类病毒也很容易。

2）文件型病毒

文件型病毒通常寄生在以 .exe 和 .com 为扩展名的可执行文件中。一旦程序被执行，文件型病毒就会被激活。病毒程序首先被执行，并将自身驻留在内存中，然后根据设置的触发条件进行传染。近期也有一些病毒传染以 .dll、.ovl 和 .sys 为扩展名的文件。感染了文件型病毒的文件执行速度会明显变慢，有时甚至无法执行。

3）网络型病毒

网络型病毒通过计算机网络传播感染网络中的可执行文件。计算机病毒在网络上传播的速度很快，危害性很大。

4）混合型病毒

混合型病毒结合了以上 3 种病毒。例如，多型病毒（文件型病毒和引导型病毒混合）会感染文件和引导扇区。这样的病毒通常具有复杂的算法，它们使用非常规的办法，同时使用加密和变形算法侵入系统。

5.6.3　计算机病毒的防治

计算机的不断普及和网络的发展，伴随而来的是越来越多的计算机病毒传播问题。1999 年的 CIH 病毒大暴发给用户带来了巨大的损失，同时 2003 年的"冲击波"和 2008 年的"灰鸽子"等病毒的出现也为用户带来了恐慌。目前，计算机病毒已经构成了对计算机系统和网络的严重威胁。

1. 被病毒入侵后的症状

病毒入侵计算机后，如果没有发作很难被发现。在被病毒入侵后，通常会有以下症状。

（1）计算机显示异常，如屏幕上出现不应有的特殊字符或图像、字符无规则变换或脱落、静止、滚动、跳动，以及出现莫名其妙的提示信息等。

（2）计算机启动异常，如计算机经常无法正常启动或反复重新启动。

（3）计算机性能异常，如计算机运行速度明显下降，或经常出现内存不足和磁盘驱动器及其他设备无缘无故地变成无效设备等现象。

（4）计算机程序异常，如计算机经常出现出错信息，文件无故变大、失踪或被改乱，可执行文件变得无法运行等。

（5）网络应用异常，如收到来历不明的电子邮件、自动链接到陌生的网站、自动发送电子邮件等。

当发现计算机运行异常后，在使用杀毒软件也不能解决运行异常的情况下，应仔细分析异常情况的特征，排除由软件、硬件、人为等导致计算机运行异常的可能性。

2. 计算机病毒的预防

计算机病毒防护的关键是做好预防工作，即防患于未然。用户平时应该留意计算机出现的异常现象并及时做出反应，尽早发现，尽早清除，这样既可以减小病毒继续传染的可能性，又可以将病毒的危害降到最低。从用户的角度来看，要做好计算机病毒的预防工作，采取一系列的安全措施，应从以下方面着手。

（1）定期安装所用软件的补丁程序，以修补软件中的安全漏洞。

（2）安装杀毒软件、防火墙，并经常进行检测与更新。

（3）堵塞计算机病毒的传播途径，如不运行来历不明的程序、不浏览恶意网页、不使用盗版软件、下载软件后先查再用、不打开未知的邮件等。

（4）备份重要文件，如备份硬盘分区表、引导扇区等中的关键数据。定期备份重要文件，尽可能将数据和应用程序分开保存。在任何情况下，总应保留一个写保护的、无计算机病毒的、带有常用命令文件的系统启动 U 盘，用以清除计算机病毒和维护系统。

思考与练习

1. 什么是计算机网络？它的主要功能有哪些？
2. 从网络逻辑角度来看，计算机网络可以分为哪些部分？
3. 从网络系统角度来看，计算机网络可以分为哪些部分？
4. 什么是计算机网络的拓扑结构？常用的拓扑结构有哪些？
5. 网络协议是什么？什么是 OSI 模型？
6. 常用的网络硬件有哪些？其功能是什么？
7. IP 地址有什么作用？
8. Internet 上使用什么网络协议？
9. 什么是计算机病毒？它有哪些特点？
10. 计算机病毒的预防应从哪几方面着手？

第6章

Python程序设计基础

教学目标：

通过学习本章，掌握基本数据类型，理解程序控制结构，掌握函数的使用方法，初步掌握模块、包和库的使用方法，基本能够进行简单的文件操作和数据智能分析。

教学重点和难点：

- 程序控制结构。
- 函数的使用。
- 计算生态和模块化编程。
- 数据智能分析。

程序设计是培养学生计算思维能力的一种重要手段。通过对程序设计相关知识的学习和实践，学生能够逐步掌握利用计算机求解问题的方法。本章主要包括Python概述、基本数据类型、函数的使用、数据智能分析等内容。期待学生能够通过学习Python程序设计基础，走进计算世界，体验计算的乐趣。

6.1 Python 概述

Python 概述

6.1.1 Python 简介

1. Python 的发展历程

Python 的创始人是 Guido van Rossum。1989 年的圣诞节期间，为了在阿姆斯特丹打发时间，决心开发一个新的解释程序，作为 ABC 的一种继承。ABC 是由 Guido van Rossum 参加设计的一种教学语言。就 Guido van Rossum 而言，ABC 非常优美和强大，是专门为非专业用户设计的。但是 ABC 在非专业人员中并没有得到广泛应用，Guido van Rossum 认为是由于其非开放造成的。因此，Guido van Rossum 决心在 Python 中避免这一错误，同时实现在 ABC 中闪现过但未曾实现的东西。

1991 年，Python 的第一个公开发行版本诞生。它是一种面向对象的解释型计算机程序设计语言，使用 C 语言实现，并且能够调用 C 语言的库文件。从诞生起，Python 已经具有了类、函数、异常处理，以及包含列表和字典在内的核心数据类型。同时，Python 还具有以模块为基础的拓展系统。

2000 年 10 月，Python 2.0 发布，不仅实现了完整的垃圾回收功能，而且支持 Unicode。此时，Python 的开发过程更加透明，在社区中的影响力也逐步提升。

2008 年 12 月，Python 3.0 发布。Python 是一种不受局限、跨平台的开源编程语言，功能强大、易写易读，能在 Windows 和 Linux 等平台上运行。使用 Python 的用户可以花费更多的时间思考程序的逻辑，而不是思考具体的实现细节，这一特征吸引了广大的用户，由此 Python 开始流行，并连续多年入选编程语言 Top10。

2．Python 的优点

Python 崇尚优美、清晰、简单，是一种非常优秀并被广泛使用的语言。

1）简单易学

Python 虽然是基于 C 语言开发而来的，但是也删去了 C 语言中一些较为晦涩难懂的指针，简化了语法，有相对较少的关键字，结构简单，学习起来更加容易，使初学者能够专注于解决问题而不是去搞明白语言本身。

2）免费开源

Python 是 FLOSS（自由 / 开源软件）之一。用户可以自由地发布这个软件的副本，阅读它的源代码，还可以对它进行改动，把它的一部分用于新的自由软件中。

3）高级语言

用户在使用 Python 编写程序代码时，无须考虑如何管理程序内存等细节，这让 Python 的应用更加简单，用户只需要集中注意力关注程序的主要逻辑即可。

4）可移植性

由于 Python 是开源的，因此它可以被移植到 Linux、Windows、FreeBSD、Solaris、OS/2、Android 等平台上运行。在当前的计算机领域中，我们可以在各种不同的系统上看到 Python 的影子。

5）面向对象

Python 既支持像 C 语言一样面向过程的编程，又支持像 C++、Java 语言一样面向对象的编程。在面向过程的语言中，程序是由过程或可重用代码的函数构建起来的。在面向对象的语言中，程序是由数据和功能组合而成的对象构建起来的。与其他主要语言相比，Python 以一种非常强大又简单的方式实现面向对象编程。

6）可扩展性和可嵌入性

Python 的可扩展性体现在模块上。Python 的类库涵盖 GUI、网络编程、数据库访问、文本操作等大部分应用场景。Python 可以与用其他语言制作的模块连接在一起，因此又被称为胶水语言。比如，当需要一段关键代码运行的速度更快或希望不公开某些算法时，用户可以使用 C 或 C++ 语言编写该部分程序代码，并在 Python 中调用该部分程序代码。同时，

Python 也可以嵌入 C 或 C++ 语言程序，从而向用户提供脚本。

7）丰富的库

Python 的优势之一是拥有丰富的库。Python 不仅拥有一个强大的标准库，而且拥有大量的第三方模块。Python 的核心只包含数字、字符串、列表、字典、文件等常见类型和函数，Python 标准库提供了系统管理、网络通信、文本处理、数据库接口、图形系统、XML 处理等额外的功能。第三方库的使用方式与标准库类似。它们的功能覆盖科学计算、人工智能、机器学习、Web 开发、数据库接口、图形系统等多个领域。

8）规范的代码

Python 采用强制缩进的方式使得代码具有很好的可读性。

3. Python 的缺点

1）运行速度慢

慢速运行是解释性语言的通病，Python 也不例外。由于 Python 是一种高级语言，屏蔽了许多底层细节，因此它需要消耗大量资源做很多工作，如管理内存等。但是运行速度慢这一缺点在一定程度上是可以弥补的。首先，如果用户在运行速度方面有所要求，那么可以用其他语言改写关键部分，以达到提高运行速度的目的。由于普通用户几乎感觉不到这种速度的差异，因此运行速度慢是可以忽略的。运行速度慢的缺点往往不会带来大问题，这是因为计算机的硬件速度越来越快，用户可以花费更多的钱安装高性能的硬件，从而弥补软件性能的不足。

2）代码不能加密

编译语言的源代码会被编译成可执行程序，而 Python 是直接运行源代码的，因此使用 Python 对源代码加密比较困难。如果要求源代码必须是加密的，那么开发人员从一开始就不应该选用 Python 去实现。

4. Python 的应用领域

由于 Python 的简洁性、易读性及可扩展性，使得 Python 在 Web 开发、科学计算、云计算、网络爬虫、数据分析、人工智能、自动化运维、游戏开发等多个领域流行起来。

1）Web 开发

Python 经常被用于 Web 开发，尽管目前 PHP、JS 依然是 Web 开发的主流语言，但 Python 上升势头更迅猛。而 Python 的 Web 开发框架也越来越成熟，如 Django、Flask、TurboGears 等，用户可以更轻松地管理复杂的 Web 程序。Python 定义了 WSGI 来协调 HTTP 服务器与基于 Python 的 Web 程序之间的通信。当前，众多大型网站均使用 Python 开发，如谷歌在网络搜索系统中就广泛使用 Python。另外，我们经常访问的豆瓣、腾讯、百度、新浪、果壳等网站都在使用 Python 完成各种各样的任务。

2）科学计算

Python 是一门通用的程序设计语言，比 MATLAB 采用的脚本语言的应用范围更广泛，有更多的程序库支持。从 1997 年开始，国家航空航天局（National Aeronautics and Space Administration，NASA）就大量使用了 Python 进行各种复杂的科学运算，随着 NumPy、SciPy、Matplotlib、Enthought librarys 等众多程序库的开发，Python 越来越适合进行科学计算，以及绘制高质量的 2D 图像和 3D 图像。

3）云计算

Python 是从事云计算工作所需掌握的一门编程语言，目前很火的 OpenStack 就是由 Python 开发的。该平台提供的其他服务也是以此为基础构建的。

4）网络爬虫

在网络爬虫方面，Python 占据霸主地位。Python 拥有比较丰富的库。从技术层面上看，Python 不仅提供了很多服务于编写网络爬虫的工具，如 Selenium 和 BeautifulSoup 等，而且提供了网络爬虫框架 Scrapy。要想从事网络爬虫领域，应学习爬虫策略、分布式爬虫等，并针对 Scrapy 源代码进行深入剖析，从而理解其原理并实现自定义爬虫框架，如从各大网站爬取商品折扣信息，比较获取最优选择。

5）数据分析

一般在爬虫爬到了大量的数据之后，需要处理数据并进行分析，否则爬虫将毫无意义。Python 是数据分析领域首选的编程语言，包含非常丰富的用于数据分析的库，Python 可以使用各种图形来分析图。其中，有 Seaborn 这样的可视化库，能够仅使用一两行就对数据进行绘图，而使用 Pandas、NumPy 和 SciPy 则可以对大量数据进行筛选、回归等简单计算。

6）人工智能

由于 Python 具有编写简单、改动少等特点，因此 Python 在人工智能领域内的机器学习、神经网络、深度学习等方面都是主流的编程语言。MASA 公司和谷歌公司早期大量使用 Python，这为 Python 积累了丰富的科学运算库，随着人工智能技术的发展，Python 从众多编程语言中脱颖而出，各种人工智能算法都是基于 Python 编写的。

7）自动化运维

Python 是一门综合性的语言，能满足绝大部分自动化运维需求，前端和后端都可以做。要想从事自动化运维领域，应从设计、框架选择、灵活性、扩展性、故障处理，以及如何优化等层面进行学习。Python 对服务器运维而言有十分重要的作用。由于目前几乎所有 Linux 发行版本中都自带了 Python 解释器，因此使用 Python 脚本进行批量化的文件部署和运行调整成了很不错的选择。

8）游戏开发

在网络游戏开发中，很多游戏使用 C 或 C++ 语言实现高性能模块，而使用 Python 或 Lua 编写游戏的具体逻辑。相比 Lua，Python 具有更高的抽象能力，可以用更少的代码描述游戏业务逻辑。Python 非常适合用于编写 1 万行代码以上的网游项目，而且能够很好地把针对网游项目编写的代码控制在 10 万行以内。

6.1.2 Python 开发环境

1. IDLE 简介

IDLE 是 Python 标准发行版本内置的一个简单、小巧的 IDE（集成开发环境），包括交互式命令行、编辑器、调试器等基本组件。IDLE 是开发 Python 程序的基本 IDE，具备基本的 IDE 的功能，是非商业 Python 开发的不错选择。IDLE 的安装毫不费力，在安装 Python 时应确保选中了 Tcl/Tk 组件（该组件默认处于被选中状态），该组件将会自动跟着 Python 一起安装。IDLE Shell 3.11.1 界面如图 6-1 所示。

菜单栏

Python 提示符：表示准备
完毕，等待用户输入代码

版本相关信息

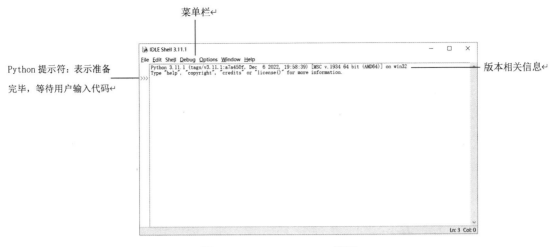

图 6-1　IDLE Shell 3.11.1 界面

2．Python 的安装

Python 可以在许多平台上运行，如在 macOS 和 Linux 中已经默认安装了 Python。而其他平台则需要用户访问 Python 官方网站下载相应的 Python 安装文件进行安装。下面详细介绍如何下载 Python 安装程序、安装 Python，以及验证 Python 是否安装成功。

1）下载 Python 安装程序

登录 Python 官方网站首页，单击菜单栏中的"Downloads"按钮，显示 Python 下载界面。在 Python 下载界面中，用户可以根据操作系统的类型，选择合适的安装包。这里以 Windows 系统为例，图 6-2 显示了当前最新的版本为 Python 3.11.1，单击"Python 3.11.1"按钮即可下载 Python 安装程序。如果想下载其他版本，则可以单击"View the full list of downloads."链接进行安装。

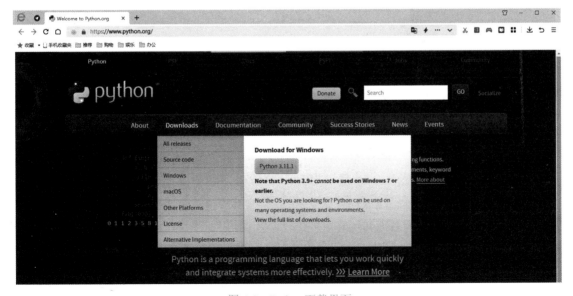

图 6-2　Python 下载界面

2）安装 Python

找到前面下载的安装程序，双击该程序图标，执行安装 Python 的操作。Python 安装界面如图 6-3 所示。首先，勾选下方的"Add python.exe to PATH"复选框，自动配置环境变量，从而保证可以在系统命令提示符窗口中的任意目录下执行 Python 相关命令。其次，Python 安装程序提供了 Install Now 和 Customize installation 两种安装方式。如果想要安装到默认路径，那么直接单击"Install Now"即可。如果选择自定义安装，那么可以自行设置安装路径。这里以选择默认路径为例进行安装。

图 6-3　Python 安装界面

Python 安装过程界面如图 6-4 所示。

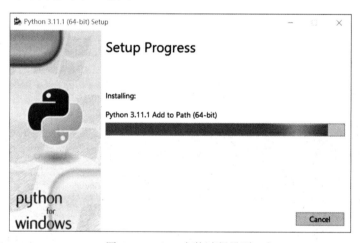

图 6-4　Python 安装过程界面

Python 安装成功界面如图 6-5 所示。

3）验证 Python 是否安装成功

在 Windows 搜索栏中，输入"cmd"并运行，打开命令提示符窗口，在命令提示符窗口中输入"Python"，按 Enter 键，如果出现安装的 Python 版本信息则表明 Python 安装成功，如图 6-6 所示。

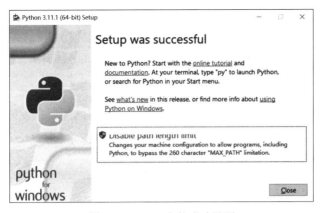

图 6-5　Python 安装成功界面

图 6-6　验证 Python 是否安装成功

3. Python 的其他开发环境

1）Eclipse+PyDev

Eclipse 是一个开源的、基于 Java 的可扩展开发平台，PyDev 是 Eclipse 的一个插件，安装后可以在 Eclispe 中进行 Python 的开发工作。这种开发环境的优点在于不仅提供了代码高亮显示、解析器错误、代码折叠和多语言支持功能，而且具有良好的界面视图，提供了一个交互式控制台。此外，这种开发环境还支持 CPython、Jython、Iron Python 和 Django，并允许在挂起模式下进行交互式测试。这种开发环境的缺点是在实际使用过程中不是很稳定。

2）PyCharm

PyCharm 是由 JetBrains 公司开发的一种 Python IDE，在 Windows、macOS 和 Linux 中都可以使用。PyCharm 带有一整套可以帮助用户进行 Python 开发工作时提高效率的工具，如调试、语法高亮、项目管理、代码跳转、智能提示、自动完成、单元测试、版本控制等。此外，PyCharm 提供了一些高级功能，可以用于支持 Django 下的专业 Web 开发。

3）Anaconda

在普通的 Python 中经常会遇到安装工具包时出现关于版本或者依赖包的一些错误提示，但在 Anaconda 中极少遇到此类问题。Anaconda 是专注于数据分析的 Python 发行版本，包含 Conda、Python 等一大批工具包及其依赖项。Anaconda 可以建立多个虚拟环境，用于隔离不同项目所需的不同版本的工具包。Anaconda 通过管理工具包、开发环境、Python 版本，在很大程度上建立了工作流程，能够快速安装、更新、卸载工具包。

Anaconda 集成了 NumPy、SciPy、Pandas 等常用数据分析包，是适用于企业级大数据的 Python 工具，涉及数据可视、机器学习、深度学习等多个领域。

6.1.3 第三方库的安装

1. pip 工具的安装

安装 Python 时一般默认会一起安装 pip 工具。pip 工具是 Python 官方提供并维护的在线第三方库安装工具，也是常用且高效的 Python 第三方库安装工具。使用 pip 工具可以在线安装 Python 扩展库，如 NumPy、Pandas、SciPy、Matplotlib、jieba 等。

要通过 pip 工具安装第三方库，首先需要打开命令提示符窗口，然后直接输入"pip install 库名"，在网络通畅的情况下，仅需要几分钟即可完成安装，并出现安装成功的提示信息。

2. 自定义安装

使用 pip 工具可以安装超过 90% 的第三方库，是 Python 第三方库的主要安装方式。但在 Windows 中，仍然还有一些第三方库暂时无法使用 pip 工具安装，用户可以用自定义安装方式进行尝试。自定义安装是指按照第三方库提供的步骤和方式安装。第三方库都有主页，用于维护库的代码和文档，只需要浏览网页找到相应的下载链接，根据提示步骤进行安装即可。

6.2 基本数据类型

Python 支持的基本数据类型主要包括整型、浮点型、字符串型、列表、元组、集合、字典等。数据类型决定了程序如何存储和处理数据。Python 内置的 type() 函数可以用来获取任何对象的数据类型。

基本数据类型

6.2.1 常量和变量

在程序运行过程中，不能变化的数据被称为常量；而有些数据是可以随着程序的运行而发生变化的，这类数据被称为变量。

1. 常量

常量是一旦初始化就不能够修改的固定值，按值的类型分为整型常量、浮点型常量、字符串型常量等。

【**实战 6-1**】常量的使用。

```
>>> 2*10
   20
>>> 10/3
   3.3333333333333335
>>> print('中国梦'*3)
   中国梦中国梦中国梦                # 重复输出 3 次字符串型常量
```

2. 变量

变量是程序设计语言中能存储计算结果或能表示值的抽象概念。每个变量必须有一个名称，这个名称被称为变量名。Python 规定变量名由数字、字母或下画线组成，且第一个字符必须为字母或下画线，不能将 Python 关键字，如 print、if、else、for 等作为变量名。在使用变量之前，需要对其进行赋值。

【**实战 6-2**】变量的定义和使用。

```
>>> str1='我爱'
>>> str2='中国'
>>> str1+str2
   '我爱中国'
>>> score1=70
>>> score1+=20           # 相当于score1= score1+20
>>> print(score1)
   90
```

6.2.2 数值类型

数值类型（数字类型）主要有整型、浮点型、复数型、布尔型。

1. 整型

整数是不带小数点的正整数或负整数。在 Python 中整数是没有大小限制的。其取值范围只与计算机的内存有关。整型有以下 4 种进制表现形式。

（1）十进制：与数学上的写法相同，如 0、60、-1280 等。

（2）二进制：以 0b 开头，后跟二进制数的数据，如 0b1100 等。

（3）八进制：以 0o 开头，后跟八进制数的数据，如 0o237 等。

（4）十六进制：以 0x 开头，后跟十六进制数的数据，如 0x14b 等。

各进制数之间可以使用 bin()、oct()、hex()、int() 等函数进行转换。

2. 浮点型

浮点数由整数部分与小数部分组成，如 3.141 592 6、-6.0、78.3、0.0 等，也可以使用科学计数法表示，用字母 e（或 E）表示以 10 为底数的指数，如 3.14×10⁸ 写成 3.14e8 或 31.4e7。

整数与浮点数在计算机中的存储方式不同，整数运算可以保持精确，而浮点数运算则包含了由于四舍五入而引起的运算误差。

3. 复数型

复数由实数部分和虚数部分构成，如 3+5j、1.1+7J 等，复数的实数部分和虚数部分都是浮点数。

4. 布尔型

Python 中的布尔型数据只有两个取值，即 True（真）和 False（假）。实际上，布尔型也是整型，True=1、False=0，可以用 and、or、not 进行逻辑运算。对于值为零的任何数字或空集（空列表、空元组、空字典等），在 Python 中的取值都是 False。

6.2.3 字符串型

字符串型是 Python 中常用的数据类型。字符串是有序的字符集合，是用于表示文本的数据类型。

1. 字符串的表示和创建

字符串可以用单引号、双引号、3 个单引号或 3 个双引号引起来，字符串中的字符包括数字、字母、中文字符、特殊符号及一些不可见的控制字符，如换行符及制表符等。

【**实战 6-3**】字符串的表示和创建。

```
>>> str1='我爱中国'
>>> print(str1)
    我爱中国
>>> str2="中华民族伟大复兴"
>>> print(str2)
    '中华民族伟大复兴'
>>> str3='他说:"我爱中国。"'        # 单引号表示的字符串中允许包含双引号
>>> print(str3)
    '他说:"我爱中国。"'
>>> str4='let's go'               # 单引号表示的字符串中不允许包含单引号
    SyntaxError: invalid syntax
>>> str5="他说:"我爱中国。""       # 双引号表示的字符串中不允许包含双引号
    SyntaxError: invalid syntax
>>> str6="""这是一个             # 用 3 个单引号或 3 个双引号表示多行字符串
    多行字符"""
>>> print(str6)
    这是一个
    多行字符
```

2. 转义字符的使用

对于一些不能直接输入的特殊字符通常用转义字符表示。在 Python 中，通过 \ 来表示转义字符。常见的转义字符如表 6-1 所示。

表 6-1 常见的转义字符

转 义 字 符	含 义	转 义 字 符	含 义
\（在行尾时）	续行符	\\	反斜杠符号
\'	单引号	\"	双引号
\n	换行符	\r	回车符
\t	横向制表符	\v	纵向制表符
\b	退格符	\000	空
\f	换页符	\a	响铃
\0yy	八进制数yy代表的字符，如\012 代表换行等	\xyy	十六进制数yy代表的字符，如\x0a 代表换行等

【实战6-4】转义字符的使用。

```
>>> print("他说:"你吃饭了吗?"我回答:"我吃过了。"")     # 双引号表示的字符串中不允许
包含双引号
    SyntaxError: invalid syntax
>>> print("他说:\"你吃饭了吗?\"\n我回答:\"我吃过了。\"")
    他说:"你吃饭了吗?"
    我回答:"我吃过了。"
>>> print(r'你好\n中国')          # 用r或R来指定一个原始字符串，不让转义字符生效
    你好\n中国
```

3. 字符串运算

常用的字符串运算包括连接、比较、切片等。表 6-2 所示为常用的字符串运算，假设 a='Hello'，b='Python'。

表 6-2 常用的字符串运算

运 算 符	相 关 描 述	实 例
+	连接字符串	>>> a+b 'HelloPython'
*	重复输出字符串	>>> a*2 'HelloHello'
[]	使用索引获取字符串中的字符	>>> a[0] 'H'
[:]	使用切片截取字符串中的一部分	>>> a[1:4] 'ell'

运 算 符	相 关 描 述	实 例
in	判断一个字符或字符串是否出现在一个字符串中，若出现则返回True，否则返回False	>>> 'e' in a True
not in	判断一个字符或字符串是否出现在一个字符串中，若不出现则返回True，否则返回False	>>> 'H' not in a False

4. 字符串处理函数

Python 提供了一些和字符串相关的内置函数，使用这些内置函数能够快速地让对象执行简单的操作。表 6-3 所示为常用的字符串处理函数，假设 a='hello'，b='15'，c=10.7。

表 6-3　常用的字符串处理函数

函 数	相 关 描 述	实 例
len()	返回字符串的字符个数	>>> len(a) 5
max()	返回字符串中ASCII码的最大字符	>>> max(a) 'o'
min()	返回字符串中ASCII码的最小字符	>>> min(a) 'e'

int()	将字符串型变量转换成整数，如果是数值类型数据，则执行取整操作	>>> int(b)
		15
		>>> int(c)
		10

float()	将字符串型变量转换成浮点数	>>> float(b) 15.0
str()	将数值类型数据转换成字符串型变量	>>> str(c) '10.7'
eval()	计算在字符串中的有效表达式并返回值	>>> eval('5*10') 50
tuple()	将序列转换为一个元组	>>> tuple(a) ('h', 'e', 'l', 'l', 'o')
list()	将序列转换为一个列表	>>> list(a) ['h', 'e', 'l', 'l', 'o']
set()	将序列转换为一个可变集合	>>> set(a) {'e', 'h', 'o', 'l'}

5. 字符串处理方法

Python 提供了一系列用于处理字符串的方法，这些方法封装了一些关于字符串的简单操作。表 6-4 所示为常用的字符串处理方法，假设 a='hello'，b='Python'。

表 6-4 常用的字符串处理方法

方　　法	相 关 描 述	实　　例
str.join(seq)	以str作为分隔符，将seq中的所有元素合并为一个新的字符串	>>> a.join('你好吗') '你hello好hello吗'
str.center(width,fillchar)	将字符串按照width指定的宽度居中显示，且使用fillchar（默认为空格）填充多余的长度	>>> a.center(11,'*') '***hello***'

str.split(sep="",num=str.count(sep))	以sep为分隔符截取字符串，如果num有指定值，则仅截取num+1 个子字符串	>>> c='h,e,l,l,o'
		>>> c.split(',')
		['h', 'e', 'l', 'l', 'o']

str.splitlines([keepends])	按照行('\r','\r\n','\n')分隔，返回一个包含各行元素的列表。如果参数keepends为False，则不包含换行符；如果参数keepends为True，则包含换行符	>>> d='hello\n1111\r'
		>>> d.splitlines()
		['hello', '1111']

str.replace(old,new[,count])	把字符串中的old转换成new，如果指定count，则替换次数不超过count值	>>> a.replace('e','555') 'h555llo'
str.capitalize()	把字符串的第一个字符转换成大写字符	>>> a.capitalize() 'Hello'
str.lower()	把字符串的所有大写字符转换成小写字符	>>> b.lower() 'python'
str.upper()	把字符串的所有小写字符转换成大写字符	>>> a.upper() 'HELLO'
str.swapcase()	把字符串的所有大写字符转换成小写字符，所有小写字符转换成大写字符	>>> b.swapcase() 'pYTHON'
str.isalnum()	如果字符串中至少有一个字符，且所有字符都是字母或数字则返回True，否则返回False	>>> a.isalnum() True
str.isalpha()	如果字符串中至少有一个字符，且所有字符都是字母则返回True，否则返回False	>>> a.isalpha() True
str.isdigit()	如果字符串中只包含数字则返回True，否则返回False	>>> a.isdigit() False
str.count(sub[,start[,end]])	返回sub在字符串中出现的次数。如果指定了start或end，则返回指定范围内sub出现的次数	>>> a.count('h') 1
str.find(sub[,start[,end]])	检查sub是否在字符串中，如果指定了start或end，则在指定范围内检查，如果在字符串中则返回开始的索引值，否则返回-1	>>> a.find('llo') 2

6.2.4 列表

在 Python 中，列表是一个可变的有序序列，可以存储各种元素。列表的长度与列表中的元素都是可变的，可以自由地对列表中的数据进行添加、删除、修改等操作。

1. 列表的创建

列表中的元素使用中括号括起来，元素之间使用逗号分隔。Python 提供了多种创建列表的方式。

【**实战 6-5**】列表的创建。

```
>>> list1=[]                                  # 创建一个空列表
>>> print(list1)
    []
>>> list2=list()                              # 使用list()函数创建一个空列表
>>> print(list2)
    []
>>> list3=['星期一','星期二','星期三','星期四']  # 使用相同数据类型的数据创建列表
>>> print(list3)
    ['星期一', '星期二', '星期三', '星期四']
>>> list4=[0.5,1,'星期二','星期三']            # 使用不同数据类型的数据创建列表
>>> print(list4)
    [0.5, 1, '星期二', '星期三']
```

2. 列表的索引和切片

列表中的每个元素都有编号，这些编号代表了元素在列表中的位置，被称为索引位置。从起始元素开始，索引值从 0 开始递增。此外，Python 还支持索引值是负数的情况。切片是截取一部分序列的操作，切片的功能十分强大，它可以对列表中的元素进行大规模操作。

【**实战 6-6**】列表的索引和切片。

```
>>> list1=['星期一','星期二','星期三','星期四','星期五']
>>> print(list1[1])                           # 访问列表中索引值为1的元素
    '星期二'
>>> list1[1]='语文'                           # 使用赋值语句改变列表元素的值
>>> print(list1)
    ['星期一', '语文', '星期三', '星期四', '星期五']
>>> print(list1[1:4])                         # 截取列表中索引值从1开始，4之前的元素
    ['语文', '星期三', '星期四']
>>> print( list1[:3])                         # 截取列表中索引值从0开始，3之前的元素
    ['星期一', '语文', '星期三']
```

3. 列表的基本操作

列表的基本操作有列表元素的添加、删除，以及列表的合并等。

【**实战 6-7**】列表元素的添加、删除，以及列表的合并等常用操作。

```
>>> list1=['星期一','星期二','星期三','星期四']
```

```
>>> list1.append('星期五')        # 使用append()方法，在列表的末尾增加元素
>>> print(list1)
    ['星期一', '星期二', '星期三', '星期四', '星期五']
>>> list1.insert(3,'星期日')     # 使用insert()方法，在列表的指定位置插入元素
>>> print(list1)
    ['星期一', '星期二', '星期三', '星期日', '星期四', '星期五']
>>> del list1[2]                 # 使用del命令删除列表中的指定元素
>>> print(list1)
    ['星期一', '星期二', '星期日', '星期四', '星期五']
>>> list2=[ '星期六', '星期日']
>>> list3=list1+list2            # 使用+合并列表
>>> print( list3)
    ['星期一', '星期二', '星期日', '星期四', '星期五', '星期六', '星期日']
>>> list4=list2*2                # 使用*重复列表
>>> print(list4)
    ['星期六', '星期日', '星期六', '星期日']
>>> list4.remove('星期日')        # 使用remove()方法移除列表中指定元素的第一个匹配项
>>> print(list4)
    ['星期六', '星期六', '星期日']
```

6.2.5　元组

元组与列表相似，不同之处在于元组中的元素不可变，也就是说，元组是一个不可变序列。当创建元组后，不可以修改、添加和删除元组中的元素，但可以访问元组中的元素。

1. 元组的创建

元组由小括号内的元素和逗号组成。在使用元组之前，首先要创建元组。

【实战 6-8】元组的创建。

```
>>> tup1=('星期一','星期二','星期三')
>>> tup2=(1,2,3,4,5,6)
>>> tup3=('hello','Python',50.1,100)
>>> tup4=()                      # 创建空元组
>>> tup5=(30,)                   # 当元组中只包含一个元素时，需要在元素后面添加逗号
```

2. 元组的基本操作

元组与列表类似，索引值从 0 开始递增，可以使用下标索引访问元组中的元素，可以进行切片、组合等操作。不能删除元组中的元素，但可以使用 del 语句删除整个元组。

【实战 6-9】元组的访问、连接、删除等操作。

```
>>> tup1=('星期一','星期二','星期三','星期四')
```

```
>>> print(tup1[0])
    '星期一'
>>> print(tup1[1:3])
    ('星期二', '星期三')
>>> tup1[0]='星期五'                # 元组中的元素不允许修改
    Traceback (most recent call last):
    File "<pyshell#3>", line 1, in <module>
    tup1[0]='星期五'
    TypeError: 'tuple' object does not support item assignment
>>> tup2=(1,2,3,4,5,6)
>>> tup3=tup1+tup2                  # 使用+合并元组
>>> print(tup3)
    ('星期一', '星期二', '星期三', '星期四', 1, 2, 3, 4, 5, 6)
>>> tup4=('hello',)
>>> tup5=tup4*3                     # 将元组中的元素重复3次，返回一个新的元组
>>> print(tup5)
    ('hello', 'hello', 'hello')
>>> del tup5                        # 使用del命令删除整个元组
```

6.2.6　字典

Python 提供了两个没有顺序的内建数据类型，分别是字典和集合。字典是由键和值组成的键-值对的无序集合。字典有以下特征。

- 字典中的数据必须以键-值对的形式出现。
- 键在字典中必须是唯一的，每个键只能对应一个值。如果同一个键被多次赋值，则最后一次赋的值为该键对应的值。
- 字典中的键是不可变的，为不可变类型，不能进行修改。字典中的值是没有任何限制的，可以修改，也可以是任何数据类型。

1. 字典的创建

Python 提供了快速创建字典的方式，用一对大括号包含多个键-值对。其语法格式如下：

```
{键1:值1, 键2:值2...}
```

【实战 6-10】字典的创建。

```
>>> dict1={}                                    # 创建空字典
>>> dict2={'学号':'1001','姓名':'张三','成绩':90}
>>> dict3={'数学':80,'语文':90.5,'数学':82}     # "'数学'"键被两次赋值
>>> print(dict3)                                # 后面赋的值82为"'数学'"键对应的值
{'数学': 82, '语文': 90.5}
```

2. 字典的基本操作

字典的基本操作有字典访问、字典修改、字典删除及元组转字典等。

【实战 6-11】字典的基本操作。

```
>>> dict1={'学号':'1001','姓名':'张三','成绩':90}
>>> dict1['学号']='1002'              # 更新"'学号'"键的值
>>> del dict1['姓名']                 # 删除"'姓名'"键
>>> print(dict1)
{'学号': '1002', '成绩': 90}
>>> dict1.clear()                    # 清空字典dict1
>>> print(dict1)
{}
>>> del dict1                        # 删除字典dict1
```

6.2.7　集合

集合是一个无序的且不重复的元素集。集合由不同元素组成，使用集合可以很方便地删除重复的元素。

1. 集合的创建

在 Python 中，可以使用大括号创建集合，也可以使用 set() 函数创建集合。

【实战 6-12】集合的创建。

```
>>> set1={1,1,3,5,7,7,9}             # 创建集合，删除重复元素
>>> print( set1)
    {1, 3, 5, 7, 9}
>>> set2=set()                       # 使用set()函数创建空集合，不能使用大括号创建集合
>>> print(set2)
    set()
>>> list1=['星期一','星期二','星期一','星期三']
>>> set3=set(list1)                  # 使用set()函数将列表转换为集合，并删除重复元素
>>> print(set3)
    {'星期三', '星期二', '星期一'} # 集合是无序的，程序运行结果中元素的位置是随机的
>>> set4=set('Hello Python')         # 使用set()函数将字符串转换为集合，并删除重复元素
>>> print(set4)
    {'P', 'o', 'y', 'h', 't', 'e', 'n', 'l', 'H', ' '}
```

2. 集合的基本操作

由于集合是无序的，因此集合不能通过索引和键访问元素，不支持切片等操作。可以进行添加、删除集合中的元素等操作。

【**实战 6-13**】集合的基本操作。

```
>>> set1={'星期一', '星期二', '星期三',1,2,3}
>>> set1.add(4)                    # 使用add()方法添加集合元素
>>> print(set1)
    {1, 2, 3, '星期二', 4, '星期三', '星期一'}
>>> set2={'星期四','星期五',5}
>>> set1.update(set2)              # 使用update()方法添加多个元素
>>> print(set1)
    {'星期五', 1, 2, 3, 4, 5, '星期三', '星期一', '星期四', '星期二'}
>>> set1.remove('星期一')          # 使用remove()方法删除集合中的某个元素
>>> print(set1)
    {'星期五', 1, 2, 3, 4, 5, '星期三', '星期四', '星期二'}
>>> set1.clear()                   # 使用clear()方法删除集合中的所有元素
>>> print(set1)
set()
```

3. 集合的运算

Python 的集合之间支持并集、交集、差集等运算。

【**实战 6-14**】集合的运算。

```
>>> set1={'a','b','c','d'}
>>> set2={'c','d','e','f'}
>>> set1|set2    # 求并集，即集合set1 或集合set2 中包含的所有元素
    {'a', 'c', 'f', 'd', 'e', 'b'}
>>> set1&set2    # 求交集，即集合set1 与集合set2 中都包含的元素
    {'d', 'c'}
>>> set1-set2    # 求差集，即集合set1 中包含而集合set2 中不包含的元素
    {'a', 'b'}
>>> set1^set2    # 求对称差集，即不同时包含在集合set1 与集合set2 中的元素
    {'a', 'f', 'e', 'b'}
```

6.3 基本输入 / 输出语句

基本输入/输出语句

输入 / 输出语句是程序设计语言中的基本编程语句，本节重点讲解 input() 函数和 print() 函数。

6.3.1 input() 函数

input() 函数是 Python 内置函数，负责从控制台获取用户输入的数据。用户输入数据时，

通过 input() 函数接收输入的数据。在获得输入的数据之前，input() 函数可以包含一些提示文字。input() 函数的语法如下：

```
input("提示文字")
```

函数运行后将持续接收输入的数据，直到用户按 Enter 键停止。

注意：对于输入的任何数据，input() 函数统一以字符串型输出。

【实战 6-15】input() 函数的使用。

```
>>> input("请输入：")
    请输入：厉害了，我的国！✓        # ✓表示回车
    厉害了，我的国！
>>> a=input("请输入一个整数：")
    请输入一个整数：1024 ✓
>>> a=int(a)                      # 通过int()函数将a转换为数值类型数据
>>> print(a)
    1024
```

在实战 6-15 中，输入的值为 1024，此时输出的值将是字符串型数据 '1024'，通过 int() 函数可以将输出的值转换为数值类型数据 1024。

6.3.2　print() 函数

print() 函数是 Python 内置函数，用于输出字符信息，也能以字符形式输出变量。print() 函数的语法如下：

```
print("待输出字符串")
```

【实战 6-16】使用 print() 函数输出字符信息 "厉害了，我的国！"。

```
>>> print("厉害了，我的国！")      # 直接输出字符信息
    厉害了，我的国！
>>> str = "厉害了，我的国！"
>>> print(str)                   # 以字符形式输出变量str
    厉害了，我的国！
```

6.3.3　eval() 函数

eval() 函数是 Python 的内置函数，用于删除参数最外侧的双引号并执行余下的语句。eval() 函数的语法如下：

```
eval(参数)
```

【实战 6-17】eval() 函数的使用。

```
>>> x=5
>>> eval("x+3")
    8
```

需要注意的是，在 eval("hello") 中，删除参数最外侧的双引号后，系统会把 hello 作为一个变量，若在此之前没有定义变量 hello，则系统会报错。在 eval("'hello'") 中，删除参数最外侧的双引号后，系统把 'hello' 作为一个字符串输出。

在接收输入的数据时，如果输入的是数值类型数据，那么可以使用 eval(input()) 接收数值类型数据。

6.3.4　format() 函数

format() 函数主要用于对字符串进行格式化。format() 函数的语法如下：

```
<模板字符串>.format(<逗号分隔的参数>)
```

下面从两个方面来介绍 format() 函数。

1. 按位使用

模板字符串由一系列槽位组成，用来控制修改字符串中嵌入值出现的位置。其基本思想是将 format() 函数中使用逗号分隔的参数按照序号关系替换到模板字符串的槽位中，槽位用大括号表示。如果大括号中没有指定参数序号，则参数按照槽位顺序依次插入相应位置，如图 6-7 所示。如果大括号中指定了参数序号，则参数按照序号顺序插入相应位置，如图 6-8 所示。

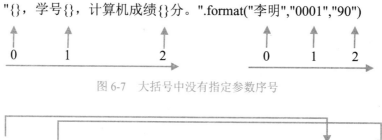

"{}，学号{}，计算机成绩{}分。".format("李明","0001","90")

图 6-7　大括号中没有指定参数序号

"{1}，学号{2}，计算机成绩{0}分。".format("90","李明","0001")

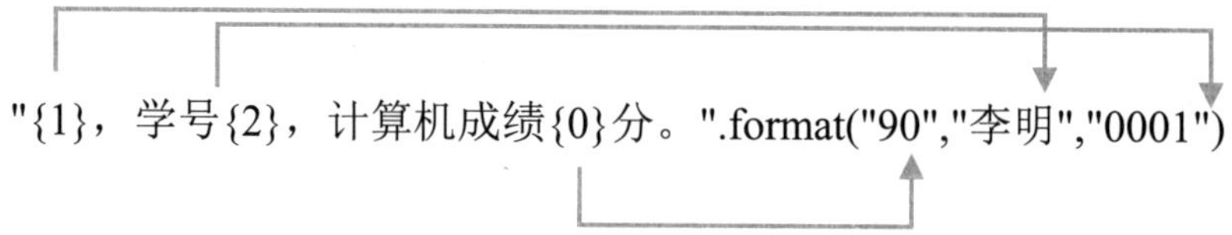

图 6-8　大括号中指定了参数序号

【实战 6-18】字符串中槽位的顺序。

```
>>> "{}年{}月{}日，{}成立。".format("1949","10","1","中华人民共和国")
1949 年 10 月 1 日，中华人民共和国成立。
>>> "{3}年{0}月{1}日，{2}成立。".format("10","1","中华人民共和国","1949")
1949 年 10 月 1 日，中华人民共和国成立。
```

2. 控制格式

format() 函数中的槽位除了可以包含参数序号，还能包含格式控制标志。此时，槽位格式如下：

```
{<参数序号>:<格式控制标志>}
```

其中，"格式控制标志"决定了相应参数输出的样式，包括 <填充>、<对齐>、<宽度>、<,>、<.精度>、<类型> 6 个字段，这些字段可以单独使用，也可以组合使用。格式控制标志及其表示的内容如表 6-5 所示。

表 6-5　格式控制标志及其表示的内容

格式控制标志	表示的内容
<填充>	用于填充的符号
<对齐>	∧表示居中对齐 <表示左对齐 >表示右对齐
<宽度>	槽位宽度
<,>	千位分隔符，适用于整数和浮点数
<.精度>	设置浮点数小数部分的精度或字符串的最大输出长度
<类型>	整型或浮点型

其中，格式控制标志 <填充>、<对齐>、<宽度> 为相关字段。<填充> 是指在槽位宽度内，除了打印输出的内容，剩下的宽度用什么符号进行填充，默认情况下用空格填充。<对齐> 是指打印输出的内容的对齐方式，∧表示居中对齐，<表示左对齐，>表示右对齐，默认情况下左对齐。<宽度> 是指打印输出的内容的槽位宽度，即打印输出所占的字符长度。若参数长度大于 format() 函数的槽位宽度，则输出参数实际长度；若参数长度小于 format() 函数的槽位宽度，则输出参数以外的位将被填充符号填充。

【实战 6-19】格式控制标志 <填充>、<对齐>、<宽度> 的用法。

```
>>> s = "Hello world!"
>>> print("{0:20}".format(s))
   'Hello world!        '      # 左对齐
>>> print("{0:^20}".format(s))
   '    Hello world!    '      # 居中对齐
>>> print("{0:*^20}".format(s))
   '****Hello world!****'      # 居中对齐，使用*进行填充
>>> print("{0:5}".format(s))
   'Hello world!'              # 参数长度大于format()函数的槽位宽度，输出参数实际长度
```

格式控制标志 <,> 为整数或浮点数的千位分隔符，用逗号分隔。

【实战 6-20】格式控制标志 <,> 的用法。

```
>>> print("{0:*^20}".format(1234567890))
    '*****1234567890*****'        # 居中对齐，使用*进行填充
>>> print("{0:*^20,}".format(1234567890))
    '***1,234,567,890****'        # 居中对齐，使用*进行填充，使用逗号作为千位分隔符
>>> print("{0:*^20,}".format(12345.67890))
    '****12,345.6789*****'        # 居中对齐，使用*进行填充，使用逗号作为千位分隔符
```

格式控制标志 <.精度> 用于控制字符串输出的最大长度或浮点数小数部分的有效位数。

【实战 6-21】格式控制标志 <.精度> 的用法。

```
>>> print("{0:.5}".format("Hello world!"))
    'Hello'
>>> print("{0:.2f}".format(12345.67890))
    '12345.68'
>>> print("{0:*^20,.2f}".format(12345.67890))
    '*****12,345.68******'
```

格式控制标志 < 类型 > 用于控制整数或浮点数的输出类型。整数和浮点数对应的各输出类型如表 6-6 所示。

表 6-6 整数和浮点数对应的各输出类型

整　　数		浮　点　数	
类型	表示的内容	类型	表示的内容
b	输出类型为二进制	e	输出类型为小写字母e的指数形式
c	输出类型为对应的Unicode	E	输出类型为大写字母E的指数形式
d	输出类型为十进制	f	输出类型为标准浮点形式
o	输出类型为八进制	%	输出类型为百分数形式
x	输出类型为小写十六进制		
X	输出类型为大写十六进制		

【实战 6-22】格式控制标志 < 类型 > 的用法。

```
>>> print("{0:b}, {0:c}, {0:d}, {0:o}, {0:x}, {0:X}".format(123))
    '1111011, {, 123, 173, 7b, 7B'
>>> print("{0:e}, {0:E}, {0:f}, {0:%}".format(1.23))
    '1.230000e+00, 1.230000E+00, 1.230000, 123.000000%'
>>> print("{0:.2e}, {0:.2E}, {0:.2f}, {0:.2%}".format(12.3))
    '1.23e+01, 1.23E+01, 12.30, 1230.00%'
```

6.4　程序控制结构

程序控制结构

6.4.1　程序控制的基本结构

　　程序控制的基本结构主要包括顺序、分支、循环 3 种，每种结构都只有一个入口和一个出口。任何结构化程序都可以用这 3 种基本结构表示。

　　计算机程序可以看作一条条顺序执行的代码，顺序结构是最基础的程序控制结构。

　　在顺序结构中，程序按照语句顺序依次执行。顺序结构流程如图 6-9 所示。其中，语句块 1、语句块 2 可以表示一条或一组顺序执行的语句。

　　在分支结构中，程序根据条件的判断结果选择要执行的语句块，因此分支结构又被称为选择结构。分支结构分为单分支结构、双分支结构和多分支结构。分支结构流程如图 6-10 所示。

图 6-9　顺序结构流程

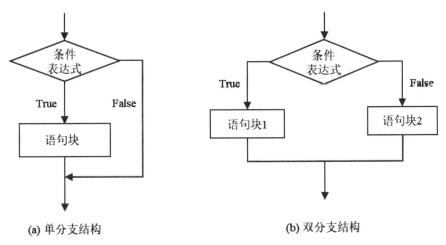

(a) 单分支结构　　　　　　(b) 双分支结构

图 6-10　分支结构流程

　　在循环结构中，程序重复执行一行或多行代码，直到执行循环的条件不成立为止。循环分为条件循环和遍历循环。循环结构流程如图 6-11 所示。

6.4.2　分支结构

1. 单分支结构：if 语句

if 语句的语法如下：

```
if 条件表达式：
    语句块
```

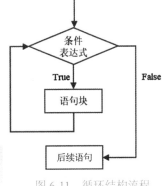

图 6-11　循环结构流程

当条件表达式成立时，执行语句块，此时条件表达式的结果为真，即 True；当条件表达式不成立时，跳过语句块，此时条件表达式的结果为假，即 False。

if 语句中的语句块执行与否取决于条件表达式是否成立。但无论条件表达式成立与否，程序都会顺序执行 if 语句的下一条同级语句。

条件表达式可以是任何能够产生 True 和 False 的语句或函数，可以由变量、常量或运算符组成。Python 中的常用运算符如表 6-7 所示。

表 6-7　Python 中的常用运算符

运　算　符	相　关　描　述	实　　例
==、!=	判断两个值是否相等	if i==j:
>、<、>=、<=	判断两个值的大小关系	if i>j:
and	逻辑与，两个条件同时成立时结果为"真"	if i>0 and i<10:
or	逻辑或，两个条件中至少一个成立时结果为"真"	if i==0 or i==1:
not	逻辑非，对条件表达式结果取反	if not(i==0): 结果与 if i!=0:相同

【实战 6-23】猜数字游戏：预设一个 20 以内的数字作为答案，玩家输入要猜测的数字，如果玩家猜对了则输出"恭喜你，猜对了！"。

```
number=12
guess=input("请输入一个 20 以内的数字：")          # 预设答案
guess=int(guess)
if number==guess:
    print("恭喜你，猜对了！")
```

2. 双分支结构：if-else 语句

if-else 语句的语法如下：

```
if 条件表达式：
    语句块 1
else：
    语句块 2
```

当条件表达式成立时，执行语句块 1；当条件表达式不成立时，执行语句块 2。

改进实战 6-23，若在猜数字游戏中希望给玩家反馈猜测的数字是否正确，则可以使用 if-else 语句实现。

【实战 6-24】猜数字游戏：预设一个 20 以内的数字作为答案，玩家输入要猜测的数字，如果玩家猜对了则输出"恭喜你，猜对了！"；如果玩家猜错了则输出"很遗憾，猜错了！"。

```
number=12
guess=input("请输入一个 20 以内的数字：")     # 预设答案
```

```
guess=int(guess)
if number==guess:
    print("恭喜你，猜对了！")
else:
    print("很遗憾，猜错了！")
```

3. 多分支结构：if-elif-else 语句

if-elif-else 语句为多分支结构语句。使用多分支结构可以解决多个条件的复杂问题。if-elif-else 语句的语法如下：

```
if 条件表达式1:
    语句块1
elif 条件表达式2:
    语句块2
...
elif 条件表达式N:
    语句块N
else:
    语句块N+1
```

判断条件表达式 1 是否成立，若条件表达式 1 成立则执行语句块 1，否则判断条件表达式 2 是否成立，若条件表达式 2 成立则执行语句块 2，否则继续按照顺序向下判断。若条件表达式成立则执行相应语句块，若所有条件表达式都不成立，则执行 else 分支下的语句块。

【**实战 6-25**】输入一个整数作为学生成绩，根据学生成绩判断分数等级。90 分及 90 分以上为 A 等级，80~89 分为 B 等级，70~79 分为 C 等级，60~69 分为 D 等级，60 分以下为 F 等级，若输入的成绩小于 0 分或大于 100 分则提示"输入错误！"。

这里可以使用 if-elif-else 语句实现。

```
score=input("请输入你的成绩：")
score=int(score)
if score > 100 or score < 0:
    print("输入错误！")
elif score >= 90:
    print("你的成绩为A等级")
elif score >= 80:
    print("你的成绩为B等级")
elif score >= 70:
    print("你的成绩为C等级")
elif score >= 60:
    print("你的成绩为D等级")
else:
    print("你的成绩为F等级")
```

思考：假如将实战 6-25 中的代码修改为如下形式，能否正常运行？能否正确输出相应分数的等级？为什么？

```
score=input("请输入你的成绩：")
score=int(score)
if score > 100 or score < 0:
    print("输入错误！")
elif score >= 60:
    print("你的成绩为D等级")
elif score >= 70:
    print("你的成绩为C等级")
elif score >= 80:
    print("你的成绩为B等级")
elif score >= 90:
    print("你的成绩为A等级")
else:
    print("你的成绩为F等级")
```

6.4.3 循环结构

在程序设计中，有时需要重复执行一条或多条代码，代码的重复执行可以通过循环语句来实现。

根据重复执行的次数是否确定，循环可以分为两种情况：一种是循环次数是确定的，循环次数可以预先设定；另一种是循环次数是不确定的，需要通过判断条件决定是否执行循环语句。前者被称为遍历循环，通过 for 语句实现；后者被称为条件循环，通过 while 语句实现。

1. 遍历循环：for 语句

通过 for 语句可以确定循环语句重复执行的次数，实现遍历循环。for 语句重复执行的次数根据遍历结构中的元素个数确定。for 语句的语法如下：

```
for 循环变量 in 遍历结构：
    循环语句块
```

遍历循环可以理解为从遍历结构中依次为每个元素赋予当前的循环变量，每提取一个元素执行一次循环语句块。

遍历循环有很多应用，下面介绍一些常用的搭配使用的应用。

1）计数遍历循环

```
for i in range(N)：
    循环语句块
```

其效果为执行 N 次循环语句块，其中 range(N) 函数用于产生一个数字序列，该数字序列为 0,1,2,…,N-1，共 N 个元素，以此产生循环，控制循环次数。

```
for i in range(M,N,K)：
```

　　循环语句块

　　其中，range(M,N,K) 函数用于产生一个数字序列，该数字序列在 [M,N) 范围内，以 M 为起始值，步长为 K。

【**实战 6-26**】计数循环的应用 1。

```
for i in range(5):
    print(i)
```

程序输出结果为：

```
0
1
2
3
4
```

【**实战 6-27**】计数循环的应用 2。

```
for i in range(1,10,3):
    print(i)
```

程序输出结果为：

```
1
4
7
```

2）字符串遍历循环

```
for c in s:
    循环语句块
```

　　其中，s 为字符串，c 用于取出字符串中的每个字符。c 按顺序依次从字符串中取出每个字符，每取出一个字符，执行一次循环语句块。

【**实战 6-28**】字符串遍历循环的应用。

```
for c in "我爱中国!":
    print(c,end=",")
```

程序输出结果为：

```
我,爱,中,国,!,
```

3）列表遍历循环

```
for item in ls:
    循环语句块
```

其中，ls 为列表，item 用于取出列表中的每个元素。item 按顺序依次从列表中取出每个元素，每取出一个元素，执行一次循环语句块。

【实战 6-29】列表遍历循环的应用。

```
for item in [123,"abc","你好"]:
    print(item,end=",")
```

程序输出结果为：

```
123,abc,你好,
```

2. 条件循环：while 语句

当不确定循环语句重复执行的次数时，需要根据条件判断重复执行的情况，这种情况又被称为无限循环，可以通过 while 语句来实现。条件循环不需要提前确定循环次数。while 语句的语法如下：

```
while 条件表达式：
    循环语句块
```

while 语句中条件表达式的结果为 True 或 False。当条件表达式成立时，重复执行循环语句块；当条件表达式不成立时，结束循环。

【实战 6-30】条件循环：while 语句的应用。

```
i=3
while i>0:
    print(i)
    i=i-1
```

程序输出结果为：

```
3
2
1
```

由于在使用 while 语句时，事先不确定循环次数，因此需要注意执行循环语句块后，条件表达式是否成立，以防出现死循环。

若将实战 6-30 中的代码修改为如下形式，将进入死循环，原因在于执行 i=i+1 后，条件表达式 i>0 永远成立，程序将一直运行下去。程序进入死循环后，可以通过关闭程序输出窗口或者按组合键 Ctrl+C 结束循环。

```
i=3
while i>0:
    print(i)
    i=i+1
```

3. 循环保留字：break 和 continue

循环结构有两个保留字，分别为 break 和 continue。其作用是辅助控制循环的执行。

1）break

break 用于跳出当前层级的 for 循环或 while 循环，并执行循环的下一行代码。

【实战 6-31】break 的应用：依次输出 "python" 中的字符，直到遇到 t 结束。

```
for c in "python":
    if c=="t":
        break
    print(c,end=" ")
```

程序输出结果为：

```
p y
```

当 c=t 时，break 用于结束整个循环。

2）continue

continue 用于跳出当次循环，即放弃执行本次循环中未执行的语句，但不跳出当前循环。

【实战 6-32】continue 的应用。

```
for c in "python":
    if c=="t":
        continue
    print(c,end=" ")
```

程序输出结果为：

```
p y h o n
```

当 c=t 时，continue 用于结束当次循环，即放弃执行本次循环中 continue 后的语句，并继续遍历 "python"。

4. for 循环和 while 循环的扩展

for 循环和 while 循环都可以用 else 子句进行扩展。其语法如下：

```
for 循环变量 in 遍历结构：
    语句块 1
else:
    语句块 2
```

在 for 循环中，else 语句块在遍历完成后正常结束循环的情况下执行。

```
while 条件：
    语句块 1
else:
    语句块 2
```

在 while 循环中，else 语句块在条件不成立的情况下执行。

当循环体未被 break 结束时，执行 else 语句块。

【实战 6-33】 for 循环的扩展应用。

```
for c in "python":
    if c=="t":
        continue
    print(c,end=" ")
else:
    print("正常退出")
```

程序输出结果为：

```
p y h o n 正常退出
```

【实战 6-34】 while 循环的扩展应用。

```
for c in "python":
    if c=="t":
        break
    print(c,end=" ")
else:
    print("正常退出")
```

程序输出结果为：

```
p y
```

6.5 函数的使用

函数的使用

6.5.1 函数的定义

在程序设计过程中，经常会遇到需要使用相同功能代码的情况。为了提高编程效率，使程序结构清晰、方便维护，并且实现一次编写、多次调用的目的，可以把实现特定功能的语句编写成函数。

函数是 Python 程序的基本构成元素之一，是指组织好的、可重复使用的、用来实现单一或相关功能的代码。比如，前面学习过的 input() 函数、print() 函数就是 Python 内置函数，可以实现输入 / 输出数据的功能。用户可以根据需要定义函数，实现自己想要的功能，这被称为自定义函数。需要注意的是，函数必须先定义再使用。定义函数的基本语法如下：

```
def  函数名（[参数1,参数2,…,参数n]）:
        函数体
```

```
[return [表达式]]
```

格式说明如下。

- **def**：函数代码块以def关键字开头，后接函数名、小括号和冒号。
- **函数名**：函数名必须是一个符合Python语法规则的标识符，最好能体现函数功能。
- **小括号**：小括号内是参数列表，需注意的是，即使函数不带参数，也必须保留一对空的小括号。
- **参数列表**：参数列表又可以叫作形参列表，是可选项，即一个函数可以有参数，也可以没有参数，若有多个参数，则多个参数之间用逗号分隔。其作用是告诉调用者，要实现函数功能，需要提供哪些数据。不需要为参数指定数据类型，Python解释器会根据实参的值自动推断数据类型。
- **冒号**：函数内容以冒号开始，并且按Enter键缩进。
- **函数体**：函数体是实现特定功能的多行代码。
- **[return [表达式]]**：此为可选项，用于将表达式的值返回给调用方。不带表达式的return语句返回None。也就是说，函数可以有返回值，也可以没有返回值。是否需要返回值应根据实际情况而定。

【实战 6-35】 编写函数，输出"我是中国人，我骄傲！"。

```
def myfirstfunc():                    # 无参数、无返回值的函数
    print("我是中国人，我骄傲！")        # 输出"我是中国人，我骄傲！"
```

【实战 6-36】 编写函数，返回两个数中的较大值。

```
def larger(a,b):                      # 有参数、有返回值的函数
    if a>=b:
        c=a
    else:
        c=b
    return  c                         # 返回a、b两个数中的较大值
```

6.5.2　函数的调用

定义函数后，就可以在需要时调用该函数从而实现特定功能。调用函数即使用、运行函数。调用函数的基本语法如下：

```
[返回值接收变量]=函数名([实参列表])
```

格式说明如下。

- **函数名**：函数名是指被调用的函数的名称。
- **实参列表**：实参列表是依据创建函数时各个形参的要求传入的实际参数值。
- **返回值接收变量**：如果函数有返回值，则可以通过一个变量来接收该值。当然，也可以不接收该值。
- **小括号**：即使在调用函数时没有实参列表，小括号也不可以省略。

【实战 6-37】当定义的函数没有返回值时，调用该函数时可以使用以下代码实现：

```
myfirstfunc()
```

调用该函数后，输出"我是中国人，我骄傲！"。

【实战 6-38】当定义的函数有参数时，在调用该函数时需要给出具体的值，代码如下：

```
large=larger(c,d)
```

使用变量 large 接收函数的返回值，c、d 为函数的实参，可以在调用函数前对 c、d 赋值，这里以 c=3，d=9 为例进行说明。在调用函数后，使用 print(large) 语句输出变量 large 的值，即可得到函数的运行结果，代码如下所示：

```
===== RESTART: C:/Users/Administrator/Desktop//6-5-2.py ====
9
```

6.5.3 函数的参数

1. 形参和实参

在定义函数时，由用户定义的形式上的变量被称为形参。在调用函数时，主调函数为被调函数提供的原始数据被称为实参。例如，实战 6-36 中，在定义函数时函数名后面小括号中的 a、b 为形参，而实战 6-38 中在调用该函数时函数名后面小括号中的 c、d 为实参。形参表示函数实现功能所需的信息，而实参则是在调用函数时传递给函数的实际信息。当调用有参数的函数时，实参的值传递给形参。在 Python 中，实参的值传递给形参，是一种单向传递方式，不能传回。在函数执行过程中，形参的值可能会被改变，但不会影响与之对应的实参的值。

2. 位置参数

位置参数是必需参数，在调用函数时，实参传入的顺序必须与形参保持一致，实参个数也必须和定义函数时的形参个数保持一致。

如果调用实战 6-38 定义的函数：

```
larger (1,8)
```

那么实参 1、8 按照定义函数时指定的形参的顺序依次传递给形参 a、b，即 a=1，b=8。而以下函数在调用时会报错：

```
larger (5)
```

其原因是实参个数与形参个数不一致，出错信息如下：

```
TypeError: larger() missing 1 required positional argument: 'b'
```

3. 关键字参数

关键字参数和函数调用的关系紧密，使用关键字参数允许在调用函数时参数的顺序与声明函数时参数的顺序不一致，这是因为 Python 解释器能够用参数名匹配参数值。使用关键字参数的好处是位置可以不固定，参数可以按照任意顺序出现。

【实战 6-39】编写函数，输出某公司职员的基本信息，包括姓名、国籍、所在省份及城市。

```python
def employee(name,country,province,city):
    print("name:",name,"country:",country,"province:",province,"city:",city)
    return
```

调用该函数，代码如下：

```python
employee(country="中国",name="张琪",city="成都",province="四川")
```

由于这里的函数调用采用了关键字参数，因此实参的顺序与形参的顺序可以不一致，与以下函数调用的运行结果相同：

```python
employee ("张琪","中国","四川","成都")
```

运行结果如下：

```
===== RESTART: C:/Users/Administrator/Desktop/6-5-3.py ====
name: 张琪 country: 中国 province: 四川 city: 成都
```

需要注意的是，可以将位置参数和关键字参数混合使用，关键字参数位于位置参数后，如 employee(" 张琪 "," 中国 ",city=" 成都 ",province=" 四川 ")，不能在关键字参数后使用位置参数。以下函数调用会报错：

```python
employee("张琪", country="中国","四川","成都")
```

出错信息如下：

```
SyntaxError:positional argument follows keyword argument
```

4. 默认参数

Python 提供了一个很方便的机制，叫作默认参数。在编写函数时，可以给每个形参指定默认值。在调用函数时，默认参数的值如果没有被传入，则使用默认值。当调用函数给形参提供实参时，Python 使用指定的实参。如果某个参数的值相对固定，则可以将其设置为默认参数。例如，实战 6-39 中若参数 country 的值大多数情况下为"中国"，则可以将其设置为默认参数，代码如下：

【实战 6-40】默认参数的应用。

```python
def employee_dafault(name,province,city,country="中国"):
    print("name:",name,"country:",country,"province:",province,"city:",city)
```

```
    return
```

在调用 employee_dafault() 函数时，可以给参数 country 传递值，也可以不给参数 country 传递值而使用默认值"中国"。例如，调用 employee_dafault（"王芹","广西","南宁"）函数的运行结果为：

```
===== RESTART: C:\Users\Administrator\Desktop\6-5-4.py ====
name: 王芹 country: 中国 province: 广西 city: 南宁
```

需要注意的是，在声明函数时，其参数列表中如果既包括无默认值的参数，又包括有默认值的参数，那么必须先声明无默认值的参数，再声明有默认值的参数。例如，修改实战 6-40 中函数声明为：

```
def employee_dafault (name, country="中国",province,city):
```

调用该函数时，只传递实参给 name、province、city，代码如下：

```
employee_dafault ("周玲","贵州","贵阳")，则会出现以下错误：
SyntaxError:non-default argument follows default argument
```

5. 可变长度参数

在 Python 中，有时需要函数处理比声明时更多的参数，这些参数被叫作不定长参数，也被叫作可变长度参数，即传入的参数个数是可变的，可以是 0 个，也可以是任意个。可变长度参数包括可变长度的位置参数、可变长度的关键字参数。

1）可变长度的位置参数

可变长度的位置参数允许传入 0 个或任意多个参数，在调用函数时这些参数值自动组装成一个元组。在定义函数时需要在函数的形参名前面加一个 *。其语法如下：

```
def 函数名([普通参数列表,]*args,[其他参数列表]):
函数体
[return [返回值表达式]]
```

格式说明如下。

- args是一个可变长度的位置参数。传入的参数个数可以是 0 个或任意多个，多个参数之间用逗号分隔。
- 在可变长度的位置参数之前，可能会出现零个或多个普通参数。
- 出现在args之前的普通参数都是"仅位置参数"，也就是说，在调用函数时只能使用位置参数传值，不能使用关键字传值和默认值。
- 出现在args之后的任何形式的参数都是"仅关键字参数"，也就是说，在调用函数时只能使用关键字参数传值而不能使用位置参数传值。
- 出现在普通参数和关键字参数之间的任意多个参数值都会被打包成一个元组，并将元组赋给args，若可变长度参数的值是 0 个，则args会被赋予一个空元组。

在实战 6-39 中，可以输出职工的姓名、国籍、所在省份及城市信息，根据需要还可以输出性别、年龄等信息。

【实战 6-41】可变长度的位置参数的应用。

```
def employee_var (name,*args,province,city,country="中国"):
    print(name,args,country,province,city)
    return
```

下面是调用函数的几个示例。

示例 1：

```
employee_var ("周玲","女",30,province="贵州",city="贵阳")
```

将"周玲"传递给 name，"贵州""贵阳"作为关键字传递给 province 和 city，country 采用默认值，"女""30"被打包成元组赋给可变长度变量 args。输出结果如下：

```
周玲 ('女', 30) 中国 贵州 贵阳
```

示例 2：

```
employee_var ("周玲","女",30, "工程师", country="China",province="GuiZhou",
city="GuiYang")
```

将"周玲"传递给 name，"China""GuiZhou""GuiYang"作为关键字传递给 country、province 和 city，"女""30""工程师"被打包成元组赋给可变长度变量 args。输出结果如下：

```
周玲 ('女', 30, '工程师') China GuiZhou GuiYang
```

示例 3：

```
employee_var ("王芳",province="山东",city="济南")
```

将"王芳"传递给 name，"山东""济南"作为关键字传递给 province 和 city，country 采用默认值，没有可变参数，args 的输出结果为空元组。输出结果如下：

```
王芳 () 中国 山东 济南
```

示例 4：

```
employee_var ("覃建国",province="海南")
```

该函数调用出错，原因是函数声明中位于 *args 后面的形参 city 为关键字参数，而在调用函数时没有给该参数传值。错误信息提示如下：

```
TypeError: employee_var() missing 1 required keyword-only argument: 'city'
```

示例 5：

```
employee_var (province="辽宁",city="沈阳")
```

该函数调用出错，原因是函数声明中位于 *args 前面的形参 name 为位置参数，而在调用函数时没有给该参数传值。错误信息提示如下：

```
TypeError: employee_var() missing 1 required positional argument: 'name'
```

2）可变长度的关键字参数

可变长度的关键字参数允许传入 0 个或任意多个含参数名的参数，这些关键字参数在函数内部自动打包为一个字典。在字典中，关键字为参数名，值为相应的参数值，表示方式是参数名前面加上 **，语法如下：

```
def 函数名（[其他参数列表,]**kw）:
函数体
[return [返回值表达式]]
```

格式说明如下。

- kw是一个可变长度的关键字参数，会接收所有参数列表之外且以关键字参数传值的参数，并将其打包为字典。
- 若无参数列表以外的关键字参数，则kw为空字典。
- 在定义函数时，kw后面不能有其他参数。
- 在调用函数时，参数列表之外的关键字参数可以出现在位置参数之后的任意位置。

以实战 6-39 中输出职员信息为例，举例说明可变长度的关键字参数的使用方法。

【实战6-42】可变长度的关键字参数的应用。

```
def employee_key(name,age,**kw):
    print("name:",name,"age:",age)
    print("other:",kw)
    return
```

下面是调用函数的几个示例。

示例 1：

```
employee_key("姚爱国",36,city="北京")
```

employee_key() 函数包括位置参数 name、age 和可变长度关键字参数 kw。在调用该函数时，"姚爱国""36"作为实参的值传递给 name、age，city 作为参数列表外的参数，被 kw 接收并打包为一个字典。输出结果如下：

```
name: 姚爱国    age: 36
other: {'city': '北京'}
```

示例 2：

```
employee_key ("姚爱国",36,country="中国",city="北京")
```

country、city 作为参数列表外的参数，被 kw 接收并打包为一个字典。输出结果如下：

```
name: 姚爱国 age: 36
other: {'country': '中国', 'city': '北京'}
```

示例 3：

```
employee_key ("姚爱国",36)
```

"姚爱国""36"作为实参的值传递给 name、age，没有其他参数，kw 为空字典。输出结果如下：

```
name: 姚爱国 age: 36
other: {}
```

6.5.4　参数传递方式

调用函数时的参数传递方式与其他高级程序设计语言类似，分为传值和传址两种。

1.　传值方式

传值方式是指不可变数据类型的参数传递方式。例如，数字、元组等作为实参传递给形参的是具体的值，即将实参对象复制一份传递给形参，从而使实参和形参指向不同的对象。传值方式的特点是被调函数对形参的任何操作都是作为局部变量处理的，不会影响主调函数实参变量的值。

【实战 6-43】传值方式的应用。

```
def exchange(i,j):
    i,j=j,i                       # 交换形参i、j的值
    print("形参: i=",i,"j=",j)     # 输出形参i、j的值
x=5                               # 定义实参x并赋值
y=8                               # 定义实参y并赋值
exchange(x,y)                     # 调用函数，将实参x、y的值传递给形参
print("实参: x=",x,"y=",y)        # 输出实参x、y的值
```

程序输出结果为：

```
===== RESTART: C:/Users/Administrator/Desktop/6-5-7.py ====
形参: i= 8  j= 5
实参: x= 5  y= 8
```

从以上程序输出结果中可以看出，在调用函数时，x、y 为数值类型数据，作为实参传递给形参 i、j，这里传递的是值，即参数传递后形参的值为 i=5，j=8。在函数内部，形参的值发生了变化，变成 i=8，j=5，但是由于值传递是一种单向传递方式，形参的改变并不影响实参的值，因此实参 x、y 的值不变，即函数调用结束后，x=5，y=8。

2.　传址方式

传址方式是指可变数据类型（字典、列表等）在参数传递过程中，将实参指向对象的地址复制并传递给形参，这使得实参、形参指向同一对象。被调函数对形参进行的任何操作都会影响主调函数中的实参变量。

【实战 6-44】传址方式的应用。

```
def list_change(list_xing):                    # 形参的数据类型为列表
```

```
    for i in range(0,len(list_xing),1):# 通过for循环实现将列表中的每个元素乘以2
        list_xing[i]=list_xing[i]*2
    print("被调函数执行后，形参列表为：",list_xing)        # 输出形参list_xing的值
list_shi=[1,2,3,4,5]                                    # 定义一个列表list_shi
list_change(list_shi)                                  # 调用函数list_change
print("函数调用结束后，实参列表为：",list_shi)  #输出实参list_shi的值
```

程序输出结果为：

```
===== RESTART: C:/Users/Administrator/Desktop/ 6-5-8.py ====
被调函数执行后，形参列表为： [2, 4, 6, 8, 10]
函数调用结束后，实参列表为： [2, 4, 6, 8, 10]
```

从以上程序输出结果中可以看出，当实参为可变数据类型时，传递给形参的是地址，这使得实参、形参指向同一对象，由此可知被调函数内部对形参的值的改变会同时影响实参。

6.5.5　函数的返回值

函数的处理结果往往会返回给调用函数的代码行，以提高函数的重复使用率，同时达到将大部分繁重工作移至函数中去完成从而简化主程序的目的。在函数中，可以使用 return 语句来返回函数的运行结果。

【实战 6-45】比较两个数的大小，并用 return 语句返回其中较大的数。该返回值可以被其他代码使用。比如，可以使用 max=larger(100,200) 语句实现比较 100 和 200 的大小并先将较大值作为函数的返回值赋给变量 max，再使用 print() 函数输出变量 max 的值。

```
max=larger(100,200)          # 调用函数并将返回值赋给变量max
print(max)                   # 输出变量max的值
```

该函数可以反复被调用，具体如下：

```
max=larger(150,80)
print(max)                   # 输出 150
max=larger(60,95)
print(max)                   # 输出 95
max=larger(7,1)
print(max)                   # 输出 7
```

上述代码中函数的返回值只有一个。与其他高级程序设计语言不同的是，Python 支持一次返回多个值，下面举例说明。

【实战 6-46】编写函数，同时返回任意一组数中奇数和偶数的个数。

```
def odd_even_number(*num):    # 形参为可变长度参数，可以将任意多个参数组合成一个元组
    odd_num=0                 # 统计奇数个数的变量，初始值为0
    even_num=0               # 统计偶数个数的变量，初始值为0
```

```
    for n in num:              # 使用for语句依次判断各参数是奇数还是偶数
        if (n%2==0):
            even_num+=1        # 若是偶数，则even_num增加 1
        else:
            odd_num+=1         # 若是奇数，则odd_num增加 1
    return even_num,odd_num    # 返回奇数和偶数的个数
```

上述代码中函数的返回值有两个。在调用该函数时，需要两个变量来接收返回值，代码如下：

```
# 函数的返回值赋给even和odd两个变量
even,odd=odd_even_number(1,26,5,8,6,9,10,15,12)
print("偶数个数为：",even)
print("奇数个数为：",odd)
```

程序输出结果为：

```
===== RESTART: C:/Users/Administrator/Desktop/ 6-5-9.py ====
偶数个数为：  5
奇数个数为：  4
```

6.5.6　变量的作用域

变量的作用域是指变量的作用范围，即变量在哪个范围内起作用。变量的作用域由变量所在源代码中的位置决定。

变量的作用域主要分为以下 3 种。

- 局部作用域：定义在函数内部的变量拥有一个局部作用域。
- 全局作用域：全局作用域作用于函数内、外部的变量上。
- 内置作用域：内置作用域作用于系统内固定模块中定义的变量上，如预定义在builtin模块内的变量max。

处于局部作用域中的变量被称为局部变量，处于全局作用域中的变量被称为全局变量。

1. 局部变量

在函数内部定义的变量，它的作用域也仅限于函数内部，这样的变量被称为局部变量。其原因是当函数被执行时，Python 会为其分配一块临时存储空间，所有在函数内部定义的变量都会存储在这块临时存储空间中。而在执行函数后，这块临时存储空间会被释放并被回收，该空间中存储的变量自然也就无法再次被使用。函数声明时的形参也属于局部变量。

2. 全局变量

在所有函数外部定义的变量被称为全局变量，全局变量的默认作用范围是整个程序，即全局变量既可以在各个函数外部使用，又可以在各个函数内部使用。

定义全局变量有如下两种方法。

- 在函数外部直接定义全局变量。
- 在函数内部使用关键字global定义全局变量。

【实战6-47】局部变量、全局变量的应用。

```
def mysecondfun(a):      # 形参也是局部变量，其作用范围仅限于函数内部
    b=a+2                # 函数内部定义的变量b为局部变量
    print("局部变量a:",a,"局部变量b:",b)
    d=c+10               # 函数内部定义的变量d为局部变量
    print("全局变量c:",c,"局部变量d:",d)
a=20                     # 函数外部定义的全局变量a与函数形参a同名
b=a+10                   # 函数外部定义的全局变量b与函数内部定义的局部变量同名
c=50                     # 在函数外部定义全局变量c
print("函数外部a:",a,"b:",b)   # 输出全局变量a、b的值
mysecondfun(10)          # 调用函数
```

程序输出结果为：

```
==== RESTART: C:/Users/Administrator/Desktop/6-5-10.py ====
函数外部a: 20  b: 30
局部变量a: 10 局部变量b: 12
全局变量c: 50 局部变量d: 60
```

从以上程序输出结果中可以看出，局部变量可以与全局变量同名。

- 在全局作用域中的代码不能使用任何局部变量。
- 可以在局部作用域中访问全局变量，如在实战6-47中，函数内部的d=c+10语句，访问了全局变量c。
- 可以在不同的作用域中将相同的名称赋予不同的变量，如在实战6-47中，形参a是局部变量，函数内部定义的变量b也是局部变量，而在函数外部又定义了相同名称的全局变量a、b。

【实战6-48】错误的变量访问实例。

```
def mythirdfun():
    a=10             #a为局部变量，作用在mythirdfun()函数内部
    print(a)
def myfourthfun():
    print(a)
print(a)             # 在函数外部即全局作用域中访问局部变量a，出错
myfourthfun()        #调用myfourthfun()函数，访问在mythirdfun()函数内部定义的局部变
#量a，出错
```

程序输出结果为：

```
NameError: name 'a' is not defined
```

结果出现错误的原因是在全局作用域中没有定义变量a，在myfourthfun()函数内部也没

有定义局部变量 a。需要注意的是，可以在局部作用域中访问全局变量，但无法在全局作用域中使用函数内部定义的局部变量。此外，使用一个函数的局部作用域中的代码不能访问其他局部作用域中的变量。

6.5.7　函数的嵌套调用与递归调用

1.　函数的嵌套调用

Python 规定在定义函数时，函数内部不能再定义其他函数，如果需要，那么可以在一个函数内部调用其他函数。比如，在 c 函数内部调用了 b 函数，而在 b 函数内部又调用了 a 函数，这被称为函数的嵌套调用。

【**实战 6-49**】函数的嵌套调用的应用。

```
def first():              # 定义first()函数
    print("这是first()函数")


def second():             # 定义second()函数
    print("second()函数调用first()函数")
    first()               # 函数内部调用first()函数


def third():              # 定义third()函数
    print("third()函数调用second()函数")
    second()              # 函数内部调用second()函数
third()                   # 函数外部调用third()函数
```

上述程序中定义了 3 个函数，首先运行 third() 函数，在该函数内部调用了 second() 函数，而在 second() 函数内部又调用了 first() 函数，这就是函数的嵌套调用。

程序输出结果为：

```
===============RESTART:C:/Users/Administrator/Desktop/6-5-12.
py=============
third()函数调用second()函数
second()函数调用first()函数
这是first()函数
```

2.　函数的递归调用

递归指在连续执行某一处理过程时，该过程中的某一步要用到它的上一步或上几步的结果。在调用函数的过程中，出现直接或间接地调用该函数本身的情况被称为函数的递归调用。函数的递归调用是一种常用的程序设计技术。利用递归求解实际问题，思路清晰、简洁。

函数的递归调用的经典例子就是求 n 的阶乘 $n!$。

【**实战 6-50**】编写函数求 n 的阶乘 $n！$，已知：

$$n!=\begin{cases} 1 & n\leq 1 \\ n(n-1)! & n>1 \end{cases}$$

当 $n \leq 1$ 时，$n!=1$，无须求解。当 $n>1$ 时，$n!=n(n-1)!$，问题转变成了求解 $(n-1)!$，与求解 $n!$ 类似，从 $(n-1)!=(n-1)(n-2)!$ 中可以看出，求解 $n!$ 的过程，每一步的求解过程及思路与上一步相似，只是问题规模在不断减小，具有典型的递归特性。使用代码实现如下：

```
def fac(n):
    if n<=1:
        return 1
    else:
        return n*fac(n-1)   # fac()函数调用了自身
```

虽然使用递归调用函数的方法解决实际问题可以使得问题简化、逻辑清晰，但是函数的递归调用的实现过程理解起来有一定的难度，下面以 fac(3) 函数为例加以说明。

第一步，调用 fac(3) 函数，此时实参为 3，形参 n=3，n>1，fac(3) 函数的返回值为 3*fac(2)。

第二步，调用 fac(2) 函数，此时实参为 2，形参 n=2，n>1，fac(2) 函数的返回值为 2*fac(1)。

第三步，调用 fac(1) 函数，此时实参为 1，形参 n=1，由已知条件可知 fac(1)=1!=1。

fac(1) 函数的返回值为 1，返回到调用 fac(2) 函数处，计算出 fac(2)=2* fac(1)=2，fac(2) 函数的返回值为 2，返回到调用 fac(3) 函数处，计算出 fac(3)=3* fac(2)=6，即 3!=6。

以上函数的递归调用及返回过程如图 6-12 所示。

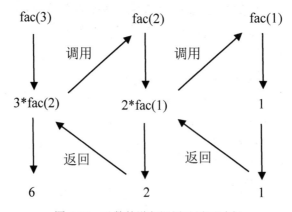

图 6-12　函数的递归调用及返回过程

从以上分析可以看出，递归的过程就是函数先不断调用自身直至存在一个已知或简单可解的条件结束，再一步一步返回，最终解决问题。对于函数的递归调用，需要注意以下问题。

• 必须有一个明确的结束条件，如 1!=1。

- 在每次递归调用时，问题的性质要保持不变，问题的规模要比上次递归调用的规模有所减小。
- 相邻两次递归调用之间要有紧密的联系，如前一次的输出作为后一次的输入。
- 递归是以牺牲存储空间为代价的，由于反复调用函数，会或多或少地增加时间，降低递归函数的执行效率，因此递归深度不可太大。

6.6　文件操作

文件操作

6.6.1　文件概述

文件是用文件名标识的数据集。在通常情况下，计算机处理的大量数据都是以文件的形式组织存放的。所有文件都有文件名，文件名是处理文件的依据。如果想读取存放在外存上的数据，那么必须先按文件名找到指定的文件，然后从该文件中读取数据。要向外存上写入数据也必须先建立一个文件（以文件名标识）。文件包括两种，即文本文件和二进制文件。文本文件存放的是各种数据的 ASCII 码，可以用记事本打开；二进制文件存放的是各种数据的二进制编码，不能用记事本打开，必须通过专用程序打开。

【实战 6-51】理解文本文件和二进制文件的区别。

首先，用文本编辑器生成一个包含"中国是一个爱好和平的国家！"的 .txt 格式文本文件，并将其命名为 heping.txt。分别用文本文件模式和二进制文件模式写入，并打印输出效果，建立一个 filediff.py 文件，并将 filediff.py 文件与 heping.txt 文件放到同一目录下，运行 filediff.py 文件。

filediff.py 文件代码如下：

```
textFile=open('heping.txt','rt')          # rt表示文本文件模式
print(textFile.readline ())               # 从文本文件中读取一行文字
textFile.close ()                         # 关闭文件
binFile = open ('heping.txt','rb')        # rb表示二进制文件模式
print(binFile.readline())                 # 从二进制文件中读取一行文字
binFile.close()                           # 关闭文件
```

程序输出结果为：

```
=============== RESTART:C:\Users\user\Desktop\filediff.py ===============
中国是一个爱好和平的国家！
b'\xd6\xd0\xb9\xfa\xca\xc7\xd2\xbb\xb8\xf6\xb0\xae\xba\xc3\xba\xcd\xc6\
xbd\xb5\xc4\xb9\xfa\xbc\xd2\xa3\xa1'
```

6.6.2 文件的打开与关闭

Python 对文本文件和二进制文件采用统一的操作步骤，即打开→操作→关闭，如图 6-13 所示。操作系统中的文件默认处于存储状态，首先需要将其打开，使得当前程序有权操作这个文件。打开后的文件处于占用状态，此时，另一个程序不能操作这个文件。可以通过一个方法读取文件的内容或向文件写入内容，此时，文件作为一个数据对象存在。操作之后需要将文件关闭，关闭文件将取消对文件的控制，使文件恢复存储状态，此时，另一个程序将能够操作这个文件。

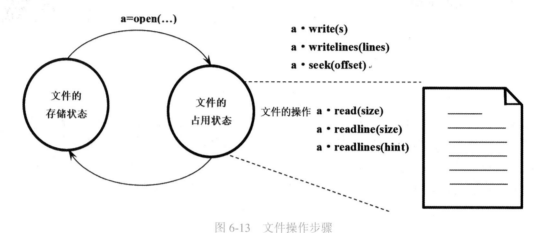

图 6-13　文件操作步骤

在读取或写入文件之前，可以使用 Python 内置的 open() 函数打开文件。使用 open() 函数创建一个文件对象，该对象将用于调用与其相关的其他支持方法。open() 函数的语法如下：

文件名＝open（文件名，打开模式）

格式说明如下。

- 文件名：数据类型为字符串型，用于指定要访问的文件名。
- 打开模式：用于确定文件打开的模式，默认是只读模式。文件的打开模式如表 6-8 所示。

表 6-8　文件的打开模式

文件的打开模式	相 关 描 述
'r'	只读模式
'w'	覆盖写模式，若文件不存在则创建，若文件存在则完全覆盖
'x'	创建写模式，若文件不存在则创建，若文件存在则返回异常
'a'	追加写模式，若文件不存在则创建，若文件存在则在文件末尾追加内容
'b'	二进制文件模式
't'	默认值，文本文件模式
'+'	与'r'/'w'/'x'/'a'一同使用，在原功能基础上增加同时读写功能

打开模式使用字符串表示，根据字符串定义，单引号或者双引号均可。在上述打开模式中，'r'、'w'、'x'、'a' 可以和 'b'、't'、'+' 组合使用，形成既表达文件的读写操作又表达文件的打开模式的方式。例如，open() 函数默认采用文本文件模式打开。textFile=open（'heping.txt'）或 textFile=open（'heping.txt','rt'），表示以只读方式读取程序所在目录的文本文件 heping.txt 中的内容。

如果要读取一个二进制文件，如一段视频、一段音频等，那么需要采用二进制文件模式打开文件。例如，打开一个名为 music.mp3 的音频文件，代码如下：

```
binfile = open('music.mp3', 'rb')
```

对于一个已打开的文件，无论是否进行了读写操作，当不需要对文件进行操作时，都应该关闭文件，释放文件的使用授权。Python 中通过 close() 函数关闭文件对象。close() 函数的语法如下：

```
文件名.close()
```

例如：

```
textFile.close ()
```

6.6.3　文件的读写

当文件被打开后，根据打开模式的不同可以对文件进行相应的读写操作。注意，当文件以文本文件模式打开时，按照字符串形式进行读写操作，采用当前计算机使用的编码或指定编码；当文件以二进制文件模式打开时，按照字节流形式进行读写操作。Python 提供 3 个常用的文件内容读取方法，如表 6-9 所示。

表 6-9　常用的文件内容读取方法

读 取 方 法	相 关 描 述
read(size)	从文件的当前位置开始读取指定 size 个字符的数据，若省略 size，则读取到文件结束
readline( )	从文件中读取一行数据，返回值是一个字符串，即文件中的一行，包括换行符
readlines( )	从文件的当前位置开始读取后面所有行的数据，返回一个列表变量，每行作为一个列表元素

【实战 6-52】读取程序目录下的 testbook.txt 文件的内容并逐行打印。

```
fo=open('testbook.txt','r')
for line in fo:
    print(line)
fo.close()
```

> 🎓 小知识：如果以二进制文件模式打开，那么换行符只是一个符号，对应一个字节，表示为 "\n"；如果以文本文件模式打开，那么换行符表示一行结束，用于辅助程序对文件的处理。文件的换行符是真实存在的字符。

Python 提供 3 个与文件内容写入有关的方法。文件内容写入方法如表 6-10 所示。

表 6-10 文件内容写入方法

写 入 方 法	相 关 描 述
write(s)	向文件中写入一个字符串或字节流
writelines(lines)	将一个元素全部为字符串的列表写入文件
seek(offset)	改变当前文件操作指针的位置
	0—文件开头；1—当前位置；2—文件结尾

【实战 6-53】生成 filewrite.txt 文件，并写入图 6-14 所示内容。

```
f=open('filewrite.txt','w')
s1='四大发明是中国古代创新的智慧成果和科学技术，主要包括：'
s2='造纸术、指南针、火药、印刷术'
f.write(s1)
f.write('\n')                # 添加换行符
f.write(s2)
f.close()
```

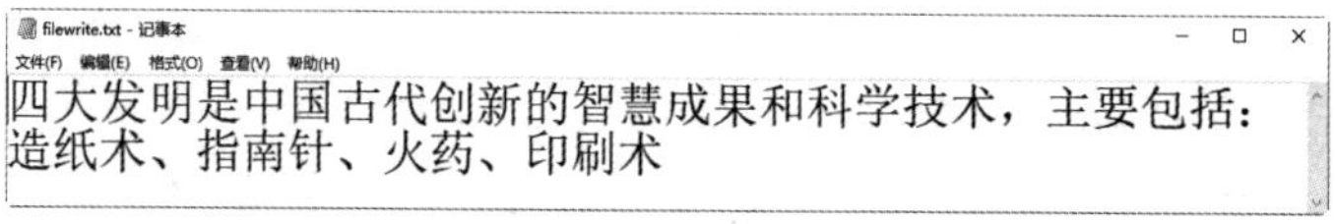

图 6-14 程序运行后生成的 filewrite.txt 文件

6.6.4 目录的处理

Windows 的文件通常存储在目录中，Python 的 os 模块提供了许多用于处理目录的方法。在使用这些方法之前，应事先导入 os 模块。若已经执行了 import os 语句，则可以直接使用下列处理目录的方法。

1. getcwd() 方法

getcwd() 方法用于获取程序的当前目录名，无参数。其语法如下：

```
os.getcwd()
```

2. listdir() 方法

listdir() 方法用于获取指定目录下的文件或文件夹的列表名。其语法如下：

```
os.listdir(path)
```

例如：

```
os.listdir('C:\Windows')
```

查看 C:\Windows 目录下的所有文件或文件夹的列表名。

3. path.join() 方法

path.join() 方法用于将多个目录组合起来。其语法如下：

```
os.path.join(path1,path2,path3...)
```

例如：

```
p=os.path.join('F:\learning\scorefile','testscore.xlsx')
```

赋值后，变量 p 的值为：

```
F:\learning\scorefile\testscore.xlsx
```

4. mkdir() 方法

mkdir() 方法用于在当前目录中创建新目录，新目录名以字符串形式作为方法的参数。其语法如下：

```
os.mkdir(path)    #path为要创建的目录
```

例如：

```
os.mkdir('C:\myfolder')
```

执行上述程序将创建 C: \myfolder 目录。

5. rmdir() 方法

rmdir() 方法用于删除指定文件夹的目录。注意，仅当指定文件夹是空时才可以删除，否则抛出 OSError。其语法如下：

```
os.rmdir(path)
```

6. rename() 方法

rename() 方法用于为文件或目录命名，从原名 src 到新名 dst。如果 dst 是一个存在的目录，那么将抛出 OSError。其语法如下：

```
os.rename(src,dst)  #src为要修改的文件名或目录名，dst为修改后的文件名或目录名
```

例如：

```
os.rename("test","test2")
```

执行上述程序会将文件名或目录名 test 改为 test2。

7. remove() 方法

remove() 方法用于删除指定目录中的文件。如果指定的是一个目录，那么将抛出 OSError。其语法如下：

```
os.remove(file)   #file为要移除的指定目录中的文件
```

8. chdir() 方法

chdir() 方法用于从当前目录更改到指定目录下。其语法如下：

```
os.chdir(path) #path为指定目录
```

6.7   计算生态和模块化编程

计算生态和模块化编程

Python 拥有庞大的计算生态，有着丰富的扩展库，用户可以在任何计算机上免费安装 Python 及其扩展库。众多开源的科学技术软件包都提供了 Python 的调用接口，如计算机视觉库 OpenCV、三维可视化库 VTK、医学图像处理库 ITK、科学计算库 NumPy、绘图库 Matplotlib、机器学习库 Sklearn 等。利用扩展库，用户只需添加几行代码就可以实现所需的功能。

6.7.1   模块、包和库

Python 内置了很多不同功能的函数、类定义等编程接口，并且引入了模块的概念。模块就是一些函数、类和变量的组合，是扩展名为 .py 的文件。它封装了一个或多个功能的代码集合，以便重用。模块可以是一个文件也可以是一个目录，目录的形式被称为包。模块可以被其他程序引入，以使用该模块中的函数等功能。一个模块往往针对某个方面的应用而设计。表 6-11 所示为 Python 的常用模块。

表 6-11   Python 的常用模块

模　　块	相　关　描　述
time	提供各种操作时间的函数
math	提供大量常见数学计算的函数
random	提供生成随机数的工具
os	提供对操作系统进行调用的接口
sys	提供系统相关的路径、版本等信息
Pandas	提供大量的函数集来执行各种数据预处理任务
turtle	提供简单的绘图工具
tkinter	图形用户界面开发模块
platform	获取操作系统的详细信息和与Python有关的信息

续表

模　　块	相　关　描　述
sqllite	一个轻型的嵌入式 SQL 数据库引擎
socket	提供建立网络连接和数据传输的编辑工具

1. 模块、包和库的简介

1）模块的概念

模块是在函数、类和变量的基础上，将一系列相关代码组织到一起的集合，一个模块就是一个扩展名为 .py 的源程序文件。把相关的代码分配到一个模块中能让代码更有逻辑，更好用，更易懂。

2）包的概念

包是一个有层次的文件目录结构，可以将模块以文件夹的形式进行分组管理。一个包对应一个目录，一个包中可以存放多个模块文件。使用包不仅可以对模块进行分类管理和维护，而且可以防止命名冲突。

3）库的概念

库是具有一定功能的代码集合。这也是 Python 的一大特色之一，即具有强大的标准库、第三方库及自定义模块。

标准库：下载安装的 Python 中自带的模块。

第三方库：由其他第三方机构发布的具有特定功能的模块。

自定义模块：用户自行编写的模块。

4）模块的使用

Python 使用 import 或者 from…import 来导入模块。

将整个模块导入，语法如下：

```
import 模块名 [as 别名]
```

例如：

```
import time                          # 使用import导入time
import random as rd                  # 使用import导入random，并将其命名为rd
```

从某个模块中导入某个函数，语法如下：

```
from 模块名 import 函数名 [as 别名]
```

例如：

```
from time import sleep               # 使用from...import从time中导入sleep
```

从某个模块中导入多个函数，语法如下：

```
from 模块名 import 函数名1,函数名2...
```

将某个模块中的全部函数导入，语法如下：

```
from 模块名 import *
```

例如：

```
from random import *          # 使用 from...import 将 random 中的全部函数导入
```

5）包的使用

每个包下都有一个 _init_.py 文件，调用包就是执行包下的 _init_.py 文件。包的导入方式如下：

```
import 包名.模块名
```

或

```
from 包名 import 模块名
```

例如，若存在一个包 animal，目录如下：

```
animal
|--_init_.py
|--cat.py
|--dog.py
```

则导入 animal：

```
import animal.cat          # 导入 animal 中的 cat 模块
from animal import dog      # 导入 animal 中的 dog 模块
```

2. 使用 random 生成随机数

random 是 Python 用于产生并使用随机数的标准库。random 的常用函数如表 6-12 所示。

表 6-12　random 的常用函数

函　　数	相　关　描　述
random()	生成一个 [0,1) 中的随机数
seed()	初始化随机种子
randint(a, b)	生成一个 [a, b] 中的随机整数
uniform(a, b)	生成一个 [a, b] 中的随机小数
randrange(start, stop, [step])	生成一个 [start, stop) 中步数为 step 的随机整数
getrandbits(k)	生成一个占内存 k 位以内的随机整数
choice(seq)	从 seq 中随机返回一个元素
shuffle(seq)	将 seq 中的元素随机排序，返回打乱后的序列
sample(pop, k)	从 pop 中选取 k 个元素，以列表类型返回（不改变原列表）

【实战 6-54】使用 random 生成各种随机数。

```
>>> import random                    # 导入 random
>>> print(random.random())           # 生成一个 [0,1) 中的随机浮点数
    0.8632296575010204
```

```
>>> print(random.seed(10))
>>> print(random.randint(1, 6))          # 生成 1~6 中的随机整数
    5
>>> print(random.uniform(1, 6))          # 生成 1~6 中的随机浮点数
    1.162925326410273
>>> print(random.randrange(10, 20, 2))   # 在 [10,20) 中获得按 2 递增的随机数
    16
>>> print(random.getrandbits(14))        # 生成一个占内存 14 位以内的随机整数
    9471
>>> print(random.choice('ahbgiihfe'))    # 从指定序列中随机返回一个元素
    a
>>> list1=['cat','dog','wolf','tiger']
>>> random.shuffle(list1)                # 随机打乱列表中的元素顺序
>>> print(list1)
    ['cat', 'wolf', 'tiger', 'dog']
>>> print(random.sample('ahbgiihfe',5))  # 从多个字符中生成数量为 5 的随机数
    ['i', 'b', 'a', 'e', 'g']
```

3. 使用 turtle 绘图

turtle 是 Python 中用于绘图的标准库。turtle 中有很多用于绘图的命令（工具）。使用 turtle 绘图是通过控制画笔的运动实现的，画笔运动的轨迹就是绘制出来的图形。

1）引入 turtle 的 3 种方式

（1）直接引用。

其语法如下：

```
import turtle
```

例如：

```
import turtle
turtle. circle(60)
```

（2）代替式引用。

其语法如下：

```
import turtle as t
```

例如：

```
import turtle as t
t. circle(60)
```

（3）省略式引用。

其语法如下：

```
from turtle import *
```

例如：

```
from turtle import *
circle(60)
```

2）画布与窗口

画布就是 turtle 中展开的用于绘图的区域，可以设置画布的大小和初始位置。画布和窗口的关系是，窗口包含画布。当窗口大于画布时，画布会填充窗口。当窗口小于画布时，画布中会出现滚动条。

3）画笔

在画布上，默认有一个坐标原点为画布中心的坐标轴，坐标原点上有一只面朝 x 轴正方向的小乌龟（画笔）。这里描述画笔时使用了两个词语，即"坐标原点"（位置）和"面朝 x 轴正方向"（方向），使用 turtle 绘图就是使用位置和方向描述画笔的状态。

4）常用的绘图函数

在使用画笔绘图时，可以使用许多绘图函数，这些绘图函数可以分为 4 种，分别为运动函数、画笔控制函数、全局控制函数和其他函数。

【实战 6-55】使用 turtle 绘制长度为 300 像素、宽度为 200 像素的矩形。

```
import turtle as t          # 导入turtle
t.setup(500,400)            # 设置窗口大小，位置默认在屏幕中间
t.speed(2)                  # 设置画笔移动速度
t.pensize(5)                # 设置画笔大小
t.pencolor("blue")          # 设置画笔颜色
t.penup()                   # 抬起画笔
t.goto(-150,100)            # 将画笔移动到坐标为(-150,100)的位置
t.pendown()                 # 落下画笔，显示移动轨迹
t.forward(300)              # 向前移动且绘图，长度为300像素
t.right(90)                 # 顺时针转动画笔90°
t.forward(200)              # 向前移动且绘图，长度为200像素
t.right(90)                 # 顺时针转动画笔90°
t.forward(300)              # 向前移动且绘图，长度为300像素
t.right(90)                 # 顺时针转动画笔90°
t.forward(200)              # 向前移动且绘图，长度为200像素
```

程序运行结果如图 6-15 所示。

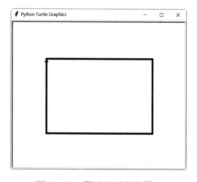

图 6-15　程序运行结果 1

常用的绘图函数如表 6-13 所示。

表 6-13　常用的绘图函数

功能类型	函　　数	相 关 描 述	实　　例
画布属性	setup(width=0.5, height=0.75, startx=None, starty=None)	设置窗口大小。width和height分别表示宽度和高度。整数表示像素；小数表示所占屏幕的比例；(startx, starty)表示矩形窗口左上方顶点的位置，若值为空则窗口位于屏幕中心	setup(500,400)
	screensize(canvwidth=None, canvheight=None, bg=None)	设置画布的宽度、高度、背景颜色（以像素为单位）	screensize(bg='red')
画笔属性	pensize(N)	设置画笔的宽度为N像素	pensize(20)
	pencolor()	若没有参数则返回当前画笔颜色；若有参数则设置画笔颜色，可以使用字符串如"green"、"red"等，也可以使用RGB 3元组	pencolor("blue")
	speed(N)	设置画笔移动速度为N	speed(5)
画笔控制函数	fillcolor(colorstring)	设置填充颜色	fillcolor("yellow")
	color(color1, color2)	设置画笔颜色为color1，填充颜色为color2	color("blue", "red")
	filling()	返回当前是否处于填充状态	
	begin_fill()	开始填充	begin_fill()
	end_fill()	填充完成	end_fill()
	hideturtle()	隐藏画笔形状，简写为hd()	
	showturtle()	显示画笔形状	
画笔运动函数	forward(distance)	向当前画笔方向移动distance像素长度，简写为fd()	forward(100)
	backward(distance)	向当前画笔相反方向移动distance像素长度，简写为bk()或back()	backward(100)
	right(degree)	顺时针移动degree度	right(90)
	left(degree)	逆时针移动degree度	left(90)
	pendown()	把画笔放到画布上，移动画笔时绘图，简写为pd()或down()	down()
	goto(x,y)	把画笔移动到坐标为（x, y）的位置	goto(10,0)
	penup()	移动画笔，另起一个位置绘图，简写为pu()或up()	up()
	circle(r)	绘制圆，若半径r为正（负），则表示在画笔的左侧（右侧）绘制圆	circle(10)
	setx()	将当前x轴移动到指定位置	setx(30)
	sety()	将当前y轴移动到指定位置	sety(30)
	setheading(angle)	设置当前朝向为angle，简写为seth()	
	home()	设置当前画笔位置为原点，朝向东	
	dot(re)	绘制一个指定直径和颜色的圆点	dot(10, color="red")

功能 类型	函　数	相 关 描 述	实　例
全局 控制 函数	clear()	清空窗口，但不改变turtle的位置和状态	clear()
	reset()	清空窗口，重置turtle的状态为起始状态，改变turtle的位置	reset()
	undo()	撤销上一个动作	undo()
	isvisible()	当前turtle是否可见（返回布尔值）	isvisible()
	stamp()	印章，为当前图形赋值	
	write(s[,font=("fontname",fontsize, "fonttype")])	书写文本，s为文本内容，font为字体的参数，包括文字名称、大小和类型，font及其参数是可选项	write("大家好")
其他 函数	done()	停止使用画笔	done()

【实战 6-56】使用 turtle 绘制背景颜色为红色的黄色五角星。

```
from turtle import *              # 导入turtle
setup(500,400)                    # 设置窗口大小，位置默认在屏幕中间
screensize(bg='red')             # 设置画布背景颜色
speed(1)                          # 设置画笔移动速度
hideturtle()                      # 绘图时不显示画笔
up()                              # 抬起画笔
goto(-150,50)                     # 将画笔移动到坐标为(-150,50)的位置
down()                            # 落下画笔，显示移动轨迹
pencolor("yellow")               # 设置画笔颜色
pencolor("yellow")               # 设置填充颜色
begin_fill()                      # 开始填充颜色
for x in range(5):                # 重复操作5次，因为有5个角，所以要画5条线
    fd(300)                       # 向前移动且绘图，长度为300像素
    right(144)                    # 顺时针转动画笔144°
end_fill()                        # 完成填充
done()                            # 停止使用画笔
```

程序运行结果如图 6-16 所示。

图 6-16　程序运行结果 2

6.7.2　第三方库的安装和使用

1. 第三方库的安装

1）在线安装

使用 pip 工具实现全自动在线安装第三方库。使用 pip 工具在线安装的语法如下：

```
pip install 第三方库名称
```

【**实战 6-57**】安装第三方库 PyInstaller。

右击"开始"按钮，在弹出的快捷菜单中选择"运行"命令，输入"cmd"，单击"确定"按钮，即可打开命令提示符窗口，如图 6-17 所示。

图 6-17　打开命令提示符窗口

在命令提示符窗口中输入如下命令：

```
pip install PyInstaller
```

按 Enter 键后，自动下载和安装 PyInstaller。当显示 Successfully installed 字样时，表示安装成功，如图 6-18 所示。

图 6-18　PyInstaller 安装成功

2）使用国内镜像源安装

在使用 Windows 安装第三方库时，常常会遇到超时或下载过慢的情况，这是因为 Python 的服务器在国外，因此有时使用 pip 工具下载时网速较慢，此时建议使用国内镜像源安装。

使用国内镜像源安装的语法如下：

```
pip install 第三方库名称 -i 国内镜像源地址
```

几个常用的国内镜像源地址如下。

清华大学：https://pypi.tuna.tsinghua.edu.cn/simple/

阿里云：http://mirrors.aliyun.com/pypi/simple/

中国科技大学：https://pypi.mirrors.ustc.edu.cn/simple/

豆瓣：https://pypi.douban.com/simple/

【实战 6-58】使用清华大学镜像源安装 jieba。

```
pip install jieba -i https://pypi.tuna.tsinghua.edu.cn/simple/
```

当显示 Successfully installed 字样时，表示安装成功，如图 6-19 所示。

图 6-19　jieba 安装成功

3）离线安装

很多时候，在线安装第三方库时会超时，在没有网络的情况下可以离线安装。离线安装，总共分两步。

（1）打开 Python 第三方库官方网站，把第三方库的文件下载到本地，并进行解压缩。

（2）使用 pip 工具进行本地安装。图 6-20 所示为离线安装 wordcloud。

图 6-20　离线安装 wordcloud

4）集成安装

在使用 Python 时，经常需要用到很多第三方库，使用 pip 工具一个一个安装费时费力，且需要考虑兼容性，此时推荐直接使用 Anaconda。它是专门为了方便使用 Python 进行数据处理和科学计算而建立的一组软件包，已经内置了许多非常有用的第三方库。安装了 Anaconda，就相当于把数十个第三方库自动安装好了，Anaconda 简单、易用。

5）卸载

要卸载一个已安装的第三方库，可以使用如下命令：

```
pip uninstall 第三方库名称
```

2. 第三方库的使用

1）PyInstaller 与程序打包

Python 是解析性语言，只能在支持 Python 的计算机系统中执行。有些计算机系统是没有配置 Python 环境的，这时就需要将 .py 格式文件转换为 .exe 格式文件。PyInstaller 是将 Python 程序文件打包生成可直接运行程序的第三方库。在使用 PyInstaller 之前，需要使用 pip 工具安装相应的包。

使用 PyInstaller 打包的语法如下：

```
pyinstaller -F python 源文件
```

【实战 6-59】使用 PyInstaller 将 D:\test.py 文件转换为 test.exe 文件。

在命令提示符窗口中，输入"pyinstaller -F d:/test.py"并按 Enter 键，当出现 completed successfully 字样时表示程序打包完成，如图 6-21 所示。

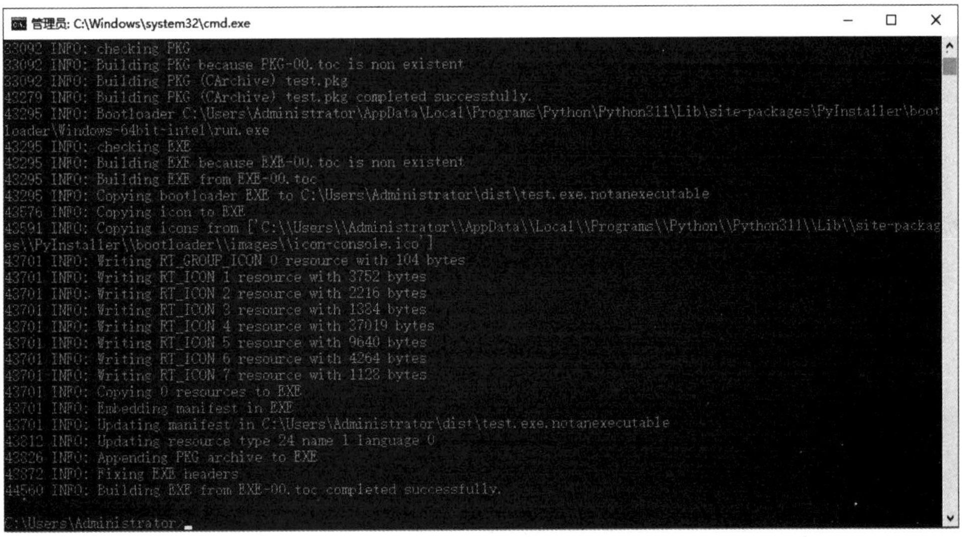

图 6-21　程序打包完成

打包完成后，将会在 C:\ 用户 \Administrator\ 目录下看到多了一个 dist 目录，并在该目录下看到有一个 test.exe 文件（见图 6-22），这就是使用 PyInstaller 生成的 .exe 格式文件。

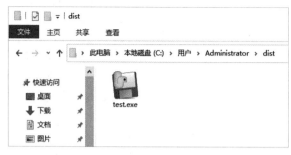

图 6-22　dist 目录下的 test.exe 文件

2）jieba 与中文分词

如果需要将中文文本通过分词获得单个词语，那么可以安装中文分词第三方库 jieba。jieba 对中文有着强大的分词能力。jieba 常用函数如表 6-14 所示。

表 6-14　jieba 常用函数

函　　　数	相　关　描　述
jieba.cut(txt)	精确模式，返回一个可迭代的数据类型
jieba.lcut(txt)	精确模式，返回列表
jieba.cut(txt,cut_all = True)	全模式，输出文本中的所有可能单词
jieba.lcut(txt,cut_all = True)	全模式，返回列表
jieba.cut_for_search(txt)	搜索引擎模式
jieba.lcut_for_search(txt)	搜索引擎模式，返回列表
jieba.add_word(txt)	向分词词典中增加新词
jieba.del_word(txt)	从分词词典中删除词汇

jieba 提供如下 3 种分词模式。

精确模式：把文本精确地切分开，不存在冗余词语。

全模式：把文本中所有可能的词语扫描出来，存在冗余词语。

搜索引擎模式：在精确模式的基础上，对长词语进行再次切分，存在冗余词语。

【实战 6-60】jieba 的 3 种分词模式的应用。

```
import jieba
str="万里长城是中国古代劳动人民血汗的结晶，是中国古代文化的象征和中华民族的骄傲"
messages = jieba.cut(str,cut_all=False)        # 精确模式
print ( '\n【精确模式下的分词】:\n'+"/ ".join(messages))
messages = jieba.lcut(str,cut_all=False)       # 精确模式返回列表
print ( '\n【精确模式返回列表】:\n{0}'.format(messages))
messages = jieba.cut(str,cut_all=True)          # 全模式
print ( '\n【全模式下的分词】:\n'+"/ ".join(messages))
messages = jieba.lcut(str,cut_all=True)         # 全模式返回列表
print ( '\n【全模式返回列表】:\n{0}'.format(messages))
messages = jieba.cut_for_search(str)             # 搜索引擎模式
```

```
print ( '\n【搜索引擎模式下的分词】: \n'+"/ ".join(messages))
messages = jieba.lcut_for_search(str)          # 搜索引擎模式返回列表
print ( '\n【搜索引擎模式返回列表】: \n{0}'.format(messages))
```

程序运行结果如图 6-23 所示。

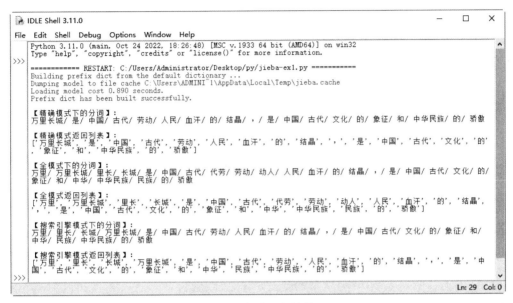

图 6-23　程序运行结果 1

【实战 6-61】使用 jieba 统计"2022 政府工作报告 .txt"文件中出现次数最多的 10 个关键词。

```
import jieba                              # 导入jieba
txt=open("2022政府工作报告.txt", "rb").read()    # 打开本地文本文档
words = jieba.lcut(txt)                   # 使用精确模式进行分词
counts = {}                               # 通过键-值对存储词语并计算其出现的次数
for word in words:
    if  len(word) == 1:                   # 单个词语不计算在内
        continue
    else:
        # 遍历所有词语，每出现一次，对应的值增加 1
        counts[word] = counts.get(word, 0) + 1
items = list(counts.items())              # 将键-值对转换成列表
# 根据词语出现的次数按照从大到小排序
items.sort(key=lambda x: x[1], reverse=True)
for i in range(10):                       # 输出前 10 个高频词语
    word, count = items[i]
print("{0:<5}{1:>5}".format(word, count)) # 格式输出
```

程序运行结果如图 6-24 所示。

```
IDLE Shell 3.11.0                                              —    □    ×
File  Edit  Shell  Debug  Options  Window  Help
>>>
      =========== RESTART: C:/Users/Administrator/Desktop/py/jieba-ex02.py ===========
      Building prefix dict from the default dictionary ...
      Loading model from cache C:\Users\ADMINI~1\AppData\Local\Temp\jieba.cache
      Loading model cost 0.922 seconds.
      Prefix dict has been built successfully.
      发展        127
      建设        68
      加强        68
      推进        67
      支持        59
      政策        45
      经济        44
      企业        43
      推动        42
      加快        38
>>>
                                                              Ln: 1   Col: 0
```

图 6-24　程序运行结果 2

3）wordcloud 与词云

wordcloud 是 Python 中非常优秀的用于展示词云的第三方库。词云以词语为基本单位，可以直观地展示文本。

【实战 6-62】使用 wordcloud 绘制词云图。

```
import wordcloud                                    # 导入词云库
import jieba                                        # 导入第三方分词库
f = open("2022 政府工作报告.txt","rb")              # 导入本地文本文档
t = f.read()                                        # 读取文本内容
font = "msyh.ttc"                                   # 设置中文字体，msyh 表示中文字体为微软雅黑
f.close()                                           # 关闭文件
ls = jieba.lcut(t)                                  # 将文本内容返回为列表数据类型的分词
txt = " ".join(ls)                                  # 用空格分割返回的分词
w = wordcloud.WordCloud(font_path=font,width=1000,height=700,background_
color="white")
w.generate(txt)                                     # 向对象 w 中加载文本 txt
w.to_file("wordcloud.png")                          # 输出词云
```

程序运行结果如图 6-25 所示。

图 6-25　程序运行结果 3

6.8　数据智能分析

数据智能分析

6.8.1　Pandas 入门

Pandas 是一款开源的 BSD 许可的 Python 库，可以为 Python 编程语言提供高性能、易于使用的数据结构和数据分析工具。

Pandas 的应用领域非常广泛，包括智能制造、金融、经济、统计、分析、医学等学术和商业领域。Pandas 作为一个开源的 Python 库，使用强大的数据结构提供高性能的数据操作和分析工具。Pandas 主要用于数据分析，这些数据构建在 NumPy 数组之上，这使得以 NumPy 为中心的应用很容易使用。Pandas 的功能非常强大，支持类似于 SQL 的数据增、删、查、改，并且带有丰富的数据处理函数，支持时间序列分析功能，支持灵活处理缺失值，支持合并及其他出现在常见数据库中的关系型运算等。

1. Pandas 的安装及数据结构

Pandas 的安装相对简单，使用 pip 工具即可，语法如下：

```
pip install pandas
```

Pandas 包含 3 个主要的数据结构：系列（Series）、数据帧（DataFrame）和面板（Panel）。因为这些数据结构都构建在 NumPy 数组之上，所以它们的处理速度都很快。在 Pandas 中，较高维数据结构是较低维数据结构的容器。例如，数据帧是系列的容器，面板是数据帧的容器。其中，系列、数据帧是使用非常广泛的两个数据结构，下面主要介绍这两个数据结构。

1）系列

系列是具有均匀数据的一维数据结构，具有均匀数据、尺寸大小不变、数据的值可变等特征。系列类似于能够保存任何类型数据（整数、字符串、浮点数、Python 对象等）的一维数组。它由一组数据（各种 NumPy 数据类型）及一组与之相关的数据标签（索引）组成。系列的字符串表现形式为：索引在左侧，值在右侧。如果没有为数据指定索引，那么系列会自动创建一个从 0 到 N（N 为数据的长度）的整型索引。可以通过系列的 values 属性和 index 属性获取数组表示形式和索引对象。

创建系列的语法如下：

```
pandas.Series(data, index, dtype, copy)
```

格式说明如下。

- data：data 可以采取各种形式，如 ndarray、list、constants 等，若为空则是一个空序列。
- index：index 的值必须是唯一的和散列的，与 data 的长度相同。如果没有索引被传递那么默认生成从 0 开始的整型索引。
- dtype：dtype 用于指定数据类型。如果没有指定数据类型，那么自动推断数据类型。
- copy：copy 用于设置是否复制数据，默认值为 False。

【实战6-63】创建一个系列对象，并通过索引的方式访问系列中的一组值。

```
>>> import pandas as pd
>>> data_dict=[89,87,92,96]    # 创建一个列表并为其赋值
>>> data_dict
    [89, 87, 92, 96]
>>> s_pd=pd.Series(data_dict)   # 创建一个s_pd，其存储数据为列表data_dict
>>> s_pd
    0    89
    1    87
    2    92
    3    96
    dtype: int64
>>> s_pd.values
    array([89, 87, 92, 96], dtype=int64)
>>> s_pd2=pd.Series([89,87,92,96],index=['a', 'b', 'c', 'd'])
>>> s_pd2
    a    89
    b    87
    c    92
    d    96
    dtype: int64
>>> s_pd2['c']
    92
>>> s_pd2[['a', 'b','d']]
    a    89
    b    87
    d    96
    dtype: int64
```

2）数据帧

在Pandas中，数据帧被广泛使用，数据帧是非常重要的数据结构。数据帧是一个具有异构数据的二维数组，数据以行和列的表格方式排列，具有异构数据、大小可变、数据可变等特征。

创建数据帧的语法如下：

```
pandas.DataFrame(data, index, columns, dtype, copy)
```

格式说明如下。

- data：data可以采取各种形式，如ndarray、list、constants等。
- index：index的值必须是唯一的和散列的，与data的长度相同。如果没有索引被传递那么默认生成从0开始的整型索引。
- columns：columns表示列标签。
- dtype：dtype用于指定数据类型。如果没有指定数据类型，那么自动推断数据类型。

- copy：copy用于设置是否复制数据，默认值为False。

数据帧可以使用列表、字典等创建。其中比较为常用的创建方法是直接传入一个由等长列表或 NumPy 数组组成的字典。

【实战 6-64】 使用字典创建数据帧。

```
>>> import pandas as pd
>>> data= {'学号': ['20210001', '20210002', '20210003', '20210004', '20210005'],
            '姓名': ['郑维强', '施沛军', '钟文高', '黄庚宏', '黄国强'],
            '平时成绩': [87, 80, 88, 73, 91],
            '期考成绩': [89, 83, 86, 77, 90]}   #创建一个字典并为其赋值
>>> df=pd.DataFrame(data)   #创建一个数据帧df，其存储数据为data
>>> df
        学号       姓名    平时成绩    期考成绩
   0  20210001   郑维强     87       89
   1  20210002   施沛军     80       83
   2  20210003   钟文高     88       86
   3  20210004   黄庚宏     73       77
   4  20210005   黄国强     91       90
```

如实战 6-64 所示，从运行结果中可以看到，数据帧主要由如下 3 个部分组成。

数据：位于正中间的 20 个数据就是数据帧的数据部分。

索引：最左侧的 0、1、2、3、4 是索引，为每行数据的标识。因为没有显示指定索引，所以会自动生成从 0 开始的数字索引。

列标签：表头的学号、姓名、平时成绩和期考成绩是标签部分，代表各列列名。

2. 数据帧的常用属性、方法及访问方式

1）属性

数据帧提供的是一个类似表的结构，由多个系列组成，而系列在数据帧中被称为 columns，其包含很多数据属性。数据帧的常用属性如表 6-15 所示。

表 6-15　数据帧的常用属性

属　　性	相　关　描　述
index	行索引
index.name	行索引名
columns	列索引
values	存储数据帧数值的NumPy数组
axes	行索引和列索引
ndim	维度
shape	形状，元组
size	元素个数

续表

属　性	相 关 描 述
dtypes	列的数据类型
T	行列转置

【实战 6-65】数据帧的常用属性的使用（以实战 6-64 的数据帧 df 为例）。

```
>>> df.size                        # 显示总单元格数
    20
>>> df. columns                    # 显示各列列名
    Index(['学号', '姓名', '平时成绩', '期考成绩'], dtype='object')
>>> df[['姓名','期考成绩']]        # 显示各位学生的期考成绩
        姓名   期考成绩
    0  郑维强      89
    1  施沛军      83
    2  钟文高      86
    3  黄庚宏      77
    4  黄国强      90
>>> df. dtypes                     # 显示各列数据类型
    学号       object
    姓名       object
    平时成绩     int64
    期考成绩     int64
```

2）方法

数据帧包含很多方法，可以使用表 6-16 中数据帧的常用方法进行数据操作。

表 6-16　数据帧的常用方法

方　　法	相 关 描 述
head([n])/tail([n])	返回前/后n行记录
describe()	返回所有数值列的最大值、最小值、平均值、列数等统计信息
max()/min()	返回所有数值列的最大值/最小值
mean()/median()	返回所有数值列的平均值/中位数
drop(labels ='##', axis = 0)	通过指定标签名和相应的轴，或直接给定索引名或列名来删除行或列。其中，labels 为行名或列名，axis用于指定删除行或列，0 表示删除行，1 表示删除列
rename()	修改列名，参数可以是一个字典也可以是一个函数
replace(to_replace,value)	将 to_replace 替换为value。注意，只是返回的数据帧中的数据发生了变化，原数据帧中的数据不变
value_counts()	查看某列中不同值的个数
sort_values(by='##',axis=0, ascending=True,inplace=False, na_position='last')	依据指定列进行排序，默认为升序

续表

方　　法	相　关　描　述
iloc[ ]	按位置访问一组行和列，有两个输入参数，第一个参数用于指定行位置，第二个参数用于指定列位置。当只有一个参数时，默认指定行位置（即抽取整行），所有列都被选中

【实战 6-66】数据帧的常用方法的使用（以实战 6-64 的数据帧 df 为例）。

```
>>> df.head(2)              # 显示前两行内容
        学号       姓名     平时成绩    期考成绩
    0  20210001  郑维强        87        89
    1  20210002  施沛军        80        83
>>> df.describe( )          # 显示所有数值列的最大值、最小值、平均值、列数等统计信息
            平时成绩      期考成绩
    count   5.000000   5.000000
    mean   83.800000  85.000000
    std     7.259477   5.244044
    min    73.000000  77.000000
    25%    80.000000  83.000000
    50%    87.000000  86.000000
    75%    88.000000  89.000000
    max    91.000000  90.000000
>>> aa=df.drop(labels='平时成绩',axis=1)  # 删除"平时成绩"列，并给变量aa赋值
>>> aa

        学号       姓名     期考成绩
    0  20210001  郑维强        89
    1  20210002  施沛军        83
    2  20210003  钟文高        86
    3  20210004  黄庚宏        77
    4  20210005  黄国强        90
>>> bb=df.replace(87,88)              # 将数据帧df中的87修改为88，并给变量aa赋值
>>> bb
        学号       姓名   平时成绩   期考成绩
    0  20210001  郑维强      88        89
    1  20210002  施沛军      80        83
    2  20210003  钟文高      88        86
    3  20210004  黄庚宏      73        77
    4  20210005  黄国强      91        90
>>> df.sort_values(by='期考成绩', ascending=False)   # 将数据帧df按期考成绩降序排列
        学号       姓名   平时成绩   期考成绩
    4  20210005  黄国强      91        90
    0  20210001  郑维强      87        89
    2  20210003  钟文高      88        86
```

```
       1    20210002    施沛军      80        83
       3    20210004    黄庚宏      73        77
>>> df.iloc[3]                              # 查看数据帧df的第 3 行中的数据
       学号              20210004
       姓名              黄庚宏
       平时成绩             73
       期考成绩             77
       Name: 3, dtype: object
```

3）访问方式

数据帧的常用访问方式有中括号直接访问、loc 访问、iloc 访问等。

（1）中括号直接访问。

语法 1：

```
DataFrame[列索引名或列索引名列表]
```

功能：访问单列或离散的多列。

语法 2：

```
DataFrame[start:end]
```

功能：切片访问连续的行，start 和 end 可以为整数的行索引号或索引名。

【实战 6-67】使用中括号直接访问数据帧中的数据（以实战 6-64 的数据帧 df 为例）。

```
>>> df['姓名']                        # 访问 "姓名" 列中的数据
       0    郑维强
       1    施沛军
       2    钟文高
       3    黄庚宏
       4    黄国强
       Name: 姓名, dtype: object
>>> df[['学号','姓名','平时成绩']]# 访问 "学号" 列、"姓名" 列、"平时成绩" 列中的数据
            学号          姓名    平时成绩
       0    20210001    郑维强    87
       1    20210002    施沛军    80
       2    20210003    钟文高    88
       3    20210004    黄庚宏    73
       4    20210005    黄国强    91
>>> df[0:2]                             # 访问前两行中的数据
            学号          姓名    平时成绩
       0    20210001    郑维强    87
       1    20210002    施沛军    80
```

（2）loc 访问。

语法：

```
DataFrame.loc[行索引名,列索引名]
```

功能：按索引名抽取指定行或列中的数据，若未定义索引名，则以索引号代替。

【实战 6-68】使用 loc 访问数据帧中的数据。

```
>>> df.loc[1,'姓名']      # 访问第一行"姓名"列中的数据
    '施沛军'
>>> df.loc[:,'姓名']      # 访问"姓名"列中的数据
    0    郑维强
    1    施沛军
    2    钟文高
    3    黄庚宏
    4    黄国强
    Name: 姓名, dtype: object
>>> df.loc[1,:]           # 访问第一行中的数据
    学号          20210002
    姓名            施沛军
    平时成绩          80
    期考成绩          83
    Name: 1, dtype: object
```

（3）iloc 访问。
语法：

```
DataFrame.iloc[行索引名,列索引名]
```

功能：按位置访问指定行或列中的数据。

【实战 6-69】使用 iloc 访问数据帧中的数据。

```
>>> df.iloc[1]     # 访问第一行中的数据
    学号          20210002
    姓名            施沛军
    平时成绩          80
    期考成绩          83
    Name: 1, dtype: object
>>> df.iloc[2,3]   # 访问第二行第三列中的数据
    88
```

3. 缺失值的处理

由于不同的原因，通过网络、问卷等各种途径收集的数据会有缺失，在生成数据帧时会产生缺失值。缺失值通常有以下几种表现形式。

- NaN：数字类缺失值，全称为 Not a Number。
- NaT：时间类缺失值，全称为 Not a Time。

- None：简单地代表"没有"。

在进行数据处理之前，需要对缺失值进行删除或填充的处理。

1）删除缺失值

使用 dropna() 函数可以按行或列删除缺失值。dropna() 函数的语法如下：

```
DataFrame. dropna(axis=0,how='any',thresh=None,subset=None,inplace=False)
```

格式说明如下。

- axis：删除行或列。0 表示删除行，1 表示删除列。
- how='any'：删除存在 NaN 的行或列，any 为默认值。若 how='all'，则表示删除全部值为 NaN 的行或列。
- thresh：至少留下有效数据大于或等于 thresh 的值的行或列。
- subset：index 或 column 列表，按行或列设置子集，在子集中查找缺失值。
- inplace：表示操作是否对原数据生效。若值为 True，则作用于原数据本身，返回 None。若值为 False，则原数据不变，返回新对象。默认值为 False。

【实战 6-70】删除缺失值。

```
>>> import numpy as np
>>> import pandas as pd
>>> df=pd.DataFrame(                          # 人为输入一些缺失值
    [[1,2,3,4],
    [5,6,None,8],
    [np.nan,np.nan,np.nan,4],
    [np.nan,6,np.nan,8]],
    columns=list('ABCD'))
>>> df
     A     B     C     D
0  1.0   2.0   3.0   4.0
1  5.0   6.0   NaN   8.0
2  NaN   NaN   NaN   NaN
3  NaN   6.0   NaN   8.0
>>> df.dropna(how='all',inplace=False)        # 删除全部值为 NaN 的行
     A     B     C     D
0  1.0   2.0   3.0   4.0
1  5.0   6.0   NaN   8.0
3  NaN   6.0   NaN   8.0
>>> df.dropna()
     A     B     C     D
0  1.0   2.0   3.0   4.0
```

2）填充缺失值

如果不想删除缺失值，那么可以使用 fillna() 函数填补那些"空洞"。在调用 fillna() 函数时，传入常量，就可以使用该常量替换缺失值。

【**实战 6-71**】填充缺失值（以实战 6-70 中未删除数据前的数据帧 df 为例）。

```
>>> df.fillna(0)
     A    B    C    D
0  1.0  2.0  3.0  4.0
1  5.0  6.0  0.0  8.0
2  0.0  0.0  0.0  0.0
3  0.0  6.0  0.0  8.0
```

4. 数据帧数据的统计分析

使用 NumPy 的统计函数，可以对数据帧中的一列或多列数据进行统计分析。

1）常用的汇总和计算函数的使用

数据帧的汇总和计算都是以没有缺失值为前提的。数据帧常用的汇总和计算函数如表 6-17 所示。

表 6-17　数据帧常用的汇总和计算函数

函　　数	相　关　描　述	函　　数	相　关　描　述
idxmin()	最小值的索引值	argmax()	最大值的索引位置
idxmax()	最大值的索引值	sum()	总和
describe()	一次性多维度统计	mean()	平均值
count()	非缺失值的数量	median()	中位数
min()	最小值	mad()	根据平均值计算平均绝对离差
max()	最大值	var()	样本值的方差
argmin()	最小值的索引位置	std()	样本值的标准差

【**实战 6-72**】数据帧的汇总和计算 (以原始数据帧 df 为例)。

```
>>> print('平时成绩的总和为：',df['平时成绩'].sum())          # 计算平时成绩的总和
419
>>> print('期考成绩的平均值为：',df['期考成绩'].mean())        # 计算期考成绩的平均值
85.0
>>> df['总评成绩']=df['平时成绩']*0.5+df['期考成绩']*0.5       # 添加"总评成绩"列
>>> df
         学号      姓名   平时成绩   期考成绩   总评成绩
0  20210001   郑维强     87      89     88.0
1  20210002   施沛军     80      83     81.5
2  20210003   钟文高     88      86     87.0
3  20210004   黄庚宏     73      77     75.0
4  20210005   黄国强     91      90     90.5
```

2）cut() 函数的使用

Pandas 内置的 cut() 函数用于将数值转换为分类（切片）数据，经常用于数据帧数据的统计和分析。

cut() 函数的语法如下：

```
Pandas .cut(x, bins, right='True', labels=None)
```

格式说明如下。

- x：代表要切片的数据，可以是数据帧中的一列。
- bins：代表切片的方式，可以自定义传入列表[a,b,c]，表示按照（a-b,b-c）来切分，也可以自定义传入某个数值，表示切分为该数值组。
- right：值为True或False。当值为True时，表示分组区间包含右侧但不包含左侧，即(]；当值为False时，表示分组区间包含左侧但不包含右侧，即[)。
- labels：代表标签参数，如[低、中、高]。

【实战 6-73】cut() 函数的使用 (以原数据帧 df 为例)。

```
>>> labels=['不及格','及格','中等','良好','优秀']        # 设置成绩等级
>>> bins=[0,60,70,80,90,100]                            # 设置成绩等级对应的区间
# 为期考成绩标注等级
>>> segments=pd.cut(df['期考成绩'], bins,labels=labels,right=False)
>>> df['期考成绩等级']=segments                          # 添加"期考成绩等级"列
>>> df
        学号      姓名   平时成绩   期考成绩   期考成绩等级
    0  20210001  郑维强     87       89        良好
    1  20210002  施沛军     80       83        良好
    2  20210003  钟文高     88       86        良好
    3  20210004  黄庚宏     73       77        中等
    4  20210005  黄国强     91       90        优秀
```

3）value_counts() 函数的使用

Pandas 内置的 value_counts() 函数常用于数据计数及排序，可以用来查看数据表的指定列中有多少个不同值，并计算每个不同值在该列中的个数，同时还能根据需要对这些值进行排序。

value_counts() 函数的语法如下：

```
Pandas.value_counts(values, sort)
```

格式说明如下。

- values：表示用于统计的数据。
- sort：表示是否要进行排序，默认进行排序。当值为False时，不进行排序。

【实战 6-74】value_counts() 函数的使用 (以实战 6-73 中的 segments 数据为例)。

```
>>> countsnum=pd.value_counts(segments,sort=False)  # 统计各分数段人数
>>> countsnum
```

```
countsnum
不及格    0
及格      0
中等      1
良好      3
优秀      1
```

4）merge() 函数的使用

简单来说，merge() 函数相当于 Excel 2016 中的 vlookup() 函数。当对两个表中的数据进行合并时，需要通过指定两个表中相同的列作为关键字，并通过关键字匹配到其中要合并到一起的值。

merge() 函数的语法如下：

```
DataFrame. merge ((left, right, how='inner', on=None, left_on=None, right_
on=None,
    left_index=False,right_index=False,sort=False,suffixes=('_x','_y'),copy= True,
    indicator=False, validate=None)
```

格式说明如下。

- left：参与合并的左侧数据帧。
- right：参与合并的右侧数据帧。
- how：如何连接，连接方式有 inner、left、right、outer，默认值为 inner。
- on：用于连接的列名，必须存在于左、右两个数据帧中。如果没有指定，那么以两个数据帧列名的交集作为连接键。
- left_on：左侧数据帧中用于连接键的列名，这个参数在左、右列名不同但代表的含义相同时非常有用。
- right_on：右侧数据帧中用于连接键的列名。
- left_index：使用左侧数据帧中的行索引作为连接键。
- right_index：使用右侧数据帧中的行索引作为连接键。
- sort：默认值为 True，将合并的数据进行排序。当设置值为 False 时，可以提高性能。
- suffixes：字符串组成的元组，用于指定当左、右两个数据帧中存在相同列名时，在列名后面附加的后缀名，默认值为('_x','_y')。
- copy：默认值为 True，总是将数据复制到数据结构中。当设置值为 False 时，可以提高性能。
- indicator：用于显示合并数据中数据的来源。

【实战 6-75】merge() 函数的使用（以原数据帧 df 为例）。

```
>>> data1= {'学号': ['20210001', '20210002', '20210003', '20210004', '20210005'],
            '姓名': ['郑维强', '施沛军', '钟文高', '黄庚宏', '黄国强'],
            '学院': ['理学院', '管理学院', '文学院','电子信息学院','法学院'],
            '专业': ['数学教育', '工商管理', '汉语言文学', '通信工程', '法学']}
            # 创建一个与学院和专业信息有关的字典并为其赋值
>>> df1=pd.DataFrame(data1)
```

```
>>> df1
      学号          学院         专业
0   20210001    理学院       数学教育
1   20210002    管理学院      工商管理
2   20210003    文学院       汉语言文学
3   20210004    电子信息学院   通信工程
4   20210005    法学院       法学
>>> df2=df.merge(df1,on='学号',right_index=False,left_index=False, sort=False)
    # 依据学号连接df和df1两个数据帧
>>> df2
      学号       姓名   平时成绩   期考成绩     学院        专业
0   20210001   郑维强    87      89     理学院     数学教育
1   20210002   施沛军    80      83     管理学院    工商管理
2   20210003   钟文高    88      86     文学院     汉语言文学
3   20210004   黄庚宏    73      77     电子信息学院  通信工程
4   20210005   黄国强    91      90     法学院     法学
```

5. Excel 文件的访问

Pandas 在处理 Excel 文件时使用了一些已有的 Python 库。常用的读取 Excel 文件的两个方法是使用 read_excel() 函数和使用 Excelfile 类。其中，read_excel() 函数是用来直接读取 Excel 文件的，Excelfile 类主要参与上下文管理。常用的写入 Excel 文件的方法是使用 to_excel() 函数。

【实战 6-76】Pandas 对 Excel 文件的读写。

假设在 E:\Excelfiles\ 目录下存储着一个名为 studentsinfo.xlsx 的 Excel 文件，其数据与实战 6-75 的数据帧 df2 中的数据一样。

```
>>> import pandas as pd
# 设置Excel文件的访问路径和文件名
>>> excelPath='E:/Excelfiles/studentsinfo.xlsx'
>>> pd_excel= pd.read_excel(excelPath,dtype={'学号':str})
    # 读取Excel文件，"学号"列为字符串型数据
>>> pd_excel
      学号       姓名   平时成绩   期考成绩     学院        专业
0   20210001   郑维强    87      89     理学院     数学教育
1   20210002   施沛军    80      83     管理学院    工商管理
2   20210003   钟文高    88      86     文学院     汉语言文学
3   20210004   黄庚宏    73      77     电子信息学院  通信工程
4   20210005   黄国强    91      90     法学院     法学
>>> pd_excel ['总评成绩']= pd_excel['平时成绩']*0.5+ pd_excel['期考成绩']*0.5
    # 添加"总评成绩"列（总评成绩=平时成绩×0.5+期考成绩×0.5）
>>> pd_excel.to_excel('E:/Excelfiles/studentsinfo1.xlsx',
encoding='gbk',index=False)
    # 在E:\Excelfiles\目录下创建studentsinfo1.xlsx文件，并把数据帧pd_excel中的数
    # 据写入该文件
```

程序运行后，studentsinfo1.xlsx 文件中的内容如下：

学号	姓名	平时成绩	期考成绩	学院	专业	总评成绩
20210001	郑维强	87	89	理学院	数学教育	88.0
20210002	施沛军	80	83	管理学院	工商管理	81.5
20210003	钟文高	88	86	文学院	汉语言文学	87.0
20210004	黄庚宏	73	77	电子信息学院	通信工程	75.0
20210005	黄国强	91	90	法学院	法学	90.5

6.8.2　数据可视化

从广义的层面理解，数据可视化指综合运用计算机图形、图像、人机交互等技术，将采集或模拟的数据映射为可识别的图形、图像、视频、动画，并允许用户对数据进行交互分析的理论、方法和技术。从狭义的层面理解，数据可视化是将数据使用图表的方式呈现。Python 有许多可视化工具，本书主要介绍 Matplotlib。

Matplotlib 是 Python 的绘图库，以多种硬拷贝格式和跨平台的交互式环境生成出版物质量的图形。尽管 Matplotlib 起源于仿真 MATLAB 图形命令，但 Matplotlib 独立于 MATLAB，并以 Python 风格的、面向对象的方式使用。尽管 Matplotlib 主要是用 Python 编写的，但是 Matplotlib 大量使用了 NumPy 和其他扩展代码。因此，即使对大型数组 Matplotlib 也可以提供良好的性能。Matplotlib 的设计理念是只需几个甚至一个命令就可以创建所需的图形。

1. 数据可视化的基础

要绘图，就需要用到 NumPy 和 Matplotlib。其安装命令如下：

```
>>> pip install numpy
>>> pip install matplotlib
```

下面通过一个绘制简单的函数图形，了解 Python 中实现数据可视化的过程。

【实战 6-77】绘制 sin(x) 函数图形，$0 \leq x \leq 4\pi$。

```
import numpy as np                          # 导入NumPy
import matplotlib.pyplot as plt             # 导入Matplotlib.pyplot
x=np.arange(0,4*np.pi,0.01)                  # x是一个由arange()函数生成的一维数组(0 ≤ x ≤ 4 ≠ )
y=np.sin(x)                                  # y是与x对应的一维数组
plt.plot((-1,13),(0,0),'b')                  # 绘制横向坐标轴，-1 ≤ x ≤ 13，线条是蓝色
plt.plot((0,0),(-2,2),'b')                   # 绘制纵向坐标轴，-2 ≤ x ≤ 2，线条是蓝色
plt.plot(x,y,color='g',linewidth=2)          # 绘图，设置线条颜色为绿色，线条宽度为2像素
plt.title("sin")                             # 设置标题
plt.grid(True)                               # 设置网格线
plt.show()                                   # 显示图形
```

程序运行结果如图 6-26 所示。

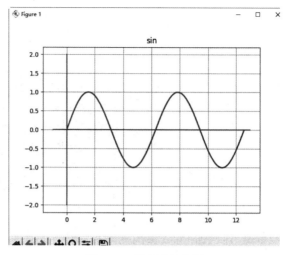

图 6-26　程序运行结果

综上可知，使用 Matplotlib 绘图的大致步骤如下。

（1）导入库：主要是 NumPy 和 Matplotlib.pyplot。

（2）组织数据：通过函数生成 x 轴的坐标，通过公式计算 y 轴的坐标。

（3）展示数据：调用 Matplotlib.pyplot 中的函数绘图，可以增加图形的文本标记，从而更直观地显示数据。

（4）通过 Matplotlib.pyplot 中的函数显示图形。

2. 绘图函数

Matplotlib.pyplot 提供了丰富的绘图区域设置函数和绘图函数。

1）绘图区域设置函数

Matplotlib.pyplot 提供了 4 个绘图区域设置函数，如表 6-18 所示。

表 6-18　绘图区域设置函数

函　数	相 关 描 述
figure([num=x.figsize=(w.h), dpi=y, facecolor=c])	创建一个全局绘图区域：num 为窗口号或名称；figsize 为背景大小，单位为英寸；dpi 为分辨率，即每英寸的像素，默认值为 80；facecolor 为背景颜色
axes([(l,b,w,h),facecolor=c])	创建有坐标系的子绘图区域，区域范围为 0～1，以（l, b）为左下角坐标，w、h 为宽度、高度，颜色为 c
subplot(nrows.ncols,index)	在全局区域，创建有 nrows 行、ncols 列的子绘图区域，index 为当前子绘图区域号
subplots_adjust()	调整子绘图区域的布局

【实战 6-78】Matplotlib.pyplot 绘图区域的设置。

```
>>> import matplotlib.pyplot as plt        # 导入Matplotlib.pyplot
>>> plt.figure(figsize=(8,4),facecolor='y')  # 设置绘图区域的宽度和背景颜色
>>> plt.show()                             # 显示绘图区域
```

2）常用的绘图函数

Matplotlib.pyplot 提供了许多绘图函数。常用的绘图函数如表 6-19 所示。

表 6-19　常用的绘图函数

函　　数	相 关 描 述
plt.polt(x,y,label,color, linewidth)	根据 x、y 数组绘制直线或曲线
plt.boxplot(data,notch,position)	绘制箱形图
plt.bar(x,height,width,bottom)	绘制柱形图
plt.barh(bottom,width,height,left)	绘制横向条形图
plt.pie(data,explode)	绘制饼图
plt.psd(x,NFFT=256,pad_to,Fs)	绘制功率谱密度图
plt.specgram(x,NFFT=256,pad_to,F)	绘制谱图
plt.cohere (x,y,NFFT=256,Fs)	绘制 x、y 的相关性函数
plt.scatter()	绘制散点图
plt.step(x,y,where)	绘制步阶图
plt.hist(x,bins,normed)	绘制直方图
plt.contour(X,Y,Z,N)	绘制等值线
plt.vlines()	绘制垂直线
plt.stem(x,y,linefmt,markerfmt,basefmt)	绘制曲线的每个点到水平轴线的垂线
plt.plot_date()	绘制日期
plt.plotfile()	绘制数据后写入文件

plot(x,y,label,color.linewidth) 函数是用于绘制直线的基础函数，调用方式很灵活，x 和 y 可以是 NumPy 计算出的数组，使用关键字参数指定各种属性。其中，label 表示设置标签并在图例中显示，color 表示曲线的颜色，linewidth 表示曲线的宽度。

plt（matplotlib.pyplot）使用 rc 配置文件来自定义图形的各种默认属性，这被称为 rc 配置或 rc 参数。通过 rc 参数可以修改默认属性，包括窗体大小、颜色、样式、坐标轴、坐标、文本、字体等。rc 参数存储在字典中，通过字典进行访问。例如，plt.rcParams['font.family']='simhei'，表示将图形的字体设置为黑体。

【实战 6-79】绘制成绩等级的柱形图。

```
import numpy as np                      # 导入 NumPy
import matplotlib.pyplot as plt          # 导入 Matplotlib.pyplot
labels=['不及格','及格','中等','良好','优秀']  # 设置各分数段的标签
```

```
binsnum=[5,15,18,16,6]                      # 设置各分数段的人数
plt.rcParams['font.family']='simhei'        # 设置图形的字体
barim=plt.bar(labels,binsnum)               # 生成柱形图
plt.bar_label(barim,binsnum)                # 设置柱形图的标签
plt.plot(labels,binsnum, "r", marker='*')   # 生成折线图
plt.show()                                  # 显示图形
```

程序运行结果如图 6-27 所示。

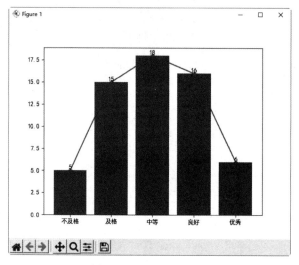

图 6-27   程序运行结果

6.8.3   数据分类实例——鸢尾花分类

机器学习无须通过明确的编程就能让计算机系统具有根据历史经验进行自主学习的能力。在这个广义的定义中，"学习"是指基于经验（训练样本）改善自身行为的能力。根据训练样本中是否包含标签信息，可以将机器学习分为两类：有监督学习（Supervised Learning）和无监督学习（Unsupervised Learning）。

数据分类实例——鸢尾花分类

有监督学习，或直接称监督学习。有监督学习的训练数据集中带有标签数据，在处理数据的过程中，将以标签数据为预测目标进行模型创建。有监督学习可以分为下面两类。

分类（Classification）：每个样本属于两个或多个类别之一。分类试图从已标记的数据中学习如何预测未标记数据的类别。比如，手写数字识别问题、车牌自动识别问题等都是将每个输入数据（向量）分配给有限数量的离散类别之一。其常用算法包括逻辑回归、决策树、K-最近邻（K-Nearest Neighbor，KNN）、随机森林树、SVM 等。

回归（Regression）：如果所需的输出数据由一个或多个连续变量组成，那么该算法被称为回归。比如，根据父母的身高推测儿子的身高就是一个回归问题。其常用算法包括线性回归、神经网络等。

无监督学习的训练数据集由一组输入向量组成，不包含任何相应的目标值。问题的目标

可能是发现数据中相似的组，这被称为聚类；或者试图确定输入空间内的数据分布，这被称为密度估计；或者从高维投影数据，为了可视化的目的将空间缩小到两维或三维等。聚类、关联规则、生存分析等都是无监督学习的模型。

分类的算法有很多，KNN 算法是一种常用的分类算法。本节将使用 KNN 算法分析不同品种的鸢尾花花萼（Sepal）和花瓣（Petal）的长度及宽度。将花萼长度、花萼宽度等观测数据作为样本的特征，鸢尾花可以分为不同的品种。

1. KNN 算法

KNN 算法是一种简单的有监督学习算法。其工作机制是给定测试样本，为了判断未知样本的类别，以所有已知类别的样本作为参照，计算未知样本与所有已知样本的距离，从中选取与未知样本距离最近的 K 个已知样本，根据少数服从多数的投票法则，将未知样本与 K 个最近样本中所属类别占比较大的归为一类。

KNN 算法的原理可以总结为"近朱者赤，近墨者黑"，通过数据之间的相似度进行分类，具体来说，就是通过计算测试数据和已知数据之间的距离进行分类。图 6-28 所示为使用 KNN 算法判断五角星代表的未知样本应该属于哪一类的样本分布。若设置 $K=3$，则距离未知样本最近的 3 个"邻居"中，2 个为圆形，1 个为矩形，根据 KNN 算法可以判断未知样本为圆形；若设置 $K=5$，则距离未知样本最近的 5 个"邻居"中，2 个为圆形，3 个为矩形，根据 KNN 算法可以判断未知样本为矩形。

1）KNN 算法的具体步骤

KNN 算法的具体步骤如下。

（1）计算预测数据与训练数据之间的距离。

（2）将距离进行递增排序。

（3）选择距离最小的前 K 个数据。

（4）确定前 K 个数据的类别，及其出现频率。

（5）返回前 K 个数据中频率最高的类别（预测结果）。

2）KNN 算法的关键

KNN 算法有两个关键，分别是距离计算和 K 值选择。

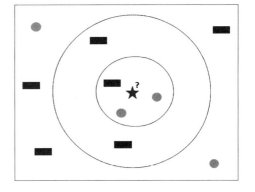

图 6-28　样本分布

（1）距离计算。

已知数据和测试数据的距离有多种度量方式，如欧氏距离、余弦距离、汉明距离、曼哈顿距离等。在 KNN 算法中常使用的距离计算方式是欧式距离，计算公式为

$$d(A,B) = \sqrt{(x_2 - x_1)^2 + (y_2 - y_1)^2}$$

其中，$d(A,B)$ 表示未知样本 A 与未知样本 B 之间的欧氏距离，A 的位置为 (x_1, y_1)，B 的位置为 (x_2, y_2)。

（2）K 值选择。

由于不同的测试数据对 K 值有不同的要求，因此可以通过交叉验证的方式进行最佳 K 值的验证。它的核心思想就是把一些可能的 K 值，逐个尝试一遍，选出最佳 K 值。以下代码通过交叉验证得到 K 值：

```
def cross_define_K(Train, Test, GT):
    precision = []                                  # 准确率
    for k in range(1,50):
        true = 0
        for i in Test:
            Test1 = [i[0],i[1],i[2],i[3]]
            result = KNN(Train,Test1,GT,k)
            collection = Counter(result)            # 返回每个标签出现的次数
            result = collection.most_common(1)      # 返回出现次数最多的标签
            if result[0][0] == i[4]:                # 计算预测准确的个数
                true += 1
        success = true / len(Test)                  # 计算预测准确率
        precision.append(success)
    k=precision.index(max(precision))+1
    print("准确率precision最大时，k =",k)
    return k
```

2. Python 实践案例

1）案例分析

不同品种的鸢尾花花萼、花瓣的长度和宽度存在明显的差异，如图 6-29 所示。根据花萼、花瓣长度和宽度可以将鸢尾花分为不同的品种。

Setosa（山尾）

Virginica（弗吉尼亚鸢尾）

Versicolor（杂色鸢尾）

图 6-29　不同品种的鸢尾花

这里使用的是鸢尾花数据集，即 Iris 数据集。该鸢尾花数据集包含 150 个数据样本，分为 3 类，每类包含 50 个数据，每个数据包含 4 个属性。表 6-20 中描述了 5 个鸢尾花样本的特征数据。可以通过花萼长度、花萼宽度、花瓣长度、花瓣宽度 4 个属性预测鸢尾花的种类。要求当输入一组测试数据时，使用 KNN 算法可以获得预测结果。

表 6-20　5 个鸢尾花样本的特征数据

单位：cm

花萼长度	花萼宽度	花瓣长度	花瓣宽度
5.1	3.5	1.4	0.2
4.9	3.0	1.4	0.2
4.7	3.2	1.3	0.2
4.6	3.1	1.5	0.2
5.0	3.6	1.4	0.2

2）案例操作过程

（1）导入程序使用的工具包 NumPy、Pandas、Math、Matplotlib。

其中，NumPy 用于处理多维数组，Pandas 用于从 .csv 格式文件中导入数据并将数据转换为数据帧形式，Matplotlib 用于绘图。

```python
import numpy as np                       # 处理多维数组
import pandas as pd                      # 导入数据并将数据转换为数据帧形式
import math
from collections import Counter
import matplotlib.pyplot as plt          # 绘图
```

（2）载入鸢尾花数据集。

```python
def Data():
    iris=pd.read_csv('iris.csv')         # 从文件中读取数据
    return iris
```

（3）划分数据集。

```python
def Datasets(iris):
    index = np.random.permutation(len(iris))# 将 150 个样本打乱顺序
    index = index[0:15]
    Test = iris.take(index)              # 测试数据集
    Train = iris.drop(index)             # 训练数据集
    datasets = [Test, Train]             # 生成数据集
    return datasets
```

（4）KNN 算法。

```python
def KNN(Train, Test, GT, k):
    Train_num = Train.shape[0]
    tests = np.tile(Test, (Train_num, 1)) - Train
    distance = (tests ** 2) ** 0.5       # 计算欧氏距离
    result = distance.sum(axis=1)        # 从小到大排序，返回索引值
    results = result.argsort()
    label = []                           # 标签
    for i in range(k):
```

```
        label.append(GT[results[i]])
    return label
```

（5）交叉验证（确定最佳 *K* 值）。

```
def cross_define_K(Train, Test, GT):
    precision = []
    for K in range(1,50):
        true = 0
        for i in Test:
            Test1 = [i[0],i[1],i[2],i[3]]
            result = KNN(Train,Test1,GT,k)
            collection = Counter(result)          # 返回每个标签出现的次数
            result = collection.most_common(1)     # 返回出现次数最多的标签
            if result[0][0] == i[4]:
                true += 1                          # 计算预测准确的个数
        success = true / len(Test)                 # 计算预测准确率
        precision.append(success)
    k1 = range(1,50)
    plt.rcParams['font.sans-serif'] = ['SimHei']   # 正常显示中文
    plt.plot(k1,precision,label='line1',color='g',marker='.',markerfacecolor=
'pink',markersize=9)
    plt.xlabel('K')
    plt.ylabel('Precision')
    plt.title('交叉验证K值')
    plt.legend()
    plt.show()
    K=precision.index(max(precision))+1
    print("准确率precision最大时，K =",K)
    return K
```

（6）主程序，调用函数和结果输出。

```
if __name__ == "__main__":
    iris = Data()                           # 读取鸢尾花数据集
    print("\iris数据集：\n")
    print (iris)                            # 输出鸢尾花数据集
    datasets = Datasets(iris)               # 对鸢尾花数据集进行划分
    print("测试数据集: ")
    print(datasets[0])
    k=cross_define_K(Train,Test,GT)
    # 将训练数据集的GT隐去
    Train = datasets[1].drop(columns=['class']).values
    GT = datasets[1]['class'].values        # 读取训练数据集的GT
    Test = datasets[0].values               # 读取测试数据集
    cross_define_K(Train,Test,GT)           # 交叉验证
```

```
true = 0
print("预测结果：")
for i in Test:
    Test = [i[0],i[1],i[2],i[3]]
    result = KNN(Train,Test,GT,k)          # 调用 KNN算法
    collection = Counter(result)
    result = collection.most_common(1)
    print("预测 = '"+result[0][0]+"',\t\t实际 = '"+i[4]+"'")
    if result[0][0] == i[4]:                # 计算预测准确的个数
        true += 1
success = (true/len(datasets[0]))*100      # 计算预测准确率
print("\n预测准确率：",success,"%")          # 输出预测准确率
```

3）结果验证和展示

图 6-30 ～图 6-33 所示依次展示了鸢尾花数据集的部分数据、KNN 算法的 *K* 值与预测准确率的关系、测试数据集、KNN 模型预测结果。可以看出，除 83 号鸢尾花的预测有误外，其余品种的鸢尾花均预测准确，总体预测准确率达到了 96.66666666666667%，这体现了 KNN 算法优秀的分类预测性能。

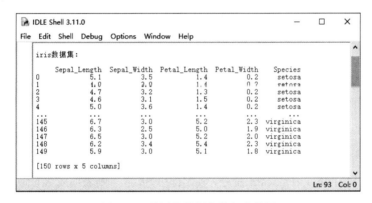

图 6-30　鸢尾花数据集的部分数据

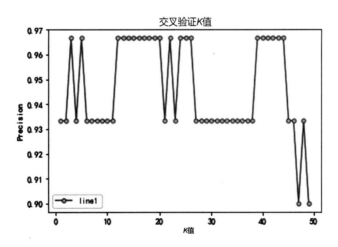

图 6-31　KNN 算法的 *K* 值与预测准确率的关系

图 6-32　测试数据集　　　　　　　　　　　图 6-33　KNN模型预测结果

6.8.4　机器学习库 Sklearn

Sklearn 是基于 Python 的机器学习工具，是当今比较流行的机器学习算法库之一。它对常用的机器学习算法进行了封装，不仅包括分类、回归、降维（Dimensionality Reduction）、聚类（Clustering）四大机器学习算法，而且包括特征提取、数据处理和模型评估三大模块。

1. 安装 Sklearn

在命令提示符窗口中输入安装 Sklearn 的命令：

```
pip install scikit-learn -i https://pypi.tuna.tsinghua.edu.cn/simple
```

按 Enter 键，自动下载和安装 Sklearn 及其依赖库 NumPy、SciPy、Matplotlib。安装完成后，进入 IDLE，执行 import sklearn 命令，如果没有报错，则表明安装成功。

2. 使用 Sklearn 进行机器学习的主要步骤

使用 Sklearn 进行机器学习的主要步骤为数据获取、数据预处理、模型选择和训练、模型评估。

1）数据获取

（1）导入 Sklearn 自带的数据集。

Sklearn 内置了一些进行机器学习的数据集，如鸢尾花数据集、波士顿房价数据集、手写数字数据集、乳腺癌数据集、糖尿病数据集、红酒质量数据集、体能训练数据集等，如表 6-21 所示。这些数据集可供练习各种机器学习算法。

导入 Sklearn 自带的数据集的代码如下：

```
from sklearn import datasets          # 导入数据集
xxx=datasets.load_xxx()               # 加载数据集，×××表示某个自带的数据集名
```

例如，加载鸢尾花数据集，代码如下：

```
from sklearn import datasets
```

```
iris=datasets.load_iris()
```

表 6-21　Sklearn 内置的数据集

数 据 集	介 绍	作 用
load_iris()	鸢尾花数据集：3 类、4 个特征、150 个样本	用于分类和聚类
load_boston()	波士顿房价数据集：13 个特征、506 个样本	用于回归
load_digits()	手写数字数据集：10 类、64 个特征、1797 个样本	用于分类
load_breast_cancer()	乳腺癌数据集：2 类、30 个特征、569 个样本	用于分类
load_diabets()	糖尿病数据集：10 个特征、442 个样本	用于分类
load_wine()	红酒质量数据集：3 类、13 个特征、178 个样本	用于分类
load_linnerud()	体能训练数据集：3 个特征、20 个样本	用于回归

（2）导入外部数据集。

有时需要使用外部数据集，这时就需要通过 pd.read_csv() 函数导入数据集。外部数据集通常以 .csv 或 .xls 格式提供。.xls 格式数据集是多特征的矩阵，列表示特征和标签，行表示样本。

导入外部数据集的代码如下：

```
import pandas as pd                    # 导入 Pandas
df = pd.read_csv("xxx.csv")            # 导入×××.csv 文件
df = pd.read_excel("xxx.xls")          # 导入×××.xls 文件
```

2）数据预处理

数据预处理是指在对数据进行主要处理以前，先对原始数据进行必要的清洗、集成、转换、离散、归约、特征选择和提取等一系列操作，达到挖掘算法进行知识获取要求的规范和标准。

【实战 6-80】对鸢尾花数据集进行预处理。

```
# 划分数据集
from sklearn.model_selection import train_test_split
 x_train, x_test, y_train,y_test=train_test_split(iris.data, iris.target,
test_size=0.2, random_state=3)      # 将打乱数据后的数据集划分为训练数据集与测试数据集。
#其中，test_size=0.2 表示测试数据集占 20%
# 特征工程
transfer = StandardScaler()                        # 对数据进行归一化、标准化操作
x_train = transfer.fit_transform(x_train)# 对训练数据集进行特征选择和标准化处理
x_test = transfer.transform(x_test)    # 对测试数据集进行特征选择和标准化处理
```

3）模型选择和训练

Sklearn 中包含很多机器学习算法，对于特定的现实问题，应选择合适的模型进行训练。这里结合前面讲解过的鸢尾花分类实例，选择 KNN 算法模型来分类，其中 K 的含义是待预测的数据与训练数据集中最近的任意 K 个"邻居"，根据这 K 个"邻居"的类别确定这个预测数据的类别。

（1）导入程序使用的工具包。

```
from sklearn.neighbors import KNeighborsClassifier
```

（2）使用 KNeighborsClassifier 初始化分类器。

```
model= KNeighborsClassifier(n_neighbors=5)
```

KNeighborsClassifier 的语法如下：

```
KNeighborsClassifier(n_neighbors=5,weights='uniform',algorithm='auto',leaf_size=30,p=2, metric='minkowski', metric_params=None, n_jobs=1, **kwargs)
```

KNeighborsClassifier 语法的参数如表 6-22 所示。

表 6-22　KNeighborsClassifier 语法的参数

参　　数	相　关　描　述
n_neighbors	整型，可选参数，默认值为 5，表示查询使用的"邻居"数
weights	字符串型或可调用型，可选参数，默认值为uniform，表示预测的权重函数。可选参数如下： - 'uniform'：统一的权重，在每个"邻居"区域中点的权重都是一样的。 - 'distance'：点的权重等于距离的倒数。使用此函数，"邻居"距离越近，预测的点的影响越大
algorithm	可选参数，默认值为auto，用于计算最近"邻居"的算法。 可选参数如下： - 'auto'：自由选择合适的算法。 - 'ball_tree'：为了克服kd_tree高纬失效而发明。其构造过程是以质心C和半径r分割样本空间的，每个节点是一个超球体。 - 'kd_tree'：构造kd_tree存储数据以便进行快速检索的树形数据结构，kd_tree也就是数据结构中的二叉树，是以中值切分构造的树，每个节点是一个超矩形，在维数小于 20 时效率较高。 - 'brute'：使用暴力搜索，也就是线性扫描。当训练数据集很大时，计算耗时很大
leaf_size	整型，可选参数，默认值为 30，表示传入ball_tree或者kd_tree算法的叶子数量。此参数会影响构建、查询ball_tree或者kd_tree的速度，以及存储ball_tree或者kd_tree所需的内存
p	整型，可选参数，默认值为 2
metric	字符串型或可调用型，用于度量距离，默认值为minkowski
metric_params	字典，可选参数，默认值为 None，给矩阵方法使用的其他关键词参数
n_jobs	整型或None，可选参数，默认值为1或None，用于搜索"邻居"的、可一起运行的任务数量。如果值为-1，那么设置任务数量为CPU的数量

（3）训练模型。

在选择了模型之后，就可以使用输入数据对模型进行训练了。这个过程，运行时间比较长。训练模型的语法如下：

```
model.fit(x_train,y_train)
```

其中，model 表示模型实例；x_train 表示训练数据集中数据的特征，y_train 表示训练数据集的类别。

4）模型评估

模型评估指对训练后的模型进行评估。评估模型可以从两个方面考虑，一方面从实验角度进行评估，如交叉验证等；另一方面可以利用具体的性能评价标准进行评估，如测试数据集的准确率等。通常来说，模型的好坏不仅取决于算法和数据，还取决于任务需求。执行 model.predict(测试数据集特征) 函数，可以得到模型对待测样本的预测结果。执行 model. score(测试数据集特征 , 测试数据集类别) 函数，可以得到模型对测试数据集预测的准确率，这样就可以知道模型的好坏了。

【实战 6-81】使用 KNN 算法对鸢尾花进行分类。

```
# 数据获取
from sklearn import datasets    # 导入数据集
# 导入train_test_split
from sklearn.model_selection import train_test_split
# 导入KNeighborsClassifier
from sklearn.neighbors import KNeighborsClassifier
iris=datasets.load_iris()        # 加载鸢尾花数据集
# 数据预处理
# 划分数据集
x_train, x_test,y_train,y_test = train_test_split(iris.data, iris.target,
test_size=0.2, random_state=9)# 将打乱数据后的数据集划分为训练数据集与测试数据集。其中，
#test_size=0.2 表示测试数据集占 20%
# 特征工程
transfer = StandardScaler()     # 对数据进行归一化、标准化处理
x_train = transfer.fit_transform(x_train)  # 对训练数据集进行特征选择和标准化处理
x_test = transfer.transform(x_test) # 对测试数据集进行特征选择和标准化处理
# 模型选择和训练
knn = KNeighborsClassifier(n_neighbors=3)     # 构建模型对象，设置参数
knn.fit(x_train, y_train)        # 训练模型
# 模型评估
y_pred = knn.predict(x_test)    # 预测结果
print('测试数据的类型为:\n', y_test)      # 输出测试数据集的实际值
print('预测值的类型为:\n', y_pred)        # 输出测试数据集的预测值
print('\n预测值与真实值是否一致:\n', y_test == y_pred)
sc = knn.score(x_test, y_test)*100   # 计算准确率
print('准确率为:', sc,'%')       # 输出准确率
```

程序运行结果如图 6-34 所示。

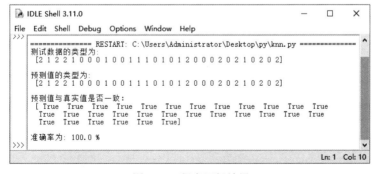

图 6-34　程序运行结果

思考与练习

1．Python 有什么优点和缺点？

2．Python 的应用领域有哪些？

3．函数参数有哪几种类型？

4．函数参数的传递方式有哪些？它们有什么区别？

5．请使用输出函数输出以下内容：

```
   *
  ***
 *****
*******
```

6．break 和 continue 的作用分别是什么？ break 和 continue 的区别是什么？

7．利用循环结构，按要求实现与第 5 题同样效果的输出。

8．Python 对文本文件和二进制文件采用的统一操作步骤是什么？

9．Pandas 包含哪 3 个主要的数据结构？

10．机器学习为什么要将数据集划分为训练数据集和测试数据集？

第7章

人工智能基础

教学目标：

通过学习本章内容，掌握人工智能的基本概念，了解人工智能的发展历程、关键技术、融合应用及发展趋势；了解图像识别和语音识别。

教学重点和难点：

- 人工智能的发展历程。
- 人工智能的关键技术、融合应用。
- 图像识别的应用。
- 语音识别过程及方法。

人工智能（Artificial Intelligence，AI）作为一门前沿交叉学科，从诞生以来，其理论和技术日益成熟，应用领域不断扩大。人工智能正在改变世界！

7.1 人工智能概述

人工智能概述

7.1.1 人工智能概念的诞生

1. 图灵机与图灵测试

Alan Mathison Turing 是计算机科学之父、人工智能之父、计算机逻辑的奠基者。他对计算机的重要贡献在于提出了有限状态自动机，也就是图灵机的概念。对于人工智能，他提出了重要的衡量标准"图灵测试"，如果有机器能够通过图灵测试，那么这个机器就是一个完全意义上的智能机。

1936 年，Alan Mathison Turing 向权威的数学杂志投了一篇论文，题为"论数学计算在决断难题中的应用"。在这篇开创性的论文中，Alan Mathison Turing 给"可计算性"下了一个严格的数学定义，并提出了著名的"图灵机"的设想。图灵机不是一种具体的机器，而是一种思想模型。使用这种思想模型可以制造一种虽简单但运算能力极强的计算装置，用来计算所有能想象得到的可计算函数。

1950 年 10 月，Alan Mathison Turing 又发表了另一篇论文，预言了创造出具有真正智能机器的可能性，提出了著名的图灵测试（见图 7-1）：如果一台机器能够与人类展开对话而不被辨别出身份，那么称这台机器具有智慧。图灵测试实际上是当时人工智能用来判断一个机器是否有智慧的依据，即把一台机器和一个人放在黑屋子中，测试员不知道哪个屋子中是机

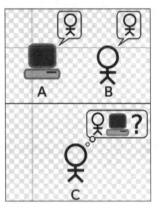

器，哪个屋子中是人，由测试员提问，一直问到能够判断哪个屋子中是人，哪个屋子中是机器。当测试员把所有能够想出来的问题都问完后，若仍判断不出哪个屋子中是人，哪个屋子中是机器，则这个机器具有智慧了。为了避免听声音就能够将其区分出来，要求使用键盘进行测试。

为了纪念 Alan Mathison Turing，1966 年，ACM（美国计算机协会）设立了图灵奖，图灵奖又被喻为计算机界的诺贝尔奖。

图 7-1 图灵测试

2. 达特茅斯会议

人工智能概念的诞生可以追溯到达特茅斯会议，达特茅斯会议中第一次提出了"人工智能"这一概念，标志着人工智能概念的正式诞生。

1956 年 8 月，John McCarthy、Marvin Minsky（人工智能与认知学专家）、Claude Shannon（信息论的创始人）、Allen Newell（计算机科学家）、Herbert Simon（诺贝尔经济学奖得主）等科学家（见图 7-2）聚在一起，花费两个月的时间，讨论着一个主题：用机器来模仿人类学习及其他方面的智能。虽然他们没有达成共识，但是却为会议讨论的内容起了一个名称：人工智能。因此，1956 年也就成了人工智能元年。

图 7-2 达特茅斯会议七侠

3. 人工智能的概念

作为一门前沿交叉学科，人工智能的定义一直存在不同的观点。

《人工智能——一种现代方法》一书中将已有的一些人工智能的定义分为 4 类：像人一样思考的系统、像人一样行动的系统、理性地思考的系统、理性地行动的系统。

《大英百科全书》限定"人工智能是数字计算机或者数字计算机控制的机器人在执行智能生物体才有的一些任务上的能力"。

《人工智能标准化白皮书（2018 版）》定义"人工智能是利用数字计算机或者数字计算机控制的机器模拟、延伸和扩展人的智能，感知环境、获取知识并使用知识获得最佳结果的理论、方法、技术及应用系统"。

人工智能的定义对人工智能学科的基本思想和内容进行了解释，即"围绕智能活动而构造的人工系统"。

4. 人工智能的分类

根据人工智能能否真正推理、思考和解决问题，可以将人工智能分为弱人工智能、强人工智能、超人工智能三类。

（1）弱人工智能指特定功能的专用智能，而非推理、思考和解决问题的智能。弱人工智能机器表面看像是智能的，但并未真正拥有智能，也不会有自主意识。弱人工智能机器的目标是看起来会像人脑一样思考。

（2）强人工智能指类似人类的思维的智能。强人工智能机器是有知觉和自我意识的，包括学习、语言、认知、推理、创造和计划，可以达到人类水平，能够应对外界环境挑战。强人工智能机器的目标是会自己思考。

（3）超人工智能指通过模拟人类的智慧，开始具备自主思维意识，形成新的智能群体的智能。超人工智能机器能够像人类一样独立思考。

目前的主流研究集中于弱人工智能，并取得了显著进步，如语音识别、图像处理、物体分割、机器翻译等，这些操作对于计算机来说都太简单了。人类觉得容易的事情，如视觉、动态、移动、直觉，对计算机来说非常难。正如 Donald Knuth 所说："人工智能已经在几乎所有需要思考的领域超过了人类，但是在那些人类和其他动物不需要思考就能完成的事情上，还差得很远。"

5. 人工智能的三大门派

目前，人工智能有逻辑主义、连接主义和行为主义三大门派。

（1）逻辑主义又称符号主义，核心是符号推理与机器推理，用符号表达的方式来研究智能、研究推理。

（2）连接主义的核心是神经元网络与深度学习，仿造人的神经系统，把人的神经系统的模型用计算的方式呈现，用它来仿造智能。目前，人工智能的热潮实际上是连接主义的胜利。

（3）行为主义推崇控制、自适应与进化计算。

7.1.2　人工智能的发展历程

直至目前，人工智能的发展经历了 3 个阶段，对应 3 次发展浪潮，如图 7-3 所示。

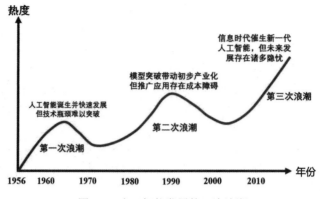

图 7-3　人工智能发展的 3 次浪潮

1. 起步时期

1956 年的达特茅斯会议之后，人工智能的应用迎来了第一次高峰。在这段时间里，人工智能被广泛应用于数学和自然语言领域，用来解决代数、几何和英语等问题。1959 年诞生了第一台工业机器人，这个用于压铸的五轴液压驱动机器人，由一台计算机完成手臂的控制，能够记忆完成 180 个工作步骤。1964 年至 1966 年，美国麻省理工学院打造了史上第一个聊天机器人 Eliza，Eliza 可以从预先编写好的答案库中选择合适的回答，在首次使用时就骗过了很多人，是第一个尝试通过图灵测试的智能软件。

20 世纪 70 年代，人工智能开始遇到研究瓶颈，预期的研究成果大多数也并未完成。技术瓶颈主要包括以下 3 个方面。

（1）计算机性能不足，导致早期很多程序无法在人工智能领域得到应用。

（2）问题复杂，早期人工智能程序主要解决特定的问题，这是因为特定的问题对象少，复杂性低，一旦问题的复杂性提高，程序立马就不堪重负了。

（3）数据量严重缺失，在当时不可能找到足够大的数据库来支撑程序进行深度学习，这很容易导致机器无法读取足够多的数据进行智能化。

此时，人工智能进入了长达近 10 年的低谷。

2. 机器学习时期

20 世纪 80 年代，集成电路技术逐渐缩小了计算机的大小和成本，研究者想出了一个新思路：使用一台专门设计的计算机开发和运行大型的人工智能程序，由此产生了 LISP Machine，简称 LISP 机。LISP 机是一种直接以 LISP 语言的系统函数为机器指令的计算机。LISP 机的主要应用领域是知识工程（用于超大规模集成电路设计的家庭系统等）、物景分析、自然语言理解等。

1984 年，建立专家系统的新概念被提出，也就是说，一个智能化的人工智能系统包含了一定领域的专家的大量知识和经验，能够利用人类专家的知识和解决问题的经验来处理这个领域的高层次问题。同时，随着人工智能的发展，人工神经网络（ANN）的研究掀起了新的热潮，模糊理论等分支的研究也开始迅速展开，有些应用人工智能的产品已经成为商品，如美国卡内基梅隆大学为 DEC 公司制造出 XCON 专家系统。1997 年 5 月 11 日，人工智能系统"深蓝"战胜了国际象棋世界冠军加里·卡斯帕罗夫。然而，由于知识获取的瓶颈，一度被非常看好的神经网络技术因过分依赖计算力和经验数据而长期没有取得实质性的进展，使得人工智能又一次落入"低谷"。

3. 深度学习时期

2006 年，Hinton 在神经网络的深度学习领域取得突破，为人工智能的发展带来了重大影响。深度学习奠定了神经网络的全新构架，后人把 Hinton 称为"深度学习之父"。这时人工智能快速发展，产业界也开始不断涌现出新的研发成果。2011 年，Waston 在综艺节目《危险边缘》中战胜了最高奖金得主和连胜纪录保持者；2012 年，谷歌大脑模仿人类大脑并在没有人类指导的情况下，利用非监督深度学习方法从大量视频中成功学习到识别出一只猫的能力；2014 年，微软公司推出了一款实时口译系统，可以模仿说话者的声音并保留其口音；2014 年，微软公司发布了全球第一款个人智能助理微软小娜；2014 年，亚马逊公司发布了智能音箱产品 Echo 和个人助手 Alexa；2016 年，DeepMind 开发的 AlphaGo 战胜了围棋冠军李世石，再次引发人们对人工智能的关注。

从 2010 年开始，人工智能进入高速发展阶段，其主要驱动力是大数据时代的到来，运算能力及机器学习算法的性能得到提高。

7.1.3　人工智能的关键技术

人工智能的关键技术，包括机器学习、自然语言处理、知识图谱、人机交互、计算机视觉、生物特征识别、虚拟现实／增强现实等。

1. 机器学习

机器学习是一门涉及统计学、系统辨识、逼近理论、神经网络、优化理论、计算机科学、脑科学等领域的交叉学科，用于研究计算机怎样模拟或实现人类的学习行为，以获取新的知识，重新组织已有的知识结构，使之不断改善自身的性能，是人工智能的核心。

根据学习模式、学习方法及算法的不同，机器学习存在不同的分类方法。

（1）根据学习模式的不同，机器学习分为有监督学习、无监督学习和强化学习等。有监督学习是指利用已标记的有限训练数据集，通过学习策略建立模型，实现对新数据的标记。无监督学习是指利用无标记的有限数据，描述隐藏在未标记数据中的结构或规律。强化学习是指智能系统从环境到行为映射的学习，靠自身的经历进行学习。

（2）根据学习方法的不同，机器学习分为传统机器学习和深度学习。传统机器学习从一些观测（训练）样本出发，试图发现不能通过原理分析获得的规律，实现对未来数据行为或趋势的准确预测。深度学习是指建立深层结构模型，学习样本数据的内在规律和表示层次，最终目标是让机器能够像人类一样具有分析和学习的能力，能够识别文字、图像和声音等数据。

机器学习的主要应用领域及学习算法如表 7-1 所示。

表 7-1　机器学习的主要应用领域及学习算法

机器学习的类型	主要应用领域	学 习 算 法
有监督学习	自然语言处理、信息检索、文本挖掘、手写体辨识、垃圾邮件侦测等	回归和分类

机器学习的类型	主要应用领域	学 习 算 法
无监督学习	经济预测、异常检测、数据挖掘、图像处理、模式识别等	单类密度估计、单类数据降维、聚类等
强化学习	博弈论、自动控制、无人驾驶等	策略搜索、值函数等
传统机器学习	自然语言处理、语音识别、图像识别、信息检索和生物信息等	逻辑回归、隐马尔可夫方法、支持向量机方法、KNN算法、三层人工神经网络方法、Adaboost 算法、贝叶斯方法及决策树方法等
深度学习	语音识别、图像识别等	深度置信网络、卷积神经网络（CNN）、受限玻尔兹曼机和循环神经网络等

（3）根据算法的不同，机器学习分为迁移学习、主动学习和演化学习等。

迁移学习是指当在某个领域无法取得足够多的数据进行模型训练时，利用另一领域中的数据获得的关系进行学习。迁移学习目前主要在变量有限的小规模应用领域中使用，如基于传感器网络的定位、文字分类和图像分类等。主动学习通过一定的算法查询有用的未标记样本，并将其交由专家进行标记，通过查询到的样本训练分类模型来提高模型的精度，常用的策略是通过不确定性准则和差异性准则选取有效的样本。演化学习对优化问题性质要求极少，适用于求解复杂的优化问题，同时能直接用于多目标优化问题。演化算法包括粒子群演化算法、多目标演化算法等。

2. 自然语言处理

自然语言处理研究能实现人与计算机之间用自然语言进行有效通信的各种理论和方法，主要包括机器翻译、语义理解和问答系统等。

1）机器翻译

机器翻译是利用计算机技术实现从一种自然语言到另一种自然语言的翻译过程的技术。基于统计的机器翻译主要包括语料预处理、词对齐、短语抽取、短语概率计算等步骤。基于神经网络的端到端的机器翻译是指直接把源语句的词串送入神经网络模型，经过运算，得到目标语句的翻译结果。基于神经网络的端到端的机器翻译，通常采用递归神经网络或卷积神经网络对语句进行表征建模，在海量训练数据中抽取语义信息。与基于统计的机器翻译相比，基于神经网络的端到端的机器翻译的结果更加流畅、自然，在实际应用中取得了更好的效果。机器翻译的基本原理如图 7-4 所示。

2）语义理解

语义理解是利用计算机技术实现对文本篇章的理解，并且回答与文本篇章相关问题的过程的技术。语义理解注重对上下文的理解，以及对答案精准程度的把控。语义理解通过自动构造数据的方法和自动构造填空型问题的方法来有效扩充数据资源。当前，主流的模型会利用神经网络对篇章和问题进行建模，对答案的开始和终止位置进行预测，抽取篇章片段。对于进一步泛化的答案，处理难度进一步提升。目前，语义理解仍有较大的提升空间。

3）问答系统

问答系统是让计算机像人类一样使用自然语言交流的技术。人们可以向问答系统提交使用自然语言表达的问题，系统会返回关联性较高的答案。自然语言处理面临四大挑战。一是在词法、句法、语义、语用和语音等不同层面上存在不确定性；二是新的词汇、术语、语义和语法的出现导致未知语言不可预测；三是数据资源不充分使其难以覆盖复杂语言；四是语义知识模糊和错综复杂，难以用简单的数学模型描述，语义计算需要参数庞大的非线性计算。

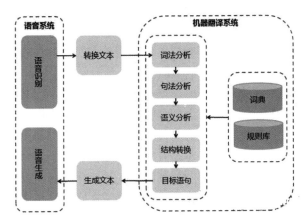

图 7-4　机器翻译的基本原理

3. 其他关键技术

1）知识图谱

知识图谱本质上是结构化的语义知识库，是一种由节点和边组成的图数据结构，以符号形式描述物理世界中的概念及其相互关系的技术。其基本组成单位是"实体-关系-实体"三元组，以及实体和其相关的"属性-值"对。不同实体之间通过关系相互连接，构成网状的知识结构。在知识图谱中，每个节点表示现实世界的实体，每条边为实体与实体之间的关系。通俗来讲，知识图谱就是把所有不同种类的信息连接到一起而得到的一个关系网络，提供了从关系的角度去分析问题的能力。知识图谱可以用于反欺诈、不一致性验证等公共安全保障领域，需要用到异常分析、静态分析、动态分析等数据挖掘方法。目前，知识图谱在搜索引擎、可视化展示和精准营销方面有很大的优势，已成为业界的热门工具。但是知识图谱的发展仍面临很大的挑战，如数据的噪声问题，即数据本身有错误或数据存在冗余等。随着知识图谱应用的不断深入，还有一系列关键技术需要突破。

2）人机交互

人机交互主要研究人和计算机之间的信息交换，是人工智能领域的重要外围技术，是与认知心理学、人机工程学、多媒体技术、虚拟现实技术等密切相关的综合学科。人机交互的分类如图 7-5 所示。

语音交互为人机交互带来了根本性的变革，具有广阔的发展前景和应用前景。情感交互已经成为人工智能领域中的热点方向，旨在让人机交互变得更加自然。目前，在情感交互的信息处理方式、情感描述方式、情感数据获取和处理过程、情感表达方式等方面还有诸多技术挑战。体感交互设备向小型化、便携化、使用方便化等方面发展，大大降低了对用户的约束，使得交互过程更加自然。目前，体感交互在游戏娱乐、医疗辅助与康复、全自动三维建模、辅助购物、眼动仪等领域有较为广泛的应用。

图 7-5　人机交互的分类

脑机交互又称脑机接口，指不依赖外围神经和肌肉神经等通道，直接实现大脑与外界信息传递的通路。其涉及多个学科的交叉研究，包括神经科学、信号检测、信号处理、机器学习、模式识别、控制理论、心理学等。按脑电信号采集方式划分，脑机交互一般分为侵入式脑机交互和非侵入式脑机交互两大类。侵入式脑机交互需植入脑部皮肤，技术较难，精准度要求较高，仍在人体试验阶段。而非侵入式脑机交互装卸方便，已进入商用阶段，以娱乐和医疗为主。例如，一些运动障碍患者已经开始应用相关设备实现与外界的沟通。在日常生活中，脑机接口可以取代传统鼠标、键盘或其他手控操作设备，增强生活的趣味性。

3）计算机视觉

计算机视觉是一种使用计算机模仿人类视觉系统的科学，使计算机拥有类似人类提取、处理、理解和分析图像及图像序列的能力的技术。自动驾驶、机器人、智能医疗等领域均需要通过计算机视觉从视觉信号中提取并处理信息。近些年来，随着深度学习的发展，预处理、特征提取与算法处理逐渐融合，形成了端到端的人工智能算法技术。目前，计算机视觉发展迅速，已具备初步的产业规模。未来计算机视觉的发展主要面临 3 个挑战。一是如何在不同的应用领域和其他技术更好地结合；二是如何降低计算机视觉算法的开发时间和人工成本；三是随着新的成像硬件与人工智能芯片的出现，如何加快新型算法的设计与开发。

4）生物特征识别

生物特征识别是一种通过个体生理特征或行为特征对个体身份进行识别认证的技术，通常分为注册和识别两个阶段。在注册阶段，通过传感器对人体的生物表征信息进行采集，如利用图像传感器对指纹和人脸等光学信息进行采集，利用麦克风对说话声等声学信息进行采集，利用数据预处理及特征提取技术对采集的数据进行处理，得到相应的特征，进行存储。生物特征识别过程采用与注册过程一致的信息采集方式对待识别人进行信息采集、数据预处理和特征提取，并将提取的特征与存储的特征进行对比和分析，完成识别。

生物特征识别涉及的内容十分广泛，包括指纹、掌纹、人脸、虹膜、声纹、步态等多种生物特征。其识别过程涉及图像处理、计算机视觉、语音识别、机器学习等多项技术。

5）虚拟现实／增强现实

虚拟现实／增强现实是一种新型视听技术，结合相关科学技术，在一定范围内生成与真实环境在视觉、听觉、触感等方面高度相似的数字化环境。虚拟现实的应用如图 7-6 所示。

图 7-6　虚拟现实的应用

虚拟现实／增强现实通过显示设备、跟踪定位设备、数据获取设备、专用芯片等实现。虚拟现实／增强现实从技术特征角度按照不同处理阶段可以分为获取与建模技术、分析与利用技术、交换与分发技术、展示与交互技术、技术标准与评价体系 5 个方面。其难点是三维物理世界的数字化和模型化、内容的语义表示和分析、建立自然和谐的人机交互环境等。目前，虚拟现实／增强现实面临的挑战主要体现在智能获取、普适设备、自由交互和感知融合 4 个方面。

7.1.4　人工智能的融合应用

人工智能与行业领域深度融合，广泛应用于制造、交通、家居、金融、安防、医疗、物流等行业，随着社会的发展，相关智能产品的种类和形态越来越丰富。典型智能产品示例如表 7-2 所示。

表 7-2　典型智能产品示例

分　类	典型智能产品
智能 机器人	工业服务：焊接机器人、喷涂机器人、搬运机器人、加工机器人、装配机器人、清洁机器人等
	个人/家用服务：家政服务机器人、教育服务机器人、娱乐服务机器人、养老助残服务机器人、个人运输服务机器人、安防监控服务机器人等
	公共服务：酒店服务机器人、银行服务机器人、场馆服务机器人和餐饮服务机器人等
	特种服务：康复辅助机器人、农业机器人、水下机器人、军用/警用机器人、电力机器人、石油化工机器人、矿业机器人、建筑机器人、物流机器人、安防机器人、清洁机器人、医疗服务机器人等
智能运载	自动驾驶汽车、无人直升机、固定翼机、多旋翼飞行器、无人飞艇、无人伞翼机、无人船等
智能终端	智能手机、车载智能终端、可穿戴终端、智能手表、智能耳机、智能眼镜等
自然语言处理	机器翻译、机器阅读理解、问答系统、智能搜索等
计算机视觉	图像分析仪、视频监控系统等
生物特征识别	指纹识别系统、人脸识别系统、虹膜识别系统、指静脉识别系统，以及DNA、步态、掌纹、声纹等识别系统
虚拟现实/增强现实	PC端虚拟现实设备、虚拟现实一体机、移动端头显设备等
人机交互	语音助手、智能客服、情感交互、体感交互、脑机交互等

1. 智能制造

智能制造是基于新一代信息通信技术与先进制造技术深度融合,贯穿于设计、生产、管理、服务等制造活动的各个环节,具有自感知、自学习、自决策、自执行、自适应等功能的新型生产方式。

2. 智能交通

智能交通系统（Intelligent Transportation System，ITS）是通信和控制技术在交通系统中集成应用的产物。例如，使用 ETC 实现对通过 ETC 入口站的车辆身份验证及信息自动采集、处理、收费和放行，可以有效提高通行能力，简化收费管理，降低环境污染。中国的智能交通系统近几年来发展迅速，目前在北京、上海、广州等城市已经建设了先进的智能交通系统。其中，北京建立了道路交通控制系统、公共交通指挥与调度系统、高速公路管理和紧急事件管理系统；广州建立了交通信息共用主平台、物流信息平台和静态交通管理系统。

3. 智能家居

智能家居以住宅为平台，基于物联网技术，由硬件系统（智能家电、智能硬件、安防控制设备、家具等）、软件系统、云计算平台构成家居生态圈，实现了人远程控制设备、设备之间互联互通、设备自我学习等功能，使家居生活更加安全、节能、便捷。

4. 智能金融

在金融领域中人工智能可以用于服务客户，支持授信、各类金融交易和金融分析中的决策，并用于风险防控和监督。人工智能的应用将大大改变金融领域的现有格局，使金融服务更加个性化与智能化。

5. 智能安防

智能安防是一种利用人工智能对视频、图像进行存储和分析，从中识别安全隐患并对其进行处理的技术。高清视频、智能分析等技术的发展，使得安防从传统的被动防御向主动判断和预警发展。目前，智能安防涵盖众多领域，如对街道社区、道路、楼宇建筑、机动车辆、移动物体等的监测。通过智能安防可以解决海量视频数据分析、存储控制及传输问题，将智能视频分析技术、云计算及云存储技术结合起来，构建智慧城市下的安防体系。

6. 智能医疗

智能医疗在辅助诊疗、疾病预测、医疗影像辅助诊断、药物开发等方面发挥着重要的作用。如在疾病预测方面，人工智能借助大数据可以进行疾病监测，及时、有效地预测并防止疾病的进一步扩散和发展。

7. 智能物流

物流企业正在尝试使用智能搜索、推理规划、计算机视觉及智能机器人等技术，实现货物运输过程的自动化运作和高效管理，提高物流效率。例如，在货物搬运环节，使用了计算机视觉、动态路径规划等技术的智能搬运机器人得到了广泛应用，大大减少了订单出库时间，使物流仓库的存储密度、搬运速度、拣选精度均有了大幅度提升。

7.1.5 人工智能的发展趋势

人工智能的发展趋势具体如下。

1. 技术平台开源化

开源的学习框架在人工智能领域的研发成绩斐然，开发者可以直接使用已经研发成功的深度学习工具，以减少二次开发，提高效率，促进业界紧密合作和交流。谷歌、百度等企业纷纷布局开源人工智能生态。百度 AI 开放平台如图 7-7 所示。未来将有更多的软件和硬件企业参与开源人工智能生态。

图 7-7 百度 AI 开放平台

2．专用智能向通用智能方向发展

目前的人工智能发展主要集中在专用智能方面，具有领域局限性。通用智能具备执行一般智慧行为的能力，可以将人工智能与感知、知识、意识和直觉等人类的特征连接起来，降低对领域知识的依赖性，提高处理任务的普适性，这将是人工智能未来的发展方向。

3．智能感知向智能认知方向迈进

人工智能的主要发展阶段包括运算智能、感知智能、认知智能。早期阶段的人工智能是运算智能，机器具有快速计算和记忆存储能力。当前，大数据时代的人工智能是感知智能，机器具有视觉、听觉、触觉等感知能力。随着科技的发展，人工智能必然向认知智能时代迈进，即让机器能理解且会思考。

4．ChatGPT

ChatGPT（Chat Generative Pre-trained Transformer），是 OpenAI 研发的聊天机器人程序，于 2022 年 11 月 30 日发布。ChatGPT 是人工智能驱动的自然语言处理工具，使用了 Transformer 神经网络架构。这是一种用于处理序列数据的模型，拥有语言理解能力和文本生成能力，尤其是它会通过连接大量的语料库来训练模型，这些语料库包含了真实世界中的对话，使得 ChatGPT 不仅能够通过理解和学习人类的语言与人类对话，而且能够根据聊天内容与人类互动。ChatGPT 不只能够与人类聊天，还能够撰写邮件、视频脚本、文案，以及编写代码等。使用 ChatGPT 编写代码如图 7-8 所示。

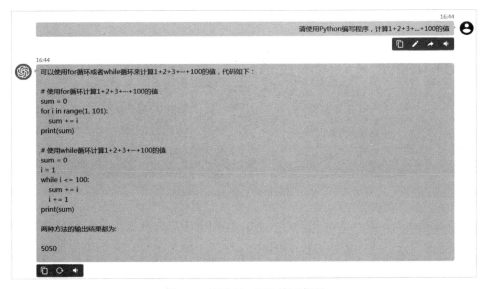

图 7-8　使用 ChatGPT 编写代码

ChatGPT 的出现是人工智能发展的一个重要节点。它在教育、学术、金融等领域备受关注，将"信息革命"推向了一个新阶段。比尔·盖茨曾表示，ChatGPT 与互联网的发明一样重要。在比尔·盖茨看来，这堪称划时代的应用。截至 2023 年 2 月，ChatGPT 在全球拥有约 1 亿名用户，并成功从科技界"破圈"，成为人们的谈资。

7.2　图像识别

图像识别是利用计算机对图像进行处理、分析和理解，以识别各种不同模式的目标和对象的技术，是应用深度学习算法的一种实践应用。当前所指的图像识别并不只是使用肉眼进行的识别，还是借助计算机技术进行的识别。传统的图像识别过程为：图像采集→图像预处理→特征提取→图像识别。图像识别是以图像的主要特征为基础的。

7.2.1　基于手工特征的图像分类

1. 计算机眼中的图像

在学习图像的特征提取之前，我们先来看一下图像在计算机中是如何表示的。如图 7-9 所示，如果将一幅图像放大，那么可以看到它是由一个个小格子组成的，每个小格子是一个色块。如果用不同的数字来表示不同的颜色，就可以将图像表示为一个由数字组成的矩形阵列，又被称为矩阵，这样就可以在计算机中存储。这里的小格子被称为像素，而格子的行数与列数，被称为分辨率。我们常说的某幅图像的分辨率是 1280px×720px，指的就是这幅图像是由 1280 列、720 行的像素组成的。反过来说，如果给出一个由数字组成的矩阵，将矩阵中的每个数值转换为对应的颜色，并将其在计算机屏幕上显示出来，就可以重新显示这幅图像。

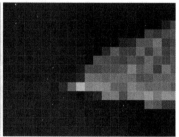

图 7-9　花和放大后的花位图

就像照片分为黑白照片和彩色照片一样，在图像中也有灰度图像和彩色图像之分。对于灰度图像，由于只有明暗的区别，因此只需要一个数字就可以表示出不同的灰度。通常用 8bit 对图像的每个像素点进行信息的存储，此时图像的颜色就可以被划分为 256 个取值，0 表示最暗的黑色，255 表示最亮的白色，0 ～ 255 中的整数则表示不同明暗程度的灰色（当只有 0 和 255 时，图像退化为二值图像）。对于彩色图像，用（R,G,B）来表示颜色。它表示用红（R）、绿（G）、蓝（B）3 种基本颜色叠加后的颜色。对于每种基本颜色，也用 0 ～ 255 中的整数表示不同明暗程度。对应某种基本颜色的数值越大，表示该基本颜色的所占比例越大。例如，（255,0,0）表示纯红色，（0,255,0）表示纯绿色。

综上可知，一幅彩色图像可以用一个由整数组成的立方体阵列来表示。这样按立方体排列的数字阵列被称为三阶张量。这个三阶张量的长度与宽度即图像的分辨率，高度为 3。对数字图像而言，由于三阶张量的高度也称通道数，因此也说彩色图像有 3 个通道。由于矩阵可以看作高度为 1 的三阶张量，因此灰度图像只有一个通道。

2. 图像的特征

在正式学习图像的特征之前，可以先简单思考一下：什么样的特征可以区分图像？例如，在表 7-3 中，将"有没有翅膀"作为一个特征，可以区分蝴蝶和小狗，也可以区分船和飞机。将"有没有眼睛"作为另一个特征，可以完美地区分这 4 类照片。

表 7-3　区分四类照片的特征

特　征	类　型			
	蝴　蝶	小　狗	船	飞　机
有没有翅膀	有	没有	没有	有
有没有眼睛	有	有	没有	没有

那么怎样从图像中提取这两个特征呢？对人类而言，这个过程非常简单，只要看一眼图像，人类大脑就可以获取这些特征。但是对计算机而言，一幅图像就是以特定方式存储的一串数据。让计算机通过一系列计算，从这些数据中提取类似"有没有翅膀"这样的特征是一件非常困难的事情。

在深度学习出现之前，图像特征的设计一直是计算机视觉领域中一个重要的研究课题。在这个领域发展的初期，人们手动设计了各种图像特征，这些特征可以描述图像的颜色、边缘、轮廓、纹理等基本性质，结合机器学习技术，能够解决物体识别和物体检测等实际问题。

既然图像在计算机中可以表示成三阶张量，那么从图像中提取特征便是对这个三阶张量进行运算的过程。其中，一种非常重要的运算是卷积。

3. 利用卷积提取图像特征

卷积是一种基于向量和矩阵的数学运算。因为数字图像使用矩阵来表示和存储，所以卷积是数字图像处理的一种基本运算方式。卷积是两个变量在某个范围内相乘后求和的结果。

卷积运算的具体描述如下。

对于维数为 m 的向量 $a=(a_1,a_2,\cdots,a_n)$ 和维数为 n 的向量 $b=(b_1,b_2,\cdots,b_n)$，其中 $n \geqslant m$，其卷积 $a*b$ 的结果为维数为 $n-m+1$ 的一个向量 $c=(c_1,c_2,\cdots,c_{n-m+1})$，并且对任意 $i \in \{1,2,\cdots,n-m+1\}$，有卷积运算，公式如下

$$c_i = \sum_{k=1}^{m} a_k b_{k+i-1} = a_1 b_1 + a_2 b_2 + \cdots + a_m b_{i+m-1}$$

卷积运算在图像处理及其他许多领域有着广泛的应用。许多图像特征提取的方法都会用到卷积。以灰度图像为例，在计算机中一幅灰度图像被表示为一个整数的矩阵，如果用一个较小的矩阵和这个图像矩阵进行卷积运算，那么就可以得到一个新矩阵，这个新矩阵可以被看作一幅新图像。换句话说，通过卷积运算，可以将原图像变换为一幅新图像。这幅新图像有时比原图像更清楚地表示了某些性质，可以把它当作原图像的一个特征。这里用到的小矩阵就被称为卷积核。通常，图像矩阵中的元素都是 0 ～ 255 的整数，但卷积核中的元素可能是任意实数。

通过卷积，可以从图像中提取出不同的边缘特征。更进一步地，研究者设计了一些更加复杂而有效的特征。方向梯度直方图是一种经典的图像特征，在物体识别和物体检测中有较好的应用。方向梯度直方图使用边缘检测技术和一些统计学方法，可以表示出图像中物体的轮廓。由于不同物体的轮廓有所不同，因此可以利用方向梯度直方图的特征区分图像中的不同物体。

方向梯度直方图的提取过程：首先利用卷积运算从图像中提取边缘特征，其次将图像划分成若干个区域，并对边缘特征按照方向和梯度进行统计，形成直方图，最后将所有区域内的方向梯度直方图拼接起来，这样就形成了特征向量。

7.2.2　基于深度神经网络的图像分类

1．从特征设计到特征学习

利用方向梯度直方图的特征和支持向量机分类器可以完成图像分类的任务，然而分类的正确率并不太令人满意。事实上，这也是当时计算机视觉领域面临的一个问题：利用人工设计的图像特征，图像分类的准确率已经到达"瓶颈"。

导致这一切的推动力来自一项依托计算机视觉的竞赛。ImageNet 挑战赛是依托计算机视觉的世界级竞赛，比赛任务之一就是让计算机自动完成对 1000 种图片的分类。在 2010 年首届 ImageNet 挑战赛上，冠军团队使用两种手动设计的特征，配合支持向量机，取得了 28.2% 的分类错误率。在 2011 年的 ImageNet 挑战赛上，得益于更好的特征设计，冠军团队的分类错误率降低到了 25.7%。然而对人类而言，这样的"人工智能系统"还远远称不上"智能"。如果将竞赛用的数据集交给人类进行学习和识别，那么分类错误率只有 5.1%，低于当时最先进的分类系统 20% 以上。

那么能否尝试提出更好的图像特征呢？或许可以。但这项工作往往需要领域内的兼具专业知识和创造力的科学家与工程师进行数年的摸索及尝试，甚至还需要一些运气成分才可能有所突破。特征设计的困难极大地拖慢了计算机视觉的发展。

然而 2012 年的 ImageNet 挑战赛给人们带来了惊喜，来自多伦多大学的参赛团队首次使用深度学习，正确率达到 84.7%，这也使得大多数人工智能研究团队开始关注深度学习。自此以后，ImageNet 挑战赛就是深度神经网络（DNN）比拼的舞台。2016 年，来自微软亚洲研究院的团队提出了一种新的网络结构，将分类错误率降低到了 4.9%。到了 2017 年，分类错误率已经达到 2.3%。至此，深度神经网络已经比较好地解决了分类问题。ImageNet 挑战赛自 2018 年起不再举办。

由于深度神经网络可以自动从图像中学习有效的特征，因此它具有强大的分类能力。在计算机视觉的各个领域，深度神经网络学习的特征逐渐替代了手动设计的特征，人工智能也变得更加"智能"。

此外，深度神经网络的出现也降低了人工智能系统的复杂度。在传统的模式分类系统中，特征提取与分类是两个独立的步骤，而深度神经网络将二者集成在一起。人类只需将一幅图像输入神经网络，就可以直接得出对图像类别的预测，不再需要分步完成特征的提取与分类。从这个角度来讲，深度神经网络并不是对传统模式分类系统的颠覆，而是对传统模式分类系统的改进。

2. 深度神经网络

一个深度神经网络通常由多个顺序连接的层组成。第一层一般以图像输入,通过特定的运算从图像中提取特征。接下来每一层以前一层提取出来的特征输入,对其进行特定形式的变换,这样便可以得到更复杂一些的特征。这种层次化的特征提取过程可以累加,赋予深度神经网络强大的特征提取能力。经过很多层的变换之后,深度神经网络就可以将原图像变换为高层次的抽象的特征。在深度神经网络中按不同层的位置划分,神经网络由输入层、隐藏层和输出层三部分构成,如图 7-10 所示。一般来说,第一层是输入层,最后一层是输出层,中间层是隐藏层。

3. 卷积神经网络

卷积神经网络是包含卷积计算且具有深度结构的前馈型神经网络。标准的卷积神经网络的结构是一种特殊的、比较深的并且包含许多隐藏层的网络模型结构。对卷积神经网络的研究始于 20 世纪 80 至 90 年代,时间延迟网络和 LeNet-5 是最早出现的卷积神经网络;21 世纪后,随着深度学习理论的提出和数值计算设备

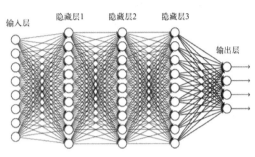

图 7-10 深度神经网络的构成

的改进,卷积神经网络得到了快速发展,并被应用于计算机视觉、自然语言处理等领域。

AlexNet 是一个典型的卷积神经网络。2012 年,AlexNet 横空出世,并以很大的优势赢得了 ImageNet 2012 图像识别挑战赛冠军。如图 7-11 所示,AlexNet 的主体部分由 5 个卷积层和 3 个全连接层构成。5 个卷积层位于最前端,依次对图像进行变换以提取特征。每个卷积层之后都有一个非线性激活层,用以完成非线性变换。第 1、2、5 个卷积层之后连接了最大池化层,用于降低特征图的分辨率。先经过 5 个卷积层及相连的非线性激活层与池化层,特征图被转换为 4096 维的特征向量,再经过两次全连接层和非线性激活层的变换,特征图成为最终的特征向量,最后经过一个全连接层和一个归一化指数层,就得到了对图像所属类别的预测。

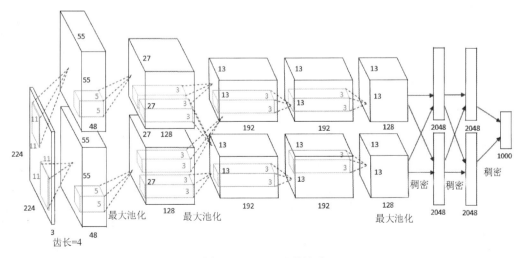

图 7-11 AlexNet 的构成

1）卷积层

卷积层是深度神经网络在处理图像时一种十分常用的层。当一个深度神经网络以卷积层为主体时，这个深度神经网络被称为卷积神经网络。

深度神经网络中的卷积层就是用卷积运算对原图像或者上一层的特征进行变换的层。一种特定的卷积核可以对图像进行一种特定的变换，从而提取某种特定的特征，如横向边缘或纵向边缘。在一个卷积层中，为了从图像中提取出多种形式的特征，通常使用多个卷积核对输入的图像进行不同的卷积操作，如图 7-12 所示。一个卷积核可以得到一个通道数为 1 的三阶张量，多个卷积核可以得到多个通道数为 1 的三阶张量。把这些结果作为不同通道组合起来，就又可以得到一个新的三阶张量，这个三阶张量的通道数就等于所使用的卷积核的个数。由于每个通道都是从原图像中提取的一种特征，因此将这个三阶张量称为特征图。这个特征图就是卷积层的最终输出。

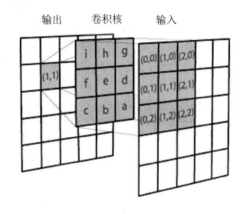

图 7-12　使用卷积核进行操作

由于特征图与彩色图像都是三阶张量，也都有若干个通道，因此卷积层不仅可以作用于图像，而且可以作用于其他层输出的特征图。通常，一个深度神经网络的第一个卷积层会以图像输入，而之后的卷积层则会以前面的层输出的特征图输入。

在图像分类任务中，输入的图像在经过若干个卷积层之后，会将得到的特征图转换为特征向量。要对这个特征向量进行变换，经常用到的便是全连接层。

在全连接层中，使用若干个维数相同的向量与输入向量当作内积操作，并将所有结果拼接成一个向量输出。具体来说，可以先将参数向量 W_k 与 X_k 进行内积运算，再加上一个标量 b_k，即完成 $y_k=X_k \cdot W_k+b_k$ 的运算，最后将 k 个 y_k 组成向量 Y 输出。

2）归一化指数层

归一化指数层的作用就是完成多类线性分类器中的归一化指数函数的计算。具体来说，对于输入向量 $X=(x_1,x_2,\cdots,x_n)$，计算 n 个标量结果 $y_k = \dfrac{e^{x_k}}{e^{x_1}+\cdots+e^{x_k}}$　$k=1,2,\cdots,n$，并将它们拼接成向量 $Y=(y_1,y_2,\cdots,y_n)$ 输出。归一化指数层一般是分类网络的最后一层，通过一个长度和类别个数相等的特征向量（这个特征向量通常来自一个全连接层）输出图像属于各个类别的概率。

3）非线性激活层

通常，需要在每个卷积层和全连接层后面连接一个非线性激活层（ReLU）。为什么呢？

其实不管是卷积运算还是全连接层中的运算都是关于自变量的一次函数，即所谓的线性函数。线性函数有一个性质：若干个线性计算的复合仍然是线性的。换句话说，如果只是将卷积层和全连接层直接堆叠起来，那么它们对输入图像产生的效果就可以被一个全连接层替代。这样一来，虽然堆叠了很多层，但是每一层的变换效果实际上被合并到了一起。而如果在每次进行线性运算后，再次进行一次非线性运算，那么每次变换的效果就可以被保留。非线性激活层的形式有多种，它们的基本形式是先选定某种非线性函数，然后对输入的特征图或特征向量的每个元素应用这种非线性函数。常用的非线性函数如下。

逻辑函数（Logistic Function）为

$$s(x) = \frac{1}{1 + \mathrm{e}^{-x}}$$

双曲正切函数（Hyperbolic Tangent Function）为

$$\tanh(x) = \frac{\mathrm{e}^x - \mathrm{e}^{-x}}{\mathrm{e}^{-x} + \mathrm{e}^x}$$

线性整流函数（Rectified Linear Function）为

$$\mathrm{ReLU}(x) = \begin{cases} 0, x < 0 \\ x, x \geqslant 0 \end{cases}$$

以线性整流函数构成的非线性激活层为例，对于输入的特征向量或特征图，它会将其中小于零的元素变成零，而保持其余元素的值不变，这样就得到了输出结果。因为非线性激活层的计算非常简单，所以它的计算速度往往比其他非线性激活层快很多，加之其在实际应用中的效果也很好，因此它在深度神经网络中被广泛使用。

4）池化层

在计算卷积时，常使用卷积核滑过图像或特征图的每个像素。如果图像或特征图的分辨率很大，那么卷积层的计算量就会很大。为了解决这个问题，通常在几个卷积层之后插入池化层，以降低特征图的分辨率。

池化层的池化操作步骤如下。首先，将特征图按通道分开，得到若干个矩阵，并将每个矩阵切割成若干个大小相等的正方形区块。例如，将一个 4×4 的矩阵分割成 4 个大小相等的正方形区块，每个区块的大小为 2×2。其次，对每个区块取最大值或平均值，并将结果组成一个新的矩阵。最后，将所有通道的结果按原顺序堆叠起来形成一个三阶张量，这个三阶张量就是池化层的输出结果。对每个区块取最大值的池化层可被称为最大池化层，而取平均值的池化层可被称为平均池化层。

经过池化后，特征图的长度和宽度都会减小到原来的 1/2，特征图中的元素数目减小到原来的 1/4。通常在卷积层之后增加池化层。这样，经过若干个卷积层、池化层的组合之后，在不考虑通道数的情况下，特征图的分辨率就会远远小于输入图像的分辨率，大大降低了对计算量和参数数量的需求。

7.2.3　深度神经网络的发展历程

尽管神经网络在 20 世纪 40 年代就被提出了，但一直到 20 世纪 80 年代末期神经网络才有了第一个实际应用，即用于识别手写数字的LeNet。这个系统广泛应用在支票的数字识别上。而自2010年之后，基于深度神经网络的应用范围开始快速扩大。

深度学习在2010年前后得到巨大成功的原因主要有3个。一是训练网络所需的海量信息。学习一个有效的表示需要大量的训练数据。因此，云服务商和许多公司有海量的数据来训练算法。二是充足的计算资源。半导体和计算机架构的进步，为深度学习提供了充足的计算能力，使得在合理的时间内训练算法成为可能。三是算法的进化极大地提高了深度神经网络的准确性并拓宽了深度神经网络的应用范围。早期的深度神经网络的应用打开了算法发展的大门。它激发了许多深度学习框架的发展（大多数都是开源的），使得众多研究者和从业者能够很容易地使用深度神经网络。

ImageNet挑战赛是机器学习成功的一个很好的例子。这个挑战赛是涉及几个不同方向的比赛。第一个方向是图像分类，其中给定图像的算法必须识别图像中的内容。训练数据集由120万幅图像组成，每幅图像标有图像所含的1000个对象类别之一。该算法要求必须准确地识别测试数据集中的图像。

2012年，多伦多大学的一个团队使用GPU的高计算能力和深度神经网络方法，即AlexNet，将错误率降低了约10%。他们的成功使得深度学习风格算法流行起来。

ImageNet挑战赛中使用深度学习方法的参赛者和使用GPU的高计算能力的参与者的数量都在相应增加。2012年，只有4位参赛者使用了GPU的高计算能力，而到了2014年，几乎所有参赛者都使用了GPU的高计算能力。这反映了从传统的计算机视觉方法到深度学习的研究方法的转变。

2015年，ImageNet挑战赛的获奖作品ResNet超过人类水平准确率，将错误率降低到了3%以下。目前，深度神经网络的重点没有过多放在准确率的提升上，而是放在其他一些更具挑战性的方向上，如对象检测和定位等。这些成功显然是深度神经网络应用范围广泛的一个原因。

自从深度神经网络在语音识别和图像识别任务中展现出突破性的成果后，使用深度神经网络的应用数量急剧增加。目前，深度神经网络已经广泛应用到图像和视频、语音和语言、医药、游戏、机器人、嵌入式与云等各个领域。其中，视频可能是大数据时代中使用最多的资源。计算机视觉需要从视频中抽取有意义的信息。深度神经网络极大地提高了许多计算机视觉任务的准确性，如图像分类、物体定位和检测、图像分割、动作识别等。目前，在许多领域中，深度神经网络的准确性已经超过人类。与早期的专家手动提取特征不同，深度神经网络的优越性来自在大量数据上使用统计学习方法，从原始数据中提取高级特征的能力，从而对输入空间进行有效表示。

然而，深度神经网络超高的准确性是以超高的计算复杂度为代价的。通常意义下的计算引擎，尤其是GPU，是深度神经网络的基础。因此，能够在不牺牲准确性和增加硬件成本的前提下，提高深度神经网络的性能和提升训练吞吐量的方法，对于深度神经网络在人工智能系统中更广泛地应用是至关重要的。以深度神经网络中的AlexNet为例，为了完成ImageNet分类模型的训练，使用一个16核的CPU需要一个多月的时间才能完成，而使用一个新型的GPU则只需要两三天的时间，这大大提高了训练效率，研究人员目前已经更多地将关注点放在开发针对深度神经网络计算专用的加速方法上。

深度学习的"深"其实代表着神经网络的层数多，更进一步代表着模型参数多。一个模型的参数越多，可学习和调整的空间就越大，表达能力就越强。甚至曾经有人说过："只要测试错误率还在下降，就可以通过持续不断地增加深度神经网络的层数来改进结果。"

深度神经网络模型表现的飞快提升，和网络结构不断复杂、网络层数不断增加是分不开的。2012 年，AlexNet 共有 5 个卷积层，而到了 2016 年的 PolyNet，则有足足 500 多个卷积层。最初的神经网络通常只有几层，而深度神经网络通常有更多的层数，今天的网络一般在五层以上，甚至达到一千多层。虽然现代网络设计并不是简单的层数的纵向堆叠，卷积层的数量并不等于网络的深度，但大体上都遵循层数越多网络越"深"的规律。如今在计算机视觉领域，更"深"的网络也屡见不鲜。这些"深"而复杂的网络，不断刷新着以往相关领域任务中的最好成绩，给人类带来一次又一次的震撼。

如果只通过不断加"深"网络就能得到性能更好的模型，那么关于深度学习领域的一切研究是不是就变得十分容易，只要通过不断加深网络便可以解决所有问题呢？然而，真实情况并不是如我们所想的这样简单。事实上，更"深"的网络除了会带来更加巨大、更加令人难以负担的资源消耗，在对应任务上的性能有时不仅没有提高反而会降低。过多的层数带来过多的参数，很容易导致机器学习中一个常见的通病，即过拟合。训练模型的过程是在训练数据集中完成的，而对一个模型表现的评测会在测试数据集中完成。有些模型在训练数据集中是一等一的"优等生"，但是在测试数据集中的表现却不能尽如人意，甚至有时的表现都不能达到及格水平。这种复杂模型过多地"迎合"训练数据，导致其在大量新数据上表现很差的现象被称为过拟合。而欠拟合的模型则是在训练数据和新数据上的表现都不能让人满意的模型。这种由于模型本身能力较弱而导致的在训练过程中准确率很低，并且难以提升、在新数据上表现同样很差的现象被称为欠拟合。

7.2.4　图像识别的应用

随着更多数据的开放、更多基础工具的开源、产业链的更新迭代，以及高性能的人工智能计算芯片、深度摄像头的开发和更优秀的深度学习算法的开发等，图像识别发展到了一个新高度。如今，图像识别在日常生活中有着广泛的应用。

1.　人脸识别

人脸识别是基于人的脸部特征信息进行身份识别的一种生物识别技术，即用摄像机或摄像头采集含有人脸的图像或视频流，并自动在图像中检测和跟踪人脸，进而对检测到的人脸进行识别的一系列相关技术。人脸识别通常也叫作人像识别、面部识别。

人脸识别是从一幅数字图像或一帧视频中，由"找到人脸"到"认出人脸"的过程。其中，"认出人脸"就是一个图像分类的任务。具体来说，整个识别过程一般包括以下几个步骤：人脸检测、特征提取、人脸比对、数据保存与分析。人脸检测即对包含用户脸部的图像进行检测，找到人脸所在的位置、人脸角度等信息，也就是完成"看得到"的过程。特征提取则是要让机器"看得懂"，即通过对人脸检测步骤中检测出的人脸部分进行分析，得到人脸相应的特征，如五官特点、是否微笑、是否戴眼镜等信息。这两步得到的信息，将被用于与人脸数据库中已经记录的人像（身份证照片等）以一定的方法对比，也就是解决"跟谁像"的问题。这些分析结果将根据具体的情况被使用，服务于最终的实际应用场景。

2014 年，香港中文大学团队研发的人脸识别使得机器在人脸识别任务上的表现第一次超越了人类。从这一事件开始，人脸识别成为深度学习算法着力研究的任务之一，并在不断发展和演进中变成了改变人们生活的深度学习应用之一。

在深度神经网络被应用于人脸识别算法之前，传统的机器学习算法也曾试图解决这一问题。但是传统的机器学习算法在进行识别的过程中，无法同时确保准确率与识别效率。这一情况使得传统的人脸识别算法很难达到应用规模。而当前的在亿万级别人脸数据上训练得到的深度模型，使用时可以同时满足大规模和高精度的要求，真正应用于人们生活的方方面面。

目前，人脸识别是人工智能视觉与图像领域中热门应用之一，在《麻省理工科技评论》发布的 2017 年全球十大突破性技术榜单中，来自中国的刷脸支付技术位列其中。这是该榜单创建以来首个来自中国的技术突破。表 7-4 所示为人脸识别的主要应用场景。目前，人脸识别已经广泛应用于金融、司法、军队、公安、边检、政府、航天、电力、工厂、教育、医疗等领域。

表 7-4　人脸识别的主要应用场景

应用场景	相关描述
人脸支付	将人脸与用户的支付渠道绑定。人脸支付的最大特征是能避免个人信息泄露，并采用非接触方式进行识别，可以快捷、精准、卫生地进行身份认定，具有不可复制性
人脸开卡	客户在银行等部门开卡时，可以通过身份证和人脸识别进行身份校验，以防不法人员借用身份证开卡
人脸考勤	利用高精度的人脸识别和比对能力，提升考勤效率，保证考勤记录的真实公正
安防监控	在大量人群流动的交通枢纽，对结构化的人、车、物等视频内容信息进行快速检索、查询。该技术被广泛应用于人群分析、防控预警等事件中
人脸闸机	在机场、铁路、海关等场合利用人脸识别确定乘客身份
相册分类	通过人脸检测，自动识别照片库中的人物角色，并对其进行分类管理，以提升用户体验
人脸美颜	基于人脸检测和关键点进行识别，实现人脸的特效美颜等功能

2. 图片识别

目前，静态图片识别应用比较多的是以图搜图、物体/场景识别、车型识别、人物属性识别、服装识别、货架扫描识别、农作物病虫害识别等。其中，以图搜图主要通过图片来代替文字进行搜索，以帮助用户搜索无法用简单文字描述的需求。以图搜图在电商平台得到广泛应用。

3. 自动驾驶

自动驾驶汽车是一种通过计算机实现无人驾驶的智能汽车。它依靠人工智能、机器视觉、雷达、监控装置和全球定位系统协同合作，让计算机可以在没有任何人主动操作的情况下，自动、安全地操作机动车辆。机器视觉的快速发展使无人驾驶在未来成为可能。

4. 医疗影像诊断

有研究发现，医疗数据中有超过 90% 的数据来自医疗影像领域。医疗影像领域拥有孕育深度学习的海量数据，医疗影像诊断可以辅助医生诊断，提升医生的诊断效率。目前，医疗影像诊断主要应用于肿瘤探测、肿瘤发展追踪、血液量化与可视化、病理解读等方面。

5.　文字识别

文字识别，俗称光学字符识别，是利用光学技术和计算机技术把印刷在或写在纸上的文字读出来，并转换成一种计算机和人均可以理解的格式。这是实现文字高速录入的一项关键技术。这项技术可以用于卡证类识别、票据类识别、出版类识别、实体识别等。

6.　机器视觉检测

机器通过机器视觉系统进行检测可以快速获取大量信息，并进行自动处理。在自动化生产过程中，人们将机器视觉系统广泛地用于工况监视、成品检验和质量控制等领域。机器视觉系统的特点是提高生产的柔性和自动化程度，可以在一些危险工作环境或人工视觉难以满足要求的场合使用。此外，在大批量的工业生产过程中，机器视觉检测可以大大提高生产效率和生产的自动化程度。

7.3　语音识别

语音识别

语音识别又被称为自动语音识别（Automatic Speech Recognition，ASR）。其目标是将人类语音中的词汇内容转换为可以被计算机读取的输入内容，如按键、二进制编码、字符序列等。

语音识别是一门交叉学科，涉及的领域包括信号处理、模式识别、概率论和信息论、发声机理和听觉机理、人工智能等。近些年来，语音识别取得显著进步，在工业、家电、通信、汽车电子、医疗、家庭服务、消费电子产品等各个领域都有所应用。

7.3.1　语音识别的发展历程

对于自动语音识别的探索，早期的声码器可被看作语音合成和识别技术的雏形，20 世纪 20 年代出现的 Radio Rex 玩具狗也许是人类历史上最早的语音识别机。现代的自动语音识别可以追溯到 20 世纪 50 年代，贝尔实验室的研究员使用模拟元器件提取分析元音的共振峰信息，实现了 10 个英文孤立数字的识别功能。到了 20 世纪 50 年代末，统计语法的概念被伦敦大学学院的研究者首次加入语音识别，具有识别辅音和元音音素功能的识别器问世。在同一时期，用于特定环境中面向非特定人 10 个元音的音素识别器也在麻省理工学院的林肯实验室被研制出来。概率在不确定性数据管理中扮演着重要的角色，但多重概率的出现也极大地提高了数据处理的复杂度。

1.　国外发展历程

从开始研究语音识别至今，语音识别的发展已经有半个多世纪的历史。语音识别研究的开端，是 Davis 等人研究的能识别发音的实验系统。它是当时第一个可以获取几个英文字母的系统。到了 20 世纪 60 年代，伴随着计算机技术的发展，语音识别也得以进步，动态规划和线性预测分析技术解决了语音识别中非常重要的问题，即语音信号产生的模型问题。20 世纪 70 年代，语音识别有了重大突破，动态时间规整技术基本成熟，语音变得可以等长，另外矢量量化和隐马尔可夫模型理论也不断完善，为之后语音识别的发展做了铺垫。20 世纪 80 年代，对语音识别的研究更为彻底，各种语音识别算法被提出，其中的突出成就包括 HMM 模型人工神经网络。进入 20 世纪 90 年代后，语音识别开始应用于全球市场，许多著名科技互联网公司，都为语音识别的开发和研究投入巨资。到了 21 世纪，语音识别的研究重点转变为即兴口语和自然对话，以及多语种的同声翻译。

2. 国内发展历程

国内关于语音识别的研究与探索从 20 世纪 80 年代开始，虽然起步较晚，但发展速度很快，逐渐从实验室向生产、生活推广。目前，国内在这方面的研究已经基本赶上了国外水平，并且根据汉语语音的特点，我国还有自己的特点与优势，已经跻身国际先进行列。

清华大学电子工程系语音技术与专用芯片设计课题组研发的非特定人汉语数码串连续语音识别系统的识别精度已经达到 94.8%（不定长数字串）和 96.8%（定长数字串）。在存在 5% 的拒识率的情况下，系统识别率达到了 96.9%（不定长数字串）和 98.7%（定长数字串），其性能几乎达到了实用水平。Pattek ASR 是 2002 年 6 月底推出的语音识别产品。它的出现打破了中文语音识别产品自 1998 年以来一直由国外公司垄断的历史。这一系列产品的识别率高，对环境噪声和口音都有很强的适应能力。

7.3.2 语音识别过程

1. 一般的语音识别过程

一般的语音识别过程是先从一段连续声波中采样，再将每个采样数据量化，最后使用声波的压缩数字化表示。采样数据位于重叠的帧中，对于每一帧，抽取出一个描述频谱内容的特征向量。根据语音信号的特征识别语音代表的单词。一般的语音识别过程主要分为 4 步，即语音信号采集、语音信号预处理、语音信号特征参数提取、语音识别。

1）语音信号采集

计算机没有耳朵，那它怎么感知声音呢？这时就需要把声波转换为便于计算机存储和处理的音频文件。语音信号采集是语音信号处理的前提。通常，通过话筒将语音输入计算机。话筒将声波转换为电压信号，并通过 A/D（声卡等）进行采样，从而将连续的电压信号转换为计算机能够处理的数字信号。图 7-13 所示为声音数字化的过程。首先通过话筒中的传感器把声波转化为电信号（电压等），这就好比耳蜗中的听觉感受器把声波传导到听神经。由于计算机是无法存储连续信号的，因此需要先通过采样使得电信号在时间上变得离散，再通过量化使得它在幅度上变得离散。声音变成了离散的数据点，计算机就可以通过不同的编码方式将它存储为不同的文件格式了，人们听音乐时常用的 MP3 就是其中的一种。计算机中的音频文件描述的实际上是一系列按时间先后顺序排列的数据点，因此其也被称为时间序列，把它可视化出来就是人们常见的波形，横坐标代表时间，纵坐标没有直接的物理意义，它反映了传感器在传导声音时的振动位移。因为振动位移随时间在 0 附近反复振荡，所以波形也是随时间在 0 附近反复振荡的。当采样频率比较高时，波形看起来是近似连续的。

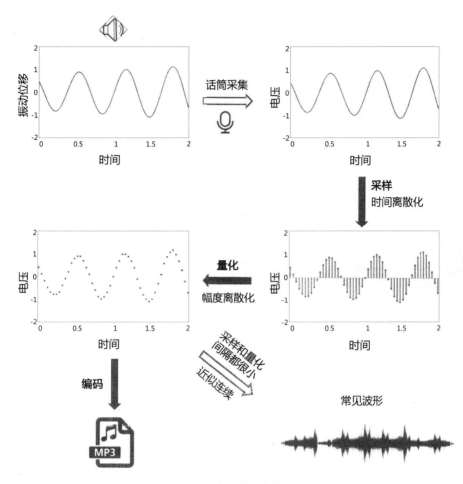

图 7-13　声音数字化的过程

2）语音信号预处理

语音信号在采集后首先要进行滤波、A/D 变换、预加重、分帧和端点检测等预处理，然后才能进行识别、合成、增强等实际应用。

滤波的目的有两个：一是抑制输入信号中频率超出 fs/2（fs 为采样频率）的所有分量，以防止混叠干扰；二是抑制 50Hz 的电源工频干扰。因此，滤波器应该是一个带通滤波器。

A/D 变换将语音模拟信号转换为数字信号。A/D 变换中要对信号进行量化，量化后的信号值与原信号值之间的差值为量化误差，又称量化噪声。

预加重处理的目的是提升高频部分，使信号的频谱变得平坦，保持在低频到高频的整个频带中，能用同样的信噪比求频谱，便于频谱分析。

分帧是为了进行短时分析，这是因为贯穿于语音分析全过程的是短时分析技术。语音信号具有时变特性，但是由于在短时间内（一般认为在 10 ～ 30ms 的短时间内），其特性基本保持不变，即相对稳定，因而可以将其看作一个准稳态过程，即语音信号具有短时平稳性。任何语音信号的分析和处理都必须建立在"短时"的基础上，即进行短时分析，通过将语音信号分段来分析其特征参数，其中的每一段被称为一帧，帧长一般为 10 ～ 30ms。这样，对于整体的语音信号来讲，分析出的是由每一帧特征参数组成的特征参数时间序列。

端点检测是从包含语音的一段信号中确定出语音的起点和终点。有效的端点检测不仅能减少处理时间，而且能排除无声段的噪声干扰。目前，主要有两类方法，即时域特征方法和频域特征方法。时域特征方法利用语音音量和过零率进行端点检测。其计算量小，但对气音会造成误判，不同的音量计算会产生不同的检测结果。频域特征方法通过声音频谱的变异和熵的检测进行语音检测。其计算量较大。

3）语音信号特征参数提取

人说话的频率在 10kHz 以下。根据香农采样定理可知，为了使语音信号的采样数据中包含所需单词的信息，计算机的采样频率应是需要记录的语音信号中包含的最高语音频率的两倍以上。一般将信号分割成若干块，信号的每个块被称为一帧，为了保证可能落在帧边缘的重要信息不丢失，应该使帧有重叠。例如，当使用 20kHz 的采样频率时，标准的一帧为10ms，包含 200 个采样数据。

话筒等语音输入设备可以采集到声波的波形。虽然这些声波的波形包含了所需单词的信息，但用肉眼观察这些波形却得不到多少信息。这时就需要从采样数据中抽取那些能够帮助辨别单词的特征信息。在语音识别中，常用线性预测编码技术抽取语音特征。

线性预测编码的基本思想是：语音信号采样之间存在相关性，可以使用过去的若干个采样的线性组合预测当前的和将来的采样数据。线性预测系数可以通过使预测信号和实际信号之间的均方误差最小来唯一确定。

线性预测系数作为语音信号的一种特征参数，已经广泛应用于语音处理的各个领域。

4）语音识别

在提取语音信号的特征参数以后，就可以识别这些特征参数代表的单词了。识别系统输入的是从语音信号中提取出的特征参数，如 LPC 预测编码参数等。进行语音识别采用的方法主要分为三大类，第一类为基于语音学和声学；第二类为模板匹配，包括矢量量化、动态时间规整技术、隐马尔可夫模型等；第三类为神经网络。神经网络是目前的一个研究热点。

语音识别是一个非常复杂的任务，要想达到实用的水准并不容易。也可以把语音识别理解成一个分类任务，即把人说的每个音都找到一个文字对应。然而语音识别却比音乐风格分类复杂得多。音乐风格分类只需要对一整段语音进行一次分类，而且其类型数目较少；语音识别则需要对每个音都进行分类，而文字的数量成千上万，可能的类别数也很多。可以想象，这样的分类任务是非常困难的。但是语音识别也有它简单的一面，人类的语言是很有规律的，在进行语音识别时应该考虑这些规律。第一，每种语言在发音上都有一定的特点。以汉语为例，因为我们都学过拼音，所以对于不认识的字，通过拼音就能知道它的发音了。拼音的声母和韵母的数量比汉字的数量少很多，可以通过声学特性提高语音识别的准确率。第二，汉语的语言表达也有一定的规律，如根据声音的特性识别词"hao chi"，这个词更有可能是"好吃"而不是"郝吃"，因为前者在汉语的表达中具有一定的意义而且会经常出现。

图 7-14 所示为语音识别流程。首先，把一段语音分成若干段，这个过程被称为分帧。其次，把每一帧识别为一个状态，并把状态组合成音素，音素一般就是我们熟知的声母和韵母，而状态则是比音素更加细致的语音单位，一个音素通常包含 3 个状态。由于把一系列语音帧转

换为若干个音素的过程利用了语言的声学特性，因而这一部分被称为声学模型。从音素到文字的过程需要用到语言表达的特点，这样才能从同音字中挑选出正确的文字，组成意义明确的语句，这部分被称为语言模型。

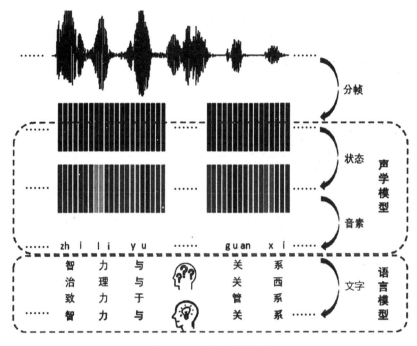

图 7-14　语音识别流程

语音识别系统框架如图 7-15 所示。

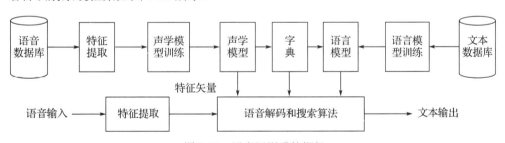

图 7-15　语音识别系统框架

2. 基于神经网络的语音识别过程

1）将声音转换成"位"

进行语音识别的第一步是将声波输入计算机，即将声音转换成"位"。

前面已经介绍了如何把图像视为一个数字序列，以便直接将其输入神经网络进行图像识别。图 7-16 所示为图像像素数字编码序列。图像只是每个像素深度的数字编码序列。

声音是以波的形式传播的。如何将声波转换成数字呢？下面举例进行说明。HELLO 的声波波形如图 7-17 所示。

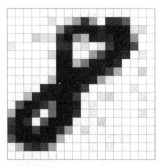

图 7-16　图像像素数字编码序列

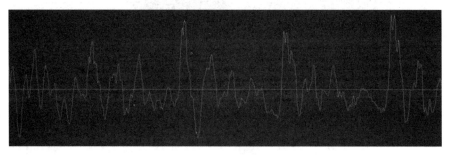

图 7-17　HELLO 的声波波形

　　声波是一维的，在每个时刻，基于波的高度，有一个值（振幅）。图 7-18 所示是对图 7-17 所示的声波中某一部分的放大。

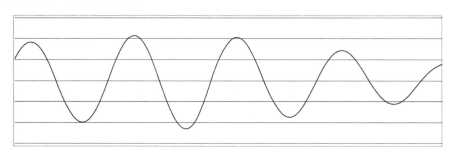

图 7-18　放大某一部分声波

为了将这部分声波转换成数字，这里只记录声波在等距点的高度，如图 7-19 所示。

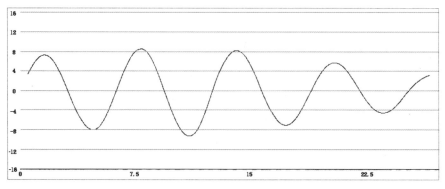

图 7-19　声波在等距点的高度

2）给声波采样

进行语音识别的第二步是给声波采样。我们每秒读取数千次，并把声波在该时间点的高度用一个数字记录下来，这基本上就是一个未压缩的 .wav 格式音频文件。

"CD 音质"的音频是以 44.1kHz 进行采样的。但对于语音识别，16kHz 足以覆盖人类语音的频率范围。下面把 HELLO 的声波每秒采样 16 000 次。图 7-20 所示为前 100 个采样数据。

图 7-20　前 100 个采样数据

你可能认为采样只是对原始声波进行粗略估计，这是因为它只是间歇性地读取数据。因为读数之间有间距，所以会丢失数据，对吗？采样后的数据如图 7-21 所示。

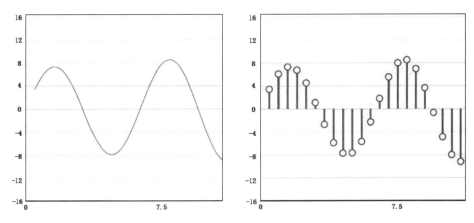

图 7-21　采样后的数据

值得一提的是，由于香农采样定理的存在，从间隔的采样中完美重建原始模拟声波是完全可行的，只要以希望得到的最高频率的两倍来采样就可以。

3）预处理采样声音数据

进行语音识别的第三步是预处理采样声音数据。假设有一个数列，其中每个数字代表 1/16000s 的声波振幅。

直接把这些数字输入神经网络，试图通过直接分析这些采样数据来进行语音识别仍旧是困难的。可以通过对音频数据进行一些预处理来使问题变得更容易。

将采样音频分组为 20ms 的块。图 7-22 所示为前 320 个采样数据。

图 7-22　前 320 个采样数据

将这些数字绘制为简单折线图。图 7-23 所示为声波的粗略估计，给出了 20ms 内原始声波的粗略估计。

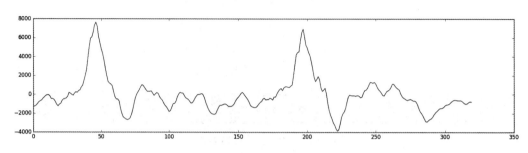

图 7-23　声波的粗略估计

虽然这段音频只有 20ms，但这样短暂的时间却是由不同频率的声音复杂地组合在一起的。就是这些不同频率的声音组合在一起，才组成了人类的语音。

为了使这个数据更容易被神经网络处理，可以将这个复杂的声波分解成一个又一个的组件部分。一步一步地先分离低音部分再分离下一个更低音部分。将（从低到高）每个频带中的能量相加，为各个类别（音调）的音频块创建指纹。

想象一下，假设有一段某人在钢琴上演奏 C 大调和弦的音频。这段音频由 C、E 和 G 三个音符组合而成，C、E 和 G 三个音符混合在一起组成一个复杂的声音。通过把这个复杂的声音分解成单独的音符，可以发现它们是由 C、E 和 G 三个音符组成的。这与语音识别是一样的道理，与图像类似，声音数字化后的取值范围也是有限的。常见的音频一般有两个声道（对应左耳、右耳），而图像通常有 3 个通道（对应红、绿、蓝）。

可以使用傅里叶变换的数学运算来实现这一点。它将复杂的声波分解为简单的声波。一旦有了这些单独的声波，就能将每个包含的能量加在一起。

由图 7-24 可以看到，在 20ms 长的音频块中有很多低频能量，在更高频率的声音中并没有太多的能量，这是典型的男性的声音。

频率（Hz）

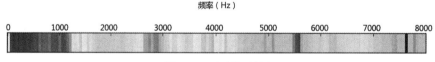

图 7-24　音频能量图

如果对每 20ms 的音频块重复这个过程，那么最终会得到如图 7-25 所示的频谱图（每列从左到右都是一个 20ms 的音频块）。

4）对语音进行短字符识别

进行语音识别的最后一步是对语音进行短字符识别。假如有一个易于处理的格式的音频，现在要把它输入深度神经网络。深度神经网络的输入是 20ms 的音块。对于每个小的音频块，将试图找出当前正在说的语音对应的字母。

图 7-26 所示为语音识别流程，这里使用一个循环神经网络，即一个拥有记忆以影响未来预测的神经网络来对语音进行识别。这是因为它预测的每个字母都应该能够影响下一个字母的预测结果。例如，如果到目前为止已经说了 HEL，那么很有可能接下来会说 LO 来完成 HELLO，此时不太可能会说其他一些字母。具有先前预测的记忆有助于神经网络对未来进行更准确的预测。

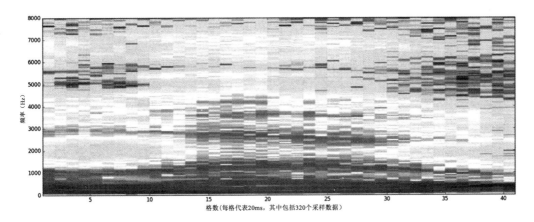

格数(每格代表20ms,其中包括320个采样数据)

图 7-25　频谱图

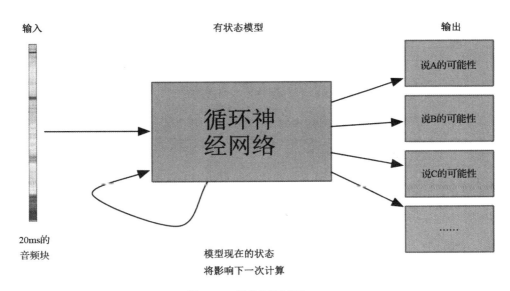

图 7-26　语音识别流程

当通过神经网络运行整个音频剪组（一次一个音频块）之后，将最终得到每个音频块和其最可能被说出的那个字母的一个映射。这是一个看起来说 HELLO 的映射，如图 7-27 所示。

神经网络正在预测所说的那个词很有可能是 HHHEE_LL_LLLOOO。但它同时认为所说的词也可能是 HHHUU_LL_LLLOOO 或者 AAAUU_LL_LLLOOO。

下面遵循一些步骤来整理。首先，使用单个字符替换任何重复的字符。

HHHEE_LL_LLLOOO 变为 HE_L_LO

HHHUU_LL_LLLOOO 变为 HU_L_LO

AAAUU_LL_LLLOOO 变为 AU_L_LO

其次，删除所有空白处。

HE_L_LO 变为 HELLO

HU_L_LO 变为 HULLO

AU_L_LO 变为 AULLO

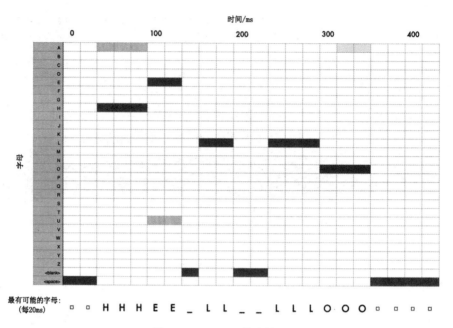

图 7-27　HELLO 的映射

　　这样得到 3 种可能的转录，即 HELLO、HULLO 和 AULLO。如果大声说出这些词，那么所有这些词的声音都将类似说出 HELLO 的声音。因为它每次只预测一个字符，神经网络会得出一些试探性的转录。例如，如果说 He would not go，那么它可能会给一个可能的转录，如 He wud net go。

　　解决这个问题的关键是将这些基于发音的预测与基于书面文本（书籍、新闻等）大数据库的可能性结合起来，抛弃最不可能的转录，保留住最现实的转录。在可能的转录 HELLO、HULLO 和 AULLO 中，显然 HELLO 将更频繁地出现在文本数据库中（更不用说在原始的基于音频的训练数据中），因此它可能是正确的。这时我们会选择 HELLO 而不是其他词作为最后的转录。

　　以上就是基于神经网络的语音识别过程，是不是很有趣呢？

7.3.3　语音识别方法

　　语音识别方法可以分为以下 3 种。

1．基于语音学和声学

　　基于语音学和声学的方法起步较早，在刚开始提出语音识别时，就已经有了这方面的研究，但其因复杂的模型，使得无法实现实用化推广。

　　通常，将语言理解为由有限个不同的语音基元组成的整体，可以利用其语音信号的频域或时域特性，通过以下两步来区分。

　　1）分段和标号

　　首先，把语音信号以时间为基准分成离散的段，不同的段具有不同语音基元的声学特性。其次，根据相应声学特性将每个段进行相近的语音标号。

2）得到词序列

将所得的语音标号序列转化成一个语音基元网格，从词典中查询有效的词序列，或结合语句的文法和语义同时进行。

2. 模板匹配

模板匹配的方法发展比较成熟。相较于基于语音学和声学的方法，目前模板匹配的方法已经进入实用阶段。模板匹配的方法通过特征提取、模板训练、模板分类、判断 4 步实现。

模板匹配的方法有以下 3 种常用的技术。

1）动态时间规整技术

动态时间规整技术具有一定的历史，一开始是为了衡量两个长度不同的时间序列是否相似，广泛应用在模板匹配中。在实际应用中，因为不同人的语速不同，需要进行对比的两段时间序列可能并不等长，所以语音信号具有相当大的随机性。语音信号端点检测是特征训练和识别的基础，就是定位语音信号中的各种段落始点和终点的位置，并从语音信号中排除无声段。在早期的研究中，主要根据能量、振幅和过零率来进行端点检测，但效果往往不能尽如人意。后来出现了动态时间规整技术。使用这种技术可以把未知量均匀地延长或缩短至与参考模式一致的长度，对未知量进行相对优化，实现与模型特征对正的目的。

2）隐马尔可夫模型

隐马尔可夫模型是马尔可夫链的一种，是一种能通过观测向量序列观察到的统计分析模型。20 世纪 70 年代，引入语音识别理论的隐马尔可夫模型使得自然语音识别系统取得了实质性的突破。语音识别中应用的隐马尔可夫模型通常是自左向右单向、带自环、带跨越的拓扑结构，大多数大词汇量、连续语音的非特定人语音识别系统都是以隐马尔可夫模型为基础展开的。一个音素就是 3 ～ 5 个状态的隐马尔可夫模型，一个词由多个音素组成。隐马尔可夫模型是指对语音信号的时间序列结构建立统计模型，将其看作一个数学上的双重随机过程。

3）矢量量化

矢量量化是一种重要的信号压缩方法。矢量量化主要适用于小词汇量、孤立词的语音识别。其过程是：将语音信号波形的 K 个样点的每一帧，或有 K 个参数的每一参数帧，构成 K 维空间中的一个矢量，并对矢量进行量化。在量化时，将 K 维无限空间划分为 M 个区域边界，并将输入矢量与这些边界进行比较，矢量被量化为"距离"最小的区域边界的中心矢量值。

3. 神经网络

神经网络是 20 世纪 80 年代末期提出的一种新的语音识别方法。人工神经网络本质上是一个自适应非线性动力学系统，模拟了人类神经活动的原理，具有自适应性、并行性、健壮性、容错性和学习特性。其强大的分类能力和输入/输出映射能力在语音识别中都很有吸引力。但由于其存在训练、识别时间太长的缺点，因此其目前仍处于实验探索阶段。

由于人工神经网络不能很好地描述语音信号的时间动态特性，因此常常将人工神经网络与传统识别方法结合使用，利用各自优点来进行语音识别。

7.3.4　语音识别系统的结构

一个完整的基于统计的语音识别系统大致分为三部分，即语音信号预处理与特征提取、声学模型与模式匹配、语言模型与语言处理。

1. 语音信号预处理与特征提取

语音识别研究的第一步是对单元的选择识别。语音识别单元分为单词（句）、音节和音素3种，针对不同的研究任务，需要选择不同的语音识别单元。

单词（句）单元的模型库庞大，训练任务很重，这种单元更适合中、小词汇量语音识别系统，并不适合大词汇量语音识别系统。

音节单元广泛应用于汉语语音识别系统中，汉语是单音节结构的语言，在不考虑声调的情况下，汉语大概只有408个无调音节。因此，以音节为识别单元更适合中、大词汇量汉语语音识别系统。

英语语音识别系统的研究多以音素为单元，越来越多的中、大词汇量汉语语音识别系统也在采用音素单元。音素单元因受到协同发音的影响而导致不稳定。目前，这个问题有待解决。

如何合理地选用特征是语音识别的一个根本性问题。分析处理语音信号、删除与语音识别无关的冗余信息，以及在压缩语音信号时获得影响语音识别的重要信息是提取特征参数的关键。实际上，语音信号的压缩率为10%～100%。语音信号囊括了各种不同的信息，只有在考虑多方面要素的基础上才能够完成语音信息（成本、性能、响应时间、计算量等）的筛选和提取。非特定人语音识别系统希望能够在删除说话人的个人信息的条件下提取反映语义的特征参数；而特定人语音识别系统则希望能够在提取的信息中反映语义的特征参数和说话人的个人信息。

线性预测分析技术是目前广泛应用的特征参数提取技术，以线性预测技术为基础提取的倒谱参数已成功应用于许多系统中。线性预测分析技术的缺点是没有考虑人类听觉系统对语音的处理特点。语音识别系统的性能在Mel参数和基于感知线性预测分析提取的感知线性预测倒谱两种技术的帮助下有一定的提高。考虑到人类发出声音与接收声音的特性，梅尔刻度式倒频谱参数具有健壮性，原本常用的线性预测编码导出的倒频谱参数逐渐被它取代。有研究人员希望在特征提取的应用中尝试小波分析技术，但特征提取具体的应用性能还有待后续的研究。

2. 声学模型与模式匹配

声学模型是将获取的语音特征通过训练算法进行训练后产生的。将输入的语音特征和声学模型进行匹配与比较，以得到最佳的识别结果。

声学模型是识别系统的底层模型，也是语音识别系统中至关重要的一环。使用声学模型可以提供一种有效的方法计算语音的特征矢量序列和每个发音模板之间的距离。声学模型的设计与发音特点之间有着紧密的联系。声学模型（半音节模型或音素模型等）单元的大小影响着语音训练数据量的大小、系统识别率及灵活性。识别单元的大小取决于不同语言的特点和识别系统词汇量的大小。

基于统计的语音识别模型常用的是隐马尔可夫模型，涉及隐马尔可夫模型的相关理论包括模型的结构选取、模型的初始化、模型参数的重估及相应的识别算法等。

3. 语言模型与语言处理

语言模型包括由识别语音命令构成的语法网络或由统计方法构成的模型，可以对语言进行语法、语义分析。

语言模型可以根据语言学、语法结构、语义学来判断和纠正分类发生错误时产生的问题，只有通过上下文结构才能确定词义的同音字。语言学理论包括语义结构、语法规则、语言的数学描述模型等。目前，比较成功的语言模型通常是采用统计语法的语言模型与基于规则语法结构命令的语言模型。语法结构可以通过对不同词语的相互连接关系进行限定，减少识别系统的搜索空间，从而提高系统的识别性能。

7.3.5　语音识别的核心技术

隐马尔可夫模型的应用是语音识别领域的重大突破。首先 Baum 提出相关数学推理，然后 Labiner 等人进行了不断的深入研究，最后李开复实现了 Sphinx，这是第一个基于隐马尔可夫模型的非特定人大词汇量连续语音识别系统。

目前，主流的大词汇量语音识别系统多采用统计模式识别技术。典型的基于统计模式的语音识别核心技术的语音识别系统由以下 5 个基本模型构成。

1. 信号处理及特征提取模型

信号处理及特征提取模型从输入信号中提取可供声学模型处理的特征，利用一些信号处理技术降低环境噪声、信道、说话人等因素的影响。

2. 声学模型

声学模型多采用一阶隐马尔可夫模型进行建模。

3. 发音词典模型

发音词典模型包含系统所能处理的词汇集及其发音。发音词典模型实际上提供了声学模型建模单元与语言模型建模单元之间的映射。

4. 语言模型

语言模型对系统针对的语言进行建模，目前各种系统普遍采用的还是基于统计的 N 元文法及其变体。

5. 解码器

解码器主要完成的工作是给定输入特征序列的情况下，在由声学模型、发音词典模型和语言模型等组成的搜索空间（Search Space）中，通过一定的搜索算法，寻找使概率最大的词序列。

它的核心公式如图 7-28 所示。

$$P = \arg \max_{w_1^N \in W} p(X|w_1^N) * p(w_1^N)$$

图 7-28　核心公式

在解码过程中，各种解码器的具体实现过程可以是不同的。按搜索空间的构成方式来分，有动态编译和静态编译两种方式。根据应用场景不同，解码器可以分为在线解码器（在服务器端解码）、离线解码器（在设备端解码）、二遍解码器、唤醒解码器、固定句式解码器。根据技术分类，解码器可以分为基于 Lexicon Tree 的解码器、基于 WFST 的解码器等。

7.3.6 语音识别的应用

语音识别的目的是把人说的话转换为文字或者机器可以理解的指令，从而实现人与机器的语音交流。目前，语音识别已经在现实生活中得到了广泛应用，它正在"入侵"人们的生活。它内置在手机、游戏主机和智能手表等中。比如，写日记时人们可以不使用日记本，而直接使用语音输入法将自己一天的精彩生活口述录入到手机中，十分方便。利用语音识别，机器成为一位合格的"笔录员"。除此以外，机器还能理解人讲的话，现在很多智能手机都提供了语音助手。比如，给爸爸发微信，可以先直接对语音助手说"给爸爸发条微信"，然后说出发送的内容，这样一条微信就被发送给了爸爸。发短信、打电话、叫出租车等，这些日常的事情都可以通过对话的方式轻松实现。可以想象，在未来，家家都拥有家政机器人。它不仅可以听懂语音指令，完成家务，而且能参与家庭会议，为全家旅行出谋划策。此外，每个医生都将拥有一个智能机器人助理。它可以根据口述记录病例，根据语音指令调取检查结果，甚至加入治疗方案的讨论。语音识别将在很大程度上为人类提供便利。语音识别的应用如图 7-29 所示。

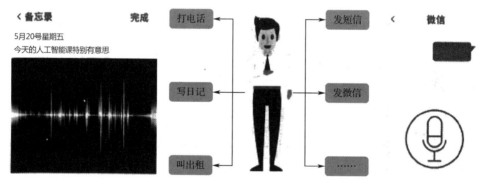

图 7-29　语音识别的应用

此外，语音识别的应用场景包括如下内容。

（1）语音搜索：搜索内容直接以语音的方式输入，让搜索更加高效。

（2）语音输入法：摆脱生僻字和拼音障碍，直接使用语音输入文字，让输入法的使用更加便捷。

（3）机器人语音交互：提供麦克阵列前端算法，解决人机交互中距离较远带来的识别率较低的问题，让人机对话更加方便。

（4）智能家居：通过远程语音识别，让用户即使相隔很远也可以对智能家居进行语音操作。

（5）实时字幕：将直播、视频、现场演讲等音频进行实时字幕转换，降低用户理解成本，提升用户体验。

思考与练习

1．什么是人工智能？

2．人工智能有哪些研究学派？这些研究学派各自的特点是什么？

3．简述人工智能的发展史。

4．人工智能的关键技术有哪些？

5．人工智能主要应用于哪些方面？

6．未来人工智能的发展方向是什么？

7．图像的传统识别流程是什么？

8．什么是卷积神经网络？

9．图像识别在日常生活中有哪些应用？

10．语音识别的目的是什么？

11．语音识别的过程是什么？

12．语音识别在日常生活中有哪些应用场景？

附录A

ASCII码表

表A.1 7位ASCII码表

$d_3d_2d_1d_0$	$d_6d_5d_4$							
	000	001	010	011	100	101	110	111
0000	NUL	DLE	SP	0	@	P	`	p
0001	SOH	DC1	!	1	A	Q	a	q
0010	STX	DC2	"	2	B	R	b	r
0011	EXT	DC3	#	3	C	S	c	s
0100	EOT	DC4	$	4	D	T	d	t
0101	ENQ	NAK	%	5	E	U	e	u
0110	ACK	SYN	&	6	F	V	f	v
0111	BEL	ETB	'	7	G	W	g	w
1000	BS	CAN	(	8	H	X	h	x
1001	HT	EM	)	9	I	Y	i	y
1010	LF	SUB	*	:	J	Z	j	z
1011	VT	ESC	+	;	K	[	k	{
1100	FF	FS	,	<	L	\	l	|
1101	CR	GS	–	=	M	]	m	}
1110	SO	RS	.	>	N	^	n	~
1111	SI	US	/	?	O	_	o	DEL

常用的控制字符的作用如下。

BS（BackSpace）：退格

HT（Horizontal Table）：水平制表

LF（Line Feed）：换行

VT（Vertical Table）：垂直制表

FF（Form Feed）：换页

CR（Carriage Return）：回车

CAN（Cancel）：作废

ESC（Escape）：换码

SP（Space）：空格

DEL（Delete）：删除

参 考 文 献

[1] 教育部考试中心. 全国计算机等级考试一级教程——计算机基础及 MS Office 应用 [M]. 北京：高等教育出版社，2022.

[2] 姚怡，劳眷，石娟，等. 大学计算机基础（慕课版）[M]. 北京：中国铁道出版社，2020.

[3] 郭骏，陈优广. 大学人工智能基础 [M]. 上海：华东师范大学出版社，2021.

[4] 王东云，刘新玉. 人工智能基础 [M]. 北京：电子工业出版社，2020.

[5] 宋永端. 人工智能基础及应用 [M]. 北京：清华大学出版社，2021.

[6] 教传艳. 从零开始——Windows 10+Office 2016 综合应用基础教程 [M]. 北京：人民邮电出版社，2021.

[7] 陈丽娜，刘万辉. Office 2016 办公软件高级应用任务式教程（微课版）[M]. 北京：人民邮电出版社，2021.

[8] 林永兴. 大学计算机基础——Office 2016 [M]. 北京：电子工业出版社，2020.

[9] 曾辉，熊燕. 大学计算机基础实践教程（Windows 10+Office 2016）（微课版）[M]. 北京：人民邮电出版社，2022.

[10] 董付国. Python 程序设计入门与实践 [M]. 西安：电子科技大学出版社，2021.

[11] 刘卫国. Python 语言程序设计 [M]. 北京：电子工业出版社，2016.

[12] 何伟，张良均. 机器学习原理与实战 [M]. 北京：人民邮电出版社，2021.

[13] 何钦铭. 大学计算机：问题求解基础 [M]. 北京：高等教育出版社，2022.

[14] 綦宝声，陈静. Python 程序设计教程 [M]. 北京：北京理工大学出版社，2021.

[15] 陈强. Python 从入门到精通 [M]. 北京：机械工业出版社，2020.